烟秆生物炭

烟草废弃物生物炭成品

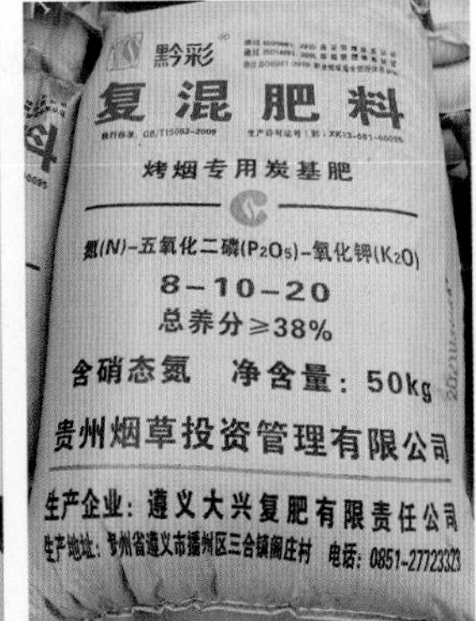

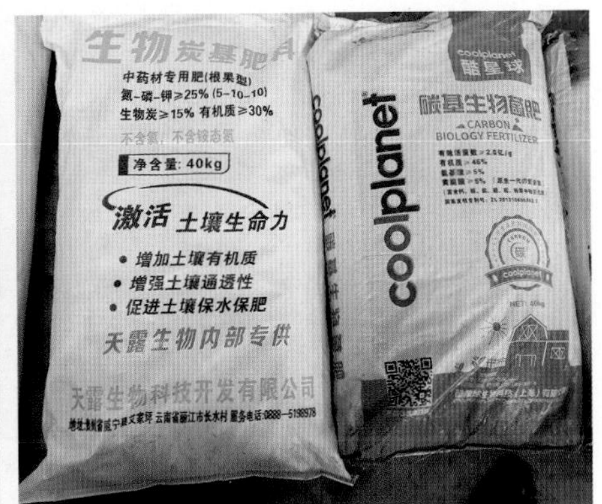

商品化生物炭及炭基肥

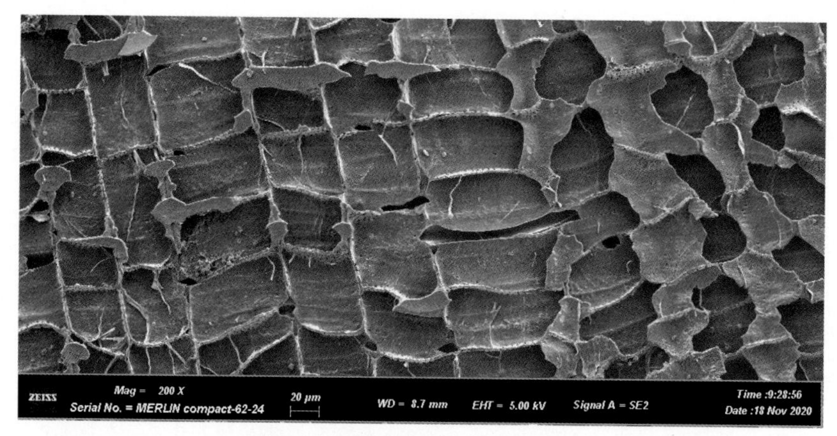

烟秆生物炭电镜照片（300℃）

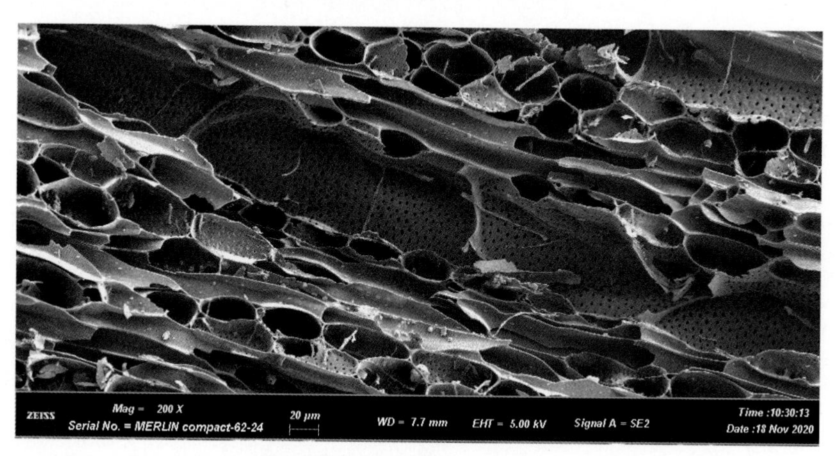

烟秆生物炭电镜照片（450℃）

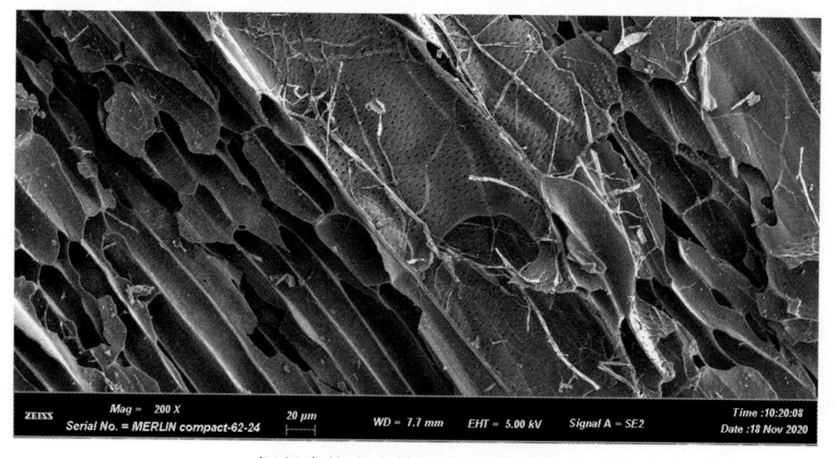

烟秆生物炭电镜照片（600℃）

生物炭烟田施用（条施）

生物炭烟田施用（撒施）

生物炭与对照烟株根系

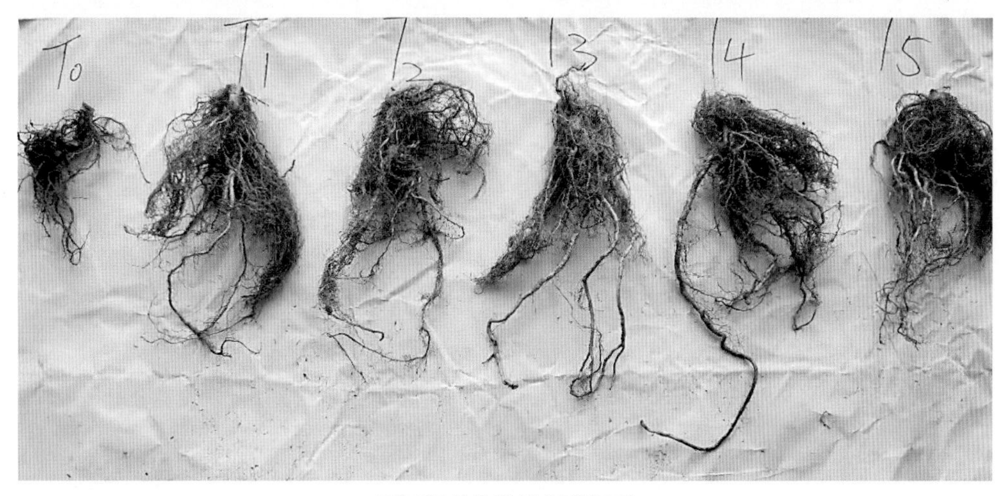

不同用量生物炭烟草根系

烟秆生物炭田间烟叶长势（毕节）

稻壳生物炭田间烟叶长势（皖南）

科研人员对炭基肥烟田定位试验进行调查取样

炭基肥烟田长期定位监测试验烟叶长势（旺长期）

炭基肥烟田长期定位监测试验烟叶长势（现蕾期）

炭基有机肥烟田效果

炭基复混肥烟田效果

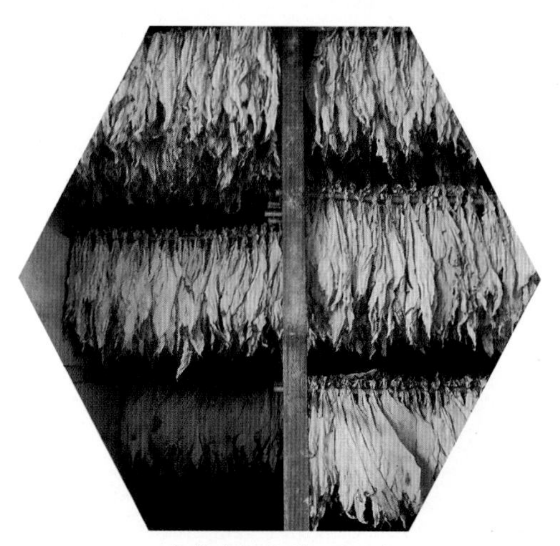

炭基有机肥烤后烟叶

炭基复混肥烤后烟叶

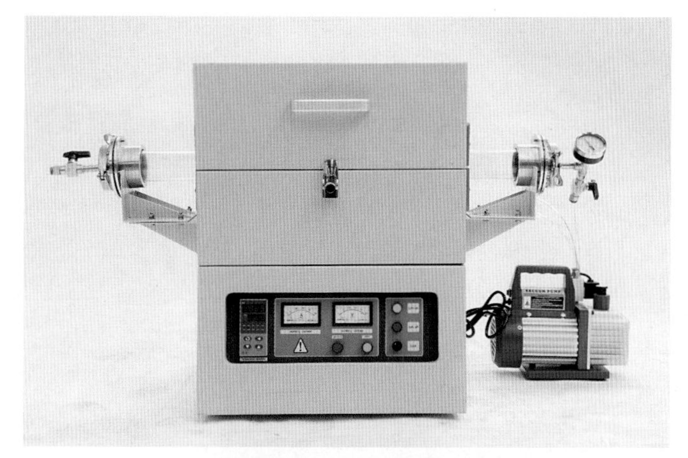

实验用生物炭制备管式炉

小型生物炭加工设备

炭基有机肥发酵车间

炭基肥生产加工车间

绿色低碳万吨生物炭生产线

绿色低碳废弃烟草专卖品炭化加工基地

生物炭

在烟草农业中应用理论与实践

张继光　何　轶　张久权　著

中国农业出版社
北　京

《生物炭在烟草农业中应用理论与实践》

著 者 名 单

主　著 张继光　何　铁　张久权

副主著 李彩斌　孔凡玉　申国明　肖艳松　沈　浦　林　伟
高　林　张继旭　李　炜　胡钟胜　任晓红　朱启法
高加明　郜军艺　刘　雪　郑加玉

著　者（以姓氏笔画为序）

于卫松　王　毅　王大彬　王允白　王茂贤　方　松
孔凡玉　邓茹婧　叶　超　申民翀　申国明　田　雷
冯俊喜　宁　扬　母婷婷　任晓红　刘　建　刘　雪
刘明宏　刘馥榕　孙　鹏　孙希文　孙惠青　李　炜
李方明　李正平　李占杰　李志刚　李彩斌　杨继鑫
肖志鹏　肖艳松　吴　曼　邱　军　何　铁　汪季涛
沈　浦　宋德安　张　龙　张久权　张义志　张继光
张继旭　陈建国　林　伟　林樱楠　罗贞宝　周　乾
庞雪莉　郑加玉　郑梅迎　宗　浩　赵禹宗　胡九伟
胡钟胜　郜军艺　徐　锐　高　林　高加明　高睿康
郭　利　郭东锋　郭先锋　陶德欣　曹建敏　符德龙
彭玉龙　彭华伟　彭梁睿　彭隆基　鲁世军　褚继登
蔡何青　薛　琳　戴华伟　戴衍晨　戴勇强

序言

PREFACE

2018年1月16日，我和孟军教授在贵州毕节参加烟草行业生物炭基肥工程研究中心成立大会暨第一届学术委员会第一次会议。期间，结识了贵州省烟草公司毕节市公司技术中心的李彩斌先生。今年9月，他通过孟军找到我，把他们刚刚杀青的新作《生物炭在烟草农业中应用理论与实践》电子版转交给我，邀请我为该书作序。我虽然对生物炭在烟草农业中的应用一知半解，但一直都在关注着该领域的相关研究与进展，每有新作问世，都渴望先读为快。机会难求，又盛情难却，故欣然应允。

我第一次接触烟草农业源于与刘国顺教授的一次偶然相遇。

2013年10月21日，我应邀到河南农业大学参加“中国作物学会学术年会”并作“生物炭与粮食安全”的学术报告。报告结束后，在现场听报告的该校烟草学院院长刘国顺教授立即找到我，告诉我，他们在研究提高浓香型烤烟烟叶质量时发现，烟田土壤C/N比是影响烟叶质量特别是香气的重要因素，提高植烟土壤的C/N比可明显改善烟叶质量。因此，他们正在寻找能够快速提高土壤C/N比的方法。我告诉他，生物炭含碳量高达60%以上，而且来源于农作物秸秆或其他农林废弃物，对提高土壤C/N比应该是有效果的，不妨一试，并答应为他们提供少量实验用生物炭。他们旋即开展了以生物炭为主体的“烟田土壤碳氮调节技术与应用”系列研究，并取得了较为理想的效果。

2015年、2016年，刘教授先后两次邀我到河南登封看他们团队的烟草专用高炭基肥大面积试验示范，期间又结识了贵州省烟草公司毕节市公司的陈文相先生。2016年，陈文相先生邀请我们到毕节市考察烟叶生产情况，并把生物炭技术引进、应用到该市高质量烟叶生产中。

后来，我又多次到河南、贵州、云南等我国烟叶主产区考察调研，探索在烤烟生产中普及应用生物炭技术以提高烟叶质量的可能性和发展前景。

至此，我这个现代的“卖炭翁”，与烟草农业结下了不解之缘，时刻关注着这一新领域的研究进展和发展动态。

近年来，贵州省烟草公司毕节市公司与中国农业科学院烟草研究所等单位针对烟秆资源化利用困难、烟田连作障碍突出、耕层有机质含量下降、土壤酸化板结加剧等状况，开展了较系统的生物炭在烟草农业领域应用的理论与技术研究，并在生物炭制备表征与安全性评价、土壤改良与农艺效应、碳氮转化与固碳减排、潜在污染治理与修复、炭基肥产品研制等方面取得了诸多研究成果，在工程化、产业化、规模化、市场化等“四化”应用方面也积累了丰富的实践经验。特别是贵州省烟草公司毕节市公司，在国家生物炭科技创新联盟的指导和帮助下，秉持烟草行业绿色低碳发展理念，依托烟草行业生物炭基肥工程研究中心平台，发起建成了行业首个烤烟废弃物生物炭-炭基肥一体化加工企业，构建了基于烟草废弃物“炭化还田改土”的循环农业产业链并进行了大面积示范推广，实现了烟农增收、烟叶增效、财政增税和生态增值的预期目标，取得了显著的经济、社会和生态效益。《生物炭在烟草农业中应用理论与实践》一书，就是他们对上述研究成果及其转化应用经验的系统归纳和总结。

全书共九章，内容包括生物炭与烟草农业生产的关系、基于CNKI文献计量学的烟田生物炭研究、生物炭的制备、改性与表征、生物炭对烟草生长发育及产量、品质的影响、生物炭施用的安全性及养分有效性、生物炭对烟田土壤碳氮循环与利用的影响、生物炭对烟田土壤重金属污染的治理效果、生物炭对烟田土壤农药残留的治理修复效果和生物炭基肥的生产及在烟田中的应用。该书的突出特点是较好地体现了系统性与科学性的紧密结合、理论探索与实际应用的紧密结合、原理阐述与产品开发的紧密结合，为烟草废弃物资源化利用、产地环境保育、烟叶提质增效提供了系统化解决方案，是我国生物炭与烟草农业研究与应用领域不可多得的一部专著，具有重要的参考价值。

相信本书的出版将有助于推动我国以生物炭为核心的烟田土壤改良与培肥，进一步促进优质烟叶生产的提质增效，为我国烟草农业绿色高质量发展做出贡献。

中国工程院院士：陈温福

2023年10月

前言

FOREWORD

生物炭一般是指农林废弃物等生物质在缺氧条件下热解得到的固态产物，具有碳含量高、碱性、多孔、比表面积大、抗生物分解能力强等特征。它可以单独或者作为添加剂使用，起到改良土壤、提高资源利用率、改善或避免特定特定环境污染等作用以及作为温室气体减排的有效手段。生物炭在现代农业及生态环境等领域中的研究和应用越来越广泛，在现代农业领域，生物炭具有改善土壤生态环境、增加养分供应、提高微生物活性、促进土壤健康和农作物增产提质等多重功效；在生态环境领域，生物炭作为优良吸附剂不仅可以消减环境中的有毒有害物质，而且具有良好固碳减排效应，是实现“双碳”战略目标、应对全球气候变化的重要工具。

烟草作为我国重要的经济作物，经过多年发展，已成为我国农业产业的重要组成和烟区乡村振兴、农民增收、财政增税的重要支撑。当前在现代烟草农业生产中，瞄准“优质、特色、生态、安全”的烟叶主攻目标，行业提出加强生态环境保护、促进绿色低碳循环发展的工作方案，这为生物炭在烟草农业中的发展应用提供了广阔的空间和舞台，同时生物炭的应用也为烟草废弃物资源化利用、烟田环境保育及烟叶提质增效提供了系统解决方案。根据现代烟草农业发展需求及生物炭优异的农学与环境效应，作者团队系统开展了生物炭在烟草农业中的应用关键理论与技术研究，构建了基于烟草废弃物循环利用、土壤保育修复、固碳减排、污染物消减与烟叶产质量提升于一体的烟草农业生物炭的全产业链应用技术体系。本书是作者团队在烟草农业领域开展生物炭技术应用十余年的科研成果积累与总结，是将生物炭与烟草农业实践相结合并实现产业化应用的典范。本书的出版发行旨在为从事烟叶生产与生物炭应用相关科研、教学、技术与管理人员提供参考，并进一步为农业绿色低碳技术研发、生产推广应用和烟叶高质量发展提供必要的理论指导和技术支撑。

全书共分为九章，第一章介绍生物炭与烟草农业生产的关系；第二章介绍基于CNKI文献计量学的烟田生物炭研究；第三章介绍生物炭的制备、改性与表征；第四章介绍生物炭对烟草生长发育及产量、品质的影响；第五章介绍生物炭施用的安全性及养分有效性评价；第六章介绍生物炭对烟田土壤碳氮循环与利用的影响；第七章介绍生物炭对烟田土壤重金属污染的治理效果；第八章介绍生物炭对烟田土壤农药残留的治理修复效果；第九章介绍生物炭基肥料的生产及在烟田中的应用。

本书涉及的研究成果及编辑出版过程得到了中国农业科学院科技创新工程（ASTIP-TRIC06)、国家农产品质量安全风险评估项目(GJFP2019018及GJFP20220204)、中国烟草总公司科技重点项目(110201202014)、贵州省烟草公司毕节市公司科技项目（20185205 00240059、202052050024007 2及202352050 0240162)、湖北省烟草公司重点科技项目（027Y2019-017及027Y2022-004)、湖南省烟草公司郴州市公司科技项目（2019431000240098)、贵州省烟草公司遵义市公司科技项目（201703)、福建省烟草公司南平市公司科技项目

(201735070024070)、湖南省烟草公司衡阳市公司科技项目(2020430400240090)、山东省自然科学基金（ZR2023MC137)、青岛市自然科学基金（23-2-1-235-zyyd-jch）等项目的资助，在成果梳理、书稿写作及校对过程中，项目组成员、研究生和试验相关工作人员做了大量工作，中国农业出版社对于该书的编辑出版给予了大力支持和帮助，在此一并表示感谢。

本书虽经多次研讨修改，受著者水平和精力所限，书中仍难免存在不足和纰漏之处，恳请广大读者和同仁批评指正。

著　者

2023年10月

目录

CONTENTS

第一章

生物炭与烟草农业生产的关系

第一节　烟草生产概况

一、烟草的种类及起源

烟草为茄科烟草属（*Nicotiana* L.）一年生或多年生草本植物，包含黄花烟（*N. rustica*）、普通烟（*N. tabacum*）和碧冬烟（*N. petunioides*）等60多个种。其中，45个种原产于北美洲和南美洲，15个种原产于大洋洲的澳大利亚。根据考证，大约在2000年前，人们便开始认识和利用烟草，主要是因为其有特殊的香味。1492年，哥伦布和他的船员登上北美洲的西印度群岛时，发现当地土著经常吸食一种具有独特香气的“干叶片”，即现在的烟草。此后，烟草在世界各地得到了广泛传播。1531年，西班牙人从墨西哥获得烟草种子，并在海地人工种植烟草，之后又扩大到附近的岛屿。1580年，古巴开始种植烟草，不久传入圭亚那和巴西。与此同时，烟草的种植很快传到欧洲、亚洲和非洲。据说，当时是由美国人把烟草种子带到欧洲的，1556年法国开始种植，1558—1559年，葡萄牙和西班牙分别开始种植，1565年传入英国，到17世纪中叶，欧洲各国吸烟风气已相当盛行，并大量种植。由于烟草生长适应性很强，相继传到世界各地。现在，烟草种植已经分布于全世界近百个国家，其中，中国、美国、津巴布韦、巴西等国产量较大。

烟草在中国的种植始于16世纪中期，明朝万历年间（1582年），意大利传教士利玛窦把烟草作为土特产献给中国皇帝，使中国开始有了鼻烟。明代名医张介宾所著《景岳全书》记载：“此物自古未闻也，近自我明万历时始出于闽广之间，自后吴楚间皆种植之矣。”清朝同治八年（1869年），会籍人赵之谦所著《勇庐闲诘》载有：“鼻烟来自大西洋意大里亚国。明万历九年，利玛窦泛海入广东，旋至京师献方物，始通中国。”除此之外，还有两种说法：

一种认为烟草从印度尼西亚、越南传入中国广东；另一种认为烟草是从朝鲜传入中国东北。时间都在16世纪，品种都局限于晒烟。

目前，世界上主要利用的烟草植物还是普通烟草（*N. tabacum* L.）和黄花烟草（*N. rustica* L.），此为植物学分类。按照烟草制品进行分类，可分为卷烟、雪茄烟、斗烟、水烟、鼻烟、嚼烟等。按烟草的品质特点、生物学性状和栽培调制方法，中国烟草一般分为烤烟、晒烟、晾烟、白肋烟、香料烟、黄花烟和野生烟7个类型，其中烤烟占绝大多数。

烤烟源于美国的弗吉尼亚，最初的调制方法是晾晒。1832年，弗吉尼亚人塔克发明了用火管在房内烤干烟叶的技术，并获专利。用这种方法烤出的烟叶色黄、品质好，因此很快得到推广。烤烟最开始于1900年在中国台湾省得到种植。1910年，在山东威海孟家庄村试种，因交通不便没有发展起来。1913年，在山东省潍坊坊子镇（现坊子区）试种成功，并予以推广。1915年，在河南襄城县颍桥回族镇，1917年，在安徽凤阳县刘府镇，先后试种成功。接着，辽宁凤城市、吉林延吉也相继种植。1937年日本侵华之后，中国烤烟生产遭到严重破坏，各省缺乏卷烟原料，四川、贵州、云南等省遂在1937—1940年相继试种并推广种植烤烟，中国西南自此逐渐发展成为一大烟区。1948—1950年，福建永定试种烤烟成功。

目前，烤烟是中国也是世界上栽培面积最大的烟草类型，是卷烟工业的主要原料。世界上生产烤烟的国家主要有中国、美国、巴西、津巴布韦、阿根廷等。中国烤烟种植面积和总产量都居世界第一位。中国烤烟的重点产区有云南、贵州、四川、湖南、河南、湖北、重庆、山东等省份。

晒烟主要包括晒红烟与晒黄烟，烟叶通过阳光调制后，可用于制作斗烟和水烟，也可作为卷烟的部分原料，还可作为雪茄的芯叶和束叶、鼻烟和嚼烟的原料。晒烟在中国有悠久的栽培历史，各地烟农不仅具有丰富的栽培经验，并且因地制宜地创造了许多独特的晒制方法。目前中国比较集中的产区有四川、广西、吉林、广东、湖南、湖北、贵州、浙江等省份。

晾烟是在阴凉通风场所晾制而成的，其中，白肋烟、马里兰烟和雪茄包叶烟因别具一格，均已自成类别。但在中国，除将白肋烟单独作为一个烟草类型外，其余所有的晾制烟草，包括雪茄包叶烟、马里兰烟和其他传统晾烟，均属于晾烟类型。马里兰烟因原产美国马里兰州而得名。20世纪80年代初，中国湖北五峰土家族自治县试种马里兰烟成功，现常年种植一定面积。世界上生产雪茄烟的国家主要有古巴、印度尼西亚、多米尼加、菲律宾、美国、尼加拉瓜、巴西等。中国雪茄包叶烟主要产于四川、海南和浙江，数量以四川为多，而品质以浙江桐乡所产为上。近年来，湖北、山东、云南、湖南等地开展雪茄包叶烟试种。

白肋烟是马里兰型阔叶烟一个突变种。1864 年，在美国俄亥俄州布朗县一个种植马里兰阔叶型烟的苗床里发现的缺绿型突变株，后经专门种植，被证明具有特殊使用价值，从而发展成为烟草的一个新类型。世界上生产白肋烟的国家主要是美国，其次是马拉维、巴西、意大利、西班牙等国家。20 世纪 60 年代中期，湖北建始县引进白肋烟，试种成功，其后，川东（今重庆）也有一定面积种植。20 世纪末，云南宾川引种白肋烟成功。目前，鄂西、川东、渝东已发展成中国白肋烟主要产区。

香料烟又称土耳其型烟或东方型烟，是普通烟草传至地中海沿岸之后，在当地特殊的生态条件下栽培和调制形成的一种烟草类型。生产香料烟的国家主要有希腊、土耳其、保加利亚、马其顿、泰国、印度等。香料烟在中国开始种植的时间较晚，是新中国成立后才引进和发展的一种烟叶类型。20 世纪 50 年代初，浙江新昌县引进种植香料烟成功，曾发展成为中国最早的香料烟生产地，主要种植“沙姆逊”品种，其特点是尼古丁含量低。后来，云南保山、新疆伊犁、湖北郧西县等地相继试种香料烟成功，并发展成为中国香料烟主要产区。

黄花烟和野生烟目前在中国已经很少种植，在此不作介绍。

二、中国烟草的生产种植变迁

中国烟草种植的变化，主要体现在时间和空间两个维度。从时间维度上来看，从 20 世纪初到 2022 年，发生了翻天覆地的变化。新中国成立前，中国烟草产业在帝国主义、封建势力、官僚资本的三重压榨下，生产水平始终很低。抗战胜利后，美国乘机加深对中国的经济侵略，大量倾销烟叶和卷烟。例如，1947 年，美国输入中国的烤烟多达 18.5 万 t，超过战前常年消费量的一倍以上。由于受到这种严重的摧残，中国烟田面积锐减，至新中国成立前夕，中国各类烟草种植面积仅 13.3 万 hm^2，其中烤烟 6.0 万 hm^2，总产 4.3 万 t，烟草生产濒于绝境。

新中国成立后，在党和政府的领导下，中国烟草生产摆脱了外国垄断资本的控制有了迅速发展。政府对烟草生产给予大力扶持，实行包购、制订合理价格、发放贷款和奖售等各项政策，采取优先供应煤炭、肥料、烤房木料等措施，促进了烟草生产的迅速恢复与发展，单产和总产量都有了较大的增长，种植面积逐年扩大。1951 年，中国烤烟种植面积达到 24.2 万 hm^2，总产量 24.8 万 t，不仅迅速扭转了过去长期依靠进口的局面，而且还有一定数量的出口。1952 年，出口量达 3.7 万 t。从 1953 年起，烤烟生产正式纳入国家计划，国家通过调整收购价格、对烟农预售饼肥及预付定金和扩大出口贸易等措施，进一步促进了烤烟生产。20 世纪 50 年代中期，全国烟草种植面积已达 53.5 万 hm^2以上，其中，晒、晾烟约占 20.0 万 hm^2，烤烟超过 33.5 万 hm^2，烤烟总产量达 35.0 万 t。20 世纪 60 年代初，为了解决国内卷烟原料不足，国家再次调整了烤烟收购价格，实行了按产量奖售粮食和化肥等政策，进一步促进了烤烟生产的发展。到 20 世纪 60 年代中期，烤烟总产量就突破了50 万 t。20 世纪 70 年代中期，全国烟草种植面积达 73.3 万 hm^2，其中烤烟 53.3 万 hm^2，总产量达 80 万～100 万 t。

20 世纪 80 年代初，中国烟草总公司成立，国务院批准设立国家烟草专卖局。各省（自治区、直辖市）、市、县相继成立了烟草专卖局和烟草公司，全国烟草行业实行集中管理体制。1981 年，统一执行了“烤烟国家标准”并再次提高了收购价格。1984 年，全国烟草生产贯彻执行了“计划种植、主攻质量、优质适产”的生产指导方针和“种植区域化、品种良种化、栽培规范化”的技术措施，一系列措施有力地促进了烟草生产的发展，烟叶品质显著提高。20 世纪 80 年代初，河南、山东的烤烟种植面积均超过 6.67 万 hm^2，其次是云南、贵州。到 1985 年，河南、云南烤烟种植面积均超过了 20.0 万 hm^2，贵州16.0 万 hm^2，山东 11.0 万 hm^2。与此同时，各省新烟区发展迅速，湖南已超过 8.0 万 hm^2，黑龙江、四川、陕西等省达 3.3 万 hm^2 以上。1989 年 12 月，国家烟草专卖局和中国烟草总公司，根据全国烟草生产发展形势和“八五”末期的发展要求，把烟叶生产指导方针改为“计划种植、主攻质量、提高单产、增加效益”。1990 年，全国 23 个省份烤烟种植面积达 131.4 万 hm^2，总产量 225.3 万 t，总收购量 191.3 万 t。晒、晾烟种植面积为 15.3 万 hm^2，收购量为 11.6 万 t。

20 世纪 90 年代，烤烟生产有了较快发展。1992 年，全国烤烟种植面积达

148.2 万 hm^2，总产量 273.1 万 t，收购量 266.4 万 t。1997 年，烟草种植面积达 235.3 万 hm^2，收购量 425.1 万 t，其中烤烟 216.1 万 hm^2，总产量 390.8 万 t，创历史最高纪录，种植面积严重失控，造成烟叶大量积压。

进入 21 世纪，国家烟草专卖局在烟叶生产发展“十五”计划时，提出要坚持“市场引导、计划种植、主攻质量、调整布局”的指导方针，以“控制总量、提高质量、改善结构、增加效益”作为工作重点。“十五”期间保持烟叶年收购量稳定在 180 万 t 左右，烤烟上、中等烟比例要达到 90％以上，其中上等烟比例达到 30％以上。2003 年，全国烤烟面积 95.9 万 hm^2，收购量 156.5 万 t，上等烟比例达到了 31.4％。

2003 年 11 月 10 日，中国成为《烟草控制框架公约》的第 77 个签约国。2006 年 1 月，该公约在中国正式生效。之后，国内和世界烟民数量逐渐减少，受此影响，卷烟销售量下滑，对生产卷烟的主要原料——烤烟的需求量也不断减少，导致中国烤烟种植面积不断减少，直到最近几年才出现稳定的趋势。据 2021 年统计数据，中国烤烟播种面积为 132 万 hm^2，烤烟产量为 202.07 万 t。2020 年，云南烤烟产量为 81.6 万 t，同比增长 0.74％；河南烤烟产量为 20.82 万 t，同比下降 6.15％；贵州烤烟产量为 21.14 万 t，同比下降 2.08％；湖南烤烟产量为 18.34 万 t，同比下降 0.11％；四川烤烟产量为 14.62 万 t，同比增长 6.29％；福建烤烟产量为 10.03 万 t，同比下降 4.89％。

在 2023 年的全国烟草工作会议上，国家烟草专卖局提出，要以烟草农业现代化为方向，聚焦高质量发展主题，紧紧围绕“正确处理好‘三个关系’，牢牢守住‘两条底线’”的总体要求，全力保障行业原料有效供给，自觉服务乡村振兴战略，不断提高烟叶产业的竞争力、带动力、辐射力。加快推进烟草农业现代化，要持续推动烟叶供给优质、高效，畅通烟草经济循环。要着力提升产业链、供应链的韧性和安全水平，始终坚持“总量控制、稍紧平衡，增速合理、贵在持续”方针，以工业需求为导向梯度，有序恢复种植规模，加强烟叶政策的跨周期设计和逆周期调节，坚决防止烟叶生产“大起大落”。要通过供需两端协同发力，不断改善烟叶供求的结构性匹配度，集中力量在关键核心技术攻关、在关键业务节点创新，着力提升烟叶生产效率、流通效率和使用效率，提高烟叶全要素生产率，逐步构建卷烟结构、烟叶资源、配方使用、烟叶库存整体协调的原料保障格局，推动供给质量持续改善、供给效率不断提升，促进更高水平的烟叶供需动态平衡。

今后，在相当长一段时间内，中国的烤烟种植面积应该保持在 86 万 hm^2，总产量保持在 175 万 t 左右。通过品种选育、土壤改良、优化栽培管理措施、采用先进的烘烤调制技术，不断提高烟叶质量；采用机械化和智慧农业技术，降低种植成本，提高劳动生产率，是烟草农业的长期任务。

从空间维度来看，中国的烟叶种植中心也发生了很大变化。解放初期，烤烟种植中心主要分布在中国北方，河南、山东曾经是中国烤烟种植大省，烟叶收购量占全国总收购量的 80%以上，烤烟产量高、质量好，深受广大卷烟企业的欢迎。受烤烟种植比较效益（相对于蔬菜、水果等）、气候、土壤、劳动力成本等多方面因素的影响，在 20 世纪 70 年代，中国的烤烟种植中心逐渐向南移动。到 1982 年，山东省烟叶收购量占全国收购量的比例下滑到 18%。从 1992 年开始，山东烟叶生产出现又一次滑坡，1998—2004 年，占全国烟叶比重下降至 3%。目前，山东种植面积下降到不足 3 万 hm^2，产量徘徊在 5.0 万 t。河南也出现类似的情况。西南烟区（云、贵、川、渝）烟叶总产量占比达到全国的 70%以上，仅云南省就占全国的 45%左右。植烟历史悠久的黄淮烟区（豫、鲁、陕、皖）烟叶总产量仅占全国产量的 20%。

三、中国卷烟企业对烟叶原料的需求特征分析

近年来，由于卷烟市场的竞争日趋激烈，各卷烟企业都十分重视提高自己的卷烟质量，以便稳定和扩大销售量，这样就对烟叶原料提出了更高的要求。主要体现在以下几个方面。

（一）烤烟品种、部位和等级结构

各卷烟企业为了保持自己的卷烟风格稳定，对烤烟品种有明确要求。例如，部分中烟工业公司在云南某烟区明确只收购云烟 85 或云烟 87 品种的烤烟，在福建某烟区要求种植翠碧 1 号品种。有些高端卷烟品牌企业仅收购中橘二等级的烟叶。这些均对烤烟生产提出了更高要求。

（二）烟叶质量

烟叶质量包括烟叶的外观质量、化学成分含量和比例、感官评吸质量、风格特征等标准。对于烟叶外观质量，一般要求叶片成熟度好，颜色浅橘至橘黄

(以金黄色为主)，叶面与叶背颜色相近，叶尖部与叶基部色泽基本相似，叶面组织细致，叶片结构疏松，弹性好，叶片柔软，身份适中，色度强至浓，油分有至多，中部叶长和宽度均匀等具体要求。烟叶化学成分主要包括叶片中的烟碱、还原糖、钾、氯、总氮等含量以及两糖比、糖碱比、钾氯比等协调性指标。根据叶片部位、品种、产地等不同，各卷烟企业对这些指标都有具体的要求，并且年度之间烟叶质量要保持稳定。表 1-1 是某企业对烟叶化学成分的具体要求。特别值得一提的是烟叶钾含量。目前，中国烟叶产区烟叶钾含量普遍低于 2%，而美国、津巴布韦等国家多超过 4%。已有的多点田间试验结果表明，施用生物炭能明显提高烟叶钾含量，这也为提高烟叶钾含量提供了一个新的思路。

表 1-1　某中烟工业公司对云南某基地单元烟叶化学成分的要求

部位	烟碱/%	还原糖/%	钾/%	氯/%	总氮/%	两糖比	糖碱比	钾氯比
上部	2.9±0.3	24±2	>1.8	0.2～0.6	2.0～2.3	>0.85	8±2	>4
中部	2.4±0.3	28±2	>2.0	0.2～0.5	1.8～2.1	>0.90	10±2	>4
下部	1.7±0.3	26±2	>2.0	0.2～0.5	1.6～1.9	>0.90	12±2	>4

感官评吸质量包括香型特征、香气质、香气量、杂气、刺激性、余味等指标。一般要求烟叶具有较典型的香型特征，香气风格突出，烤烟香气纯正，香气质好，香气量较充足，余味纯净舒适，杂气少，刺激性小。

(三) 烟叶安全性

烟叶的安全性主要是指农药残留和重金属含量。要求使用高效低毒农药，不得使用违禁农药，烟叶农药残留和重金属镉 (Cd)、铬 (Cr)、铅 (Pb)、砷 (As) 等含量不超标。

(四) 烟叶经济性状

要求每亩*产量 100～150 kg。对上部烟叶、中部烟叶、下部烟叶 3 个部位的单叶重均有要求。

---

* 亩为非法定计量单位，1 亩≈666.67m²。——编者注

（五）烟叶调拨

对部位和等级合格率也有较严格的要求。工商交接等级合格率≥80%，烟叶本部位正组率大于90%。烟叶水分符合国标要求，无压油，无霉变。

四、中国烟草农业的产业发展概况和展望

自从1982年中国烟草总公司成立以来，烟草行业不断进行改革创新，烟草农业实现了稳步发展和提升，重点在以下几个方面取得了重大成就。

（一）烟叶质量大幅提升

40年来，中国烟草行业主动适应市场需要，积极转变烟叶质量观念，树立先进生产理念，先后启动实施国际型优质烟叶开发（1986年）、部分替代进口烟叶开发（2003年）、特色优质烟叶开发（2008年）、高可用性上部烟叶开发（2020年）等专项开发工作，上等烟比例从1982年的1.94%提高至2021年的71.23%，烟叶质量大幅提升，有效缓解了结构性矛盾，实现了从“依赖进口”到“部分替代”再到“以我为主、进口补充”的历史性转变，保障培育了一大批知名卷烟品牌，有力支撑了中式卷烟的快速发展。

（二）综合生产能力显著提高

自1981年以来，中国烟草行业认真落实党中央“工业反哺农业、城市支持农村”的方针，通过采取水利、农业、科技等综合措施，扎实推进烟区水利设施、机耕道路、土地整理、农业机械等基础设施综合配套，扎实推进烟田基础设施建设，集中开展中低产田改造，加快补齐烟区基础设施短板，着力打牢设施农业物质基础，改善农业生产基本条件，提高农业抵御自然灾害的能力，实现了从“靠天吃饭”向“设施保障”的历史性转变。自2005年以来，行业累计投入烟田基础设施建设资金981.22亿元，建设项目560.16万件，为烟区发展设施农业、高效农业，提高土地产出率、劳动生产率奠定了坚实物质基础。烟水、烟路、烟房、烟机等配套工程项目显现出巨大的经济效益、社会效益和生态效益，赢得了各级政府、烟区百姓和社会各界的广泛赞誉。

（三）生产方式实现了转型升级

40年来，中国烟草行业紧紧围绕提升原料保障能力，积极构建新型农业经营体系，探索现代烟叶生产组织方式，着力提升主体职业化、种植规模化、服务专业化、作业机械化、管理信息化水平，不断加快烟草农业产业化、现代化步伐。烟叶生产组织方式加快转变，以家庭经营为基础、以合作与联合为纽带、以社会化服务为支撑的现代烟草农业经营体系不断完善，实现了从传统烟叶生产向现代烟草农业的历史性转变。截至2022年，全国累计培育“有文化、懂技术、会管理、善经营”的职业烟农近30万户，种烟面积占比达70%以上。2022年，全国5万担以上重点县产能占92.4%，全国累计指导培育烟农合作社899家，烟农入社率97.2%，育苗、机耕、植保、烘烤、分级等重点环节社会化服务体系逐步建立，综合服务比例达74.4%，实现了从自我作业到社会化服务的有效转变，有力促进了小农户与现代农业的有效衔接。

（四）科技支撑能力显著增强

40年来，中国烟草行业持续加大科技创新力度，将专家“试验田”变成农民“生产田”、将科技示范基地变成原料生产基地，中国烟草农业科技原始创新能力、成果转化能力、技术推广能力不断增强，烤烟标准体系建设发挥重要引领作用，烟草育种取得创新性突破，生产技术大范围推陈出新，生产方式更加绿色、资源利用更加高效，烟叶生产科技贡献率大幅提升，有力支撑了烟叶产业转型发展。烟草行业于20世纪90年代初制定发布了烤烟40级国家标准，经过全面验证并持续修订，形成42级烤烟国家标准。目前，中国在烟草种质资源收集鉴定与利用研究、新品种选育、繁种与推广等方面取得了明显成效。中国已成为烟草种质资源、基因资源最多的国家，烟草品种试验体系不断完善，处于中国农作物品种试验的领先地位，得到了农业农村部的高度认可，自育烟草品种推广面积占比87%，实现了种源自主可控、种业自立自强。烟草农业领域创新成果不断涌现，科技成果加快转化应用。集约化育苗技术，为推广机械移栽提供了适龄、无病、一致的壮苗。平衡施肥技术，使烟叶营养逐渐平衡。三段式烘烤工艺及密集烤房配套技术，提高了烟叶烘烤质量。病虫害预测预报、统防统治技术提高了精准防控水平，减少了病虫害造成的损失。专分散收、烟叶收购信息化管理，实现了收购烟叶的全程质量追踪。均质加工、模块配打、区域加工中心建设，让烟叶加工质量不断提升。制定出台的雪茄烟产业化发展指导意见，正引导中国国产雪茄烟叶生产迈入规范化、产业化发展轨道。

近年来，中国烟草行业深入贯彻绿色发展理念，认真落实碳达峰、碳中和工作要求，构建资源节约型、环境友好型绿色生产体系，树立责任烟草新形象，提升烟叶产业软实力。持续加强面源污染治理，推广可降解地膜，开展地膜、秸秆等烟田废弃物回收和资源化利用。加大土壤保育力度，推广绿肥还田、增施有机肥、水肥一体化，减少化肥使用量。病虫害绿色防控走在大农业前列，烟叶亩均化学农药用量在“十三五”期间降低41%，烟蚜茧蜂防治烟蚜技术被联合国粮农组织列入全球教材内容，并在全球范围内推广。积极探索推进清洁能源烘烤，有效减少煤炭消耗和污染排放，烟叶生产正向“节肥、减药、减碳”转变。

2022年底，国家烟草专卖局领导指出，中国当前烟叶供需总量正由控转稳、由稳转增，因此要坚持稳中求进的工作总基调，继续深入推动烟叶高质量发展，这既是保持行业持续健康发展的历史任务，更是遵循农业产业发展规律的必然要求。要从“稳、进、新、好”四点深刻把握。一是要保持“稳”的态势。坚决贯彻中央“三农”工作部署，在重农抓粮的大格局中，推进稳烟区、稳烟田、稳烟农、稳烟基，守好烟叶基本盘。二是要增强“进”的力度。牢牢把握烟叶由稳转增的新发展周期，稳步推进烟叶产能调增、恢复发展，扎实推进烟叶产业扩容、融合发展，推动烟叶单产业向烟粮（经）复合产业转型。三是要培育“新”的动能。着力推进烟叶机械化作业、绿色化生产和数字化转型，不断积蓄烟叶发展新动能，实现烟草农业现代化。四是要累积“好”的因素。坚持好字优先，持续优化产能布局、供给质量、风险保障和基层管理，实现烟叶布局好、供给好、保障好、服务好，以好的量变积累推进优的质变，推动烟叶供需协调平衡、供给优质高效、产业融合发展走深走实。

第二节　生物炭在烟草农业生产中的作用

一、生物炭的来源、制备及基本特征

（一）生物炭的起源

在中国古代，生物炭原型——“木炭”应用已久，在距今7 000多年前的河姆渡遗址出土的文物中就发现有大量夹杂着木炭的黑陶。为降低陶土黏聚

力，提高成品产量，河姆渡先民有意识地在陶土中混入生物炭。商周时期也有过使用木炭进行金属冶炼的记载，这是中国从农耕文明进入青铜文明进而步入铁器时代的有力见证。1971 年，长沙马王堆汉墓考古现场同样发现了炭的身影，墓堆周围的 1 万多斤*汉代特殊木炭已被埋藏了 2 100 多年，这些木炭被研究者认为可能是墓主“辛追”得以保存完好的重要因素。唐代诗人白居易的《卖炭翁》流传千古，同样反映了中国古代使用生物炭作能源的盛况。

现代生物炭的研究源于对巴西亚马孙平原中部黑土的认识。当地人利用一种名为 terra preta（葡萄牙语，意为黑土）的富含木炭的黑色特殊土壤（印第安人黑土）进行农业生产，发现其具有较高的肥力和作物产量。在 20 世纪 60 年代，这种黑土开始引起了研究人员的注意和普遍关注。经过后续一系列发展，人们将生物（bio -）和碳（charcoal）进行组合，缩写成为生物炭（biochar）一词，并于 2007 年澳大利亚第一届国际生物炭会议上取得统一命名。

目前关于生物炭的定义很多，2009 年 Lehmann 在其所著的 *Biochar for Environmental Management：Science and Technology* 一书中，将生物炭定义为生物质在缺氧或有限氧气供应条件下，在相对较低温度下（<700℃）热解得到的富碳产物，而且以施入土壤进行土壤管理为主要用途，旨在改良土壤、提升地力、实现碳封存。2009 年，*Nature* 杂志也刊文指出，生物炭在固碳减排、土壤改良和环境污染治理中具有重要应用潜力。目前公认的和标准化的定义由国际生物炭协会（International Biochar Initiative，IBI）于 2012 年提出，IBI 于 2013 年进一步完善了生物炭的概念和内涵，指出生物炭是生物质在缺氧条件下通过热化学转化得到的固态产物，它可以单独使用或者作为添加剂使用，能够改良土壤、提高资源利用效率、改善或避免特定的环境污染以及作为温室气体减排的有效手段。这一概念更侧重于在用途上区分生物炭与其他炭化产物，进一步突出其在农业、环境领域中的重要作用。自此，关于生物炭相关领域的研究迅速升温，近年来生物炭已成为土壤学、环境科学等学科领域的研究热点。

（二）生物炭的来源和制备

生物炭利用有机废弃物为原料，变废为宝，是能实现生态效益、社会效益和经济效益的环保产业，在中国有较大的发展潜力。作物秸秆生物炭的产量和

* 斤为非法定计量单位，1 斤=500g。——编者注

含碳量均高于竹炭和木材生物炭。以木质素含量较高的生物质为原料生产的生物炭，由于木质素的热分解作用相对较低，通常具有较高的产量和含碳量。由于畜禽粪便和固体废弃物灰分含量高，与农作物秸秆和木材生物质相比，以畜禽粪便和固体废弃物为原料生产的生物炭一般具有较高的产量。

中国农作物秸秆总量大约 8.4 亿 t，其中主要是玉米秸秆、稻草、麦秸、棉秆，烤烟烟梗和烟秆也是制作生物炭的优质原料。据估算，中国每年产烟秆 300 万 t，由于其携带各种病虫害而影响后季的烤烟生产，因此很少还田。而且，田间焚烧秸秆被严格禁止，大部分烟草秸秆被抛撒在路边、渠道或河滨。虽然国家烟草专卖局及各地的烟草公司都鼓励将烤烟秸秆经传统发酵法制备成有机肥，但该法缺乏经济效益，因此制成生物炭成为一种很好的利用途径。但烟秆等农作物秸秆呈零星分布、体积大、收集和运输的成本高，是目前作为生物炭原料的主要缺点。

中国每年的畜禽粪便总排放量超过 30 亿 t，而且养殖方式已转变为规模化养殖为主，收集和运输成本减少了。生活污泥是生活污水处理厂残留物，是由有机残片、细菌菌体、无机颗粒、胶体等组成的复杂的非均质混合物，据估算，全国每年生活污泥产量 3 600 万 t。目前的处置方法是填埋、堆肥、自然干燥和焚化，但这些方法都是不可持续的，这些方法还会导致重金属、抗生素的二次污染，而制备成生物炭则是安全可行的。当前，中国城乡生活垃圾年产生量 4 亿～5 亿 t，目前的处置方法主要是填埋、发电（焚烧）等，存在处理手段滞后、资源化利用率低，以及对大气产生二次污染等问题。若把有机垃圾组分放在密闭的制炭炉内热解成生物炭，理论和实践上证明，没有二次污染问题。农产品加工副产品，园林废弃物，果园更新及修剪的树干和枝叶，菌菇产业废弃物，食品、饮料、制糖、榨油、中药业下脚料等，均可作为制造生物炭的原料。

生物炭制备技术一般包括热裂解炭化、气化炭化、水热炭化、闪蒸炭化和烘焙炭化 5 种类型。其中，热裂解炭化是将生物质放在 300～900℃（一般<700℃），在没有氧气或有限供氧的条件下，将生物质进行高温分解生产出富含碳素的固体多孔颗粒物质。这种技术产生的气、液、固三相产物的产量相对均衡。气化炭化是在高温（>700℃）和控量的氧化剂（氧气、空气、蒸汽或这些气体的混合物）供应条件下，发生气化反应生产气态混合物的过程。这种技术产生的液态和固态产物较少，与热裂解法相比，气化法得到的生物炭的芳香化程度更高。水热炭化是将生物质悬浮在相对较低温度（150～

375℃）的高压水中数小时，制备炭-水-浆混合物。水热法得到的生物炭以烷烃结构为主，稳定性较低。闪蒸炭化反应温度一般为 300～600℃，反应时间一般不超过 30min，所得产物以气态产物和固态产物为主。生物质烘焙（也称为温和热解）是在低温（200～300℃）、缺氧（或无氧）和较低加热速率（小于50℃/min）的条件下对生物质进行热化学处理。

目前，热裂解炭化是主流的生物炭制备技术，主要包括慢速和快速热裂解。其中，慢速热裂解条件与自然产生黑炭的燃烧过程相似，更有利于高效生产生物炭。一般认为，通过热裂解产生的生物炭，在性质上，主要受生物质原料和热解温度的影响。一方面，生物炭的碱性、pH、灰分含量、比表面积和芳香性随着生物炭裂解温度升高而增加，而生物炭产量、阳离子交换量（cation exchange capacity，CEC)、表面官能团含量和极性随着热处理温度升高而降低。另一方面，原料的性质对生物质组分的热裂解过程和生物炭性质也有重要影响。

制造生物炭的设备主要由 4 个部分组成：炭化炉（燃烧室和炭化室)，烟气净化回收装置，原料粉碎、混合和传送系统和成品冷却、传输及包装系统（图 1－1)。目前市场上有很多类型、产能不一的成套设备供应。生物炭企业可根据处理物料的外观、含水量多寡、规模等选择合适的型号和配套系统。贵州省烟草公司毕节市公司与贵州某地方企业联合，建立了生物炭和炭基肥生产研发基地，拥有炭化设备、腐熟发酵设备、炭基肥生产设备各一套，能年处理农林废弃物 1.8 万 t，生产生物炭 6 000t，集制腐熟有机肥 2 万 t，加工生产炭基有机肥 10 万 t。

图 1－1　制造生物炭的主要设备

（三）生物炭的基本特征

生物炭是生物质在缺氧条件下通过热化学转化得到的固态富碳产物，一般呈碱性，具有多孔性、较大阳离子交换量、较高比表面积和高度芳香化结构，其主要特征概括如下。

1. 多孔性，比表面积大

生物炭依热解温度的不同，含有大量不同孔径的孔隙，呈蜂窝状，比表面积大（图 1－2）。生物炭表面具有丰富的含氧官能团，这些含氧官能团使生物炭具有了良好的吸附特性、亲水或疏水的特点以及对酸碱的缓冲能力，影响了生物炭在土壤环境化学中的应用。随着热解温度升高，生物质受热分解而产生的焦油及其他产物分解为挥发性气体逃逸，使生物炭的孔隙缩小，开孔增多，从而产生更多的微孔结构，导致比表面积增大。但是生物炭比表面积随温度的变化存在临界点，超过临界温度后，比表面积随温度升高而减小，这可能与高温导致微孔结构破坏、微孔增大有关。

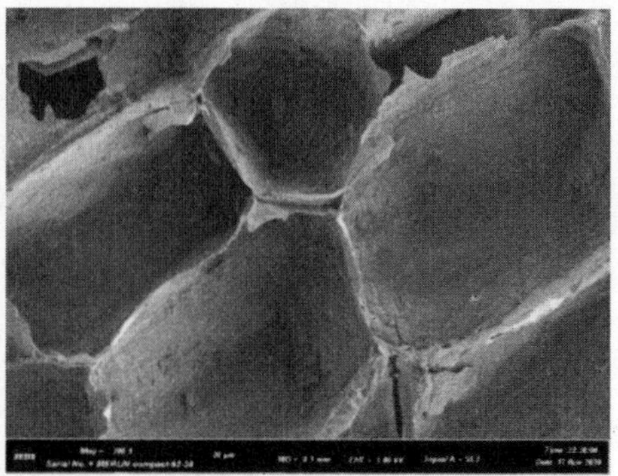

图 1－2　300℃烟梗生物炭 SEM 形貌图（左 50 倍、右 200 倍）

2. 具有较大的 CEC

生物炭表面富含羧基、羰基和羟基等含氧、含氮、含硫官能团，且带有大量负电荷和较高的电荷密度，具有很大的 CEC。生物炭表面的羧基和羟基是其表面带负电荷的主要原因，含氧官能团使生物炭表面呈现出亲水、疏水和对酸碱的缓冲能力。Zeta 电位是胶体剪切面上的电位，是表征胶体分散系稳定性的指标，它数值的大小和正负符号反映了胶体的表面电荷状况，生物炭的 Zeta 电位数值与体系 pH 呈负相关，说明羧基和羟基的解离增加了生物炭表面的负电荷数量。

3. pH较高，一般呈碱性

生物炭含有一定量的碳酸盐、磷酸盐等无机矿物质和灰分等碱性物质，一般呈碱性。pH同时也受材质、热解炭化温度等条件的影响。不同原料制成的生物炭的性质不同，pH在4.0～12.0，通常具有高矿物质成分的生物炭pH高。热解温度越高，生物炭pH也就越大，这可能是由于生物炭表面富含羧基和羟基等含氧官能团，它们在高pH下以有机阴离子的形态存在，有机阴离子是生物炭中碱性物质的一种存在形态，含量随制备温度的升高而减小。生物炭的碱性也可能是由于生物炭中有碳酸盐晶体的生成，碳酸盐是生物炭中碱性物质的主要存在形态，生物炭中碳酸盐总量和结晶碳酸盐含量均随制备温度的升高而增加。

4. 具有高度芳香化结构

生物炭具有的高度芳香化结构，特别是熔融芳香碳，使其与其他任何形式的有机碳相比，具有更高的生物化学和热稳定性，可长期保存于环境和古沉积物中而不易被矿化。熔融芳香碳，是一种不同于其他土壤有机物质的芳香结构。结构本身多变，包括不定型碳（在较低的热解温度下形成）以及涡轮碳结构（热解温度较高时形成）。一般认为，随着炭化温度的升高，生物炭的芳香碳结构增多、孔径变大，但当温度超过700℃时，生物炭表面的一些微孔结构可能会受到破坏，超过800℃时，生物炭的碳架结构则出现不稳定现象。

二、生物炭在烟田土壤中的改良与修复作用

（一）改善土壤结构和提高土壤持水性能

生物炭一般具有颗粒小、比表面积大和吸附作用强等特性，施入土壤后可与土壤有机质、微生物及黏土矿物等相互作用，促进土壤团聚体形成，提高其稳定性。有研究显示，施用生物炭6年后，烟田土壤中的大团聚体含量显著增加。生物炭可以与土壤原有有机质或外来有机质相互作用增加土壤团聚性，也可通过增加微生物活性和菌根的数量，来促进团聚体形成和稳定性。砂土有机质含量较低，结构性较差，而生物炭能促进团聚体的形成，从而改善土壤结构。由于土壤结构的改善，土壤的保水性能提高。有研究显示，施用生物炭可使土壤的保水能力提高18%。砂土对水分的保蓄能力较弱，生物炭对提高干

旱地区砂性土壤持水性能效果显著。

（二）增加土壤中有机质含量

有机质是土壤的重要组成部分，可以改善土壤团聚体的稳定性、增强养分吸持与交换、促进微生物活动。由于生物炭具有高度芳香化结构，与其他任何形式的有机碳相比，具有更高的生物化学和热稳定性，因此可以提高土壤有机质含量，提高幅度决定于生物炭的稳定性和用量。生物炭能够吸附土壤有机分子，通过表面催化活性促进小的有机分子聚合形成土壤有机质。此外，生物炭自身缓慢地分解也能形成腐殖质，有助于土壤肥力的提高。根据本书在毕节烟区长期定位试验的结果显示，施用生物炭能提高烟田土壤有机质含量 1 倍以上。

（三）提高烟田土壤阳离子交换量

土壤阳离子交换量（CEC）能够反映土壤吸持和供给可交换养分的能力，是衡量土壤肥力的重要指标。生物炭具有丰富的芳环结构和羟基、羧基等基团，添加到土壤后会显著增加离子交换的位点，使表面交换活性提高，显著提高土壤 CEC 水平。随着生物炭与土壤作用时间的延长，其在生物和非生物的作用下能氧化产生更多的官能团，电荷量或 CEC 增大，从而更明显地提高了土壤 CEC 和吸附养分元素的能力，例如，能够吸附移动性强、易淋失的养分离子。

（四）降低酸性土壤的酸度

生物炭普遍具有较高的 pH，可以改善酸性土壤的 pH。土壤施用生物炭后，pH、电导率和可交换态的钙（Ca）、镁（Mg）、钾（K）、钠（Na）、有效磷（P）以及 CEC 均有所升高，从而减轻或抑制土壤酸化，提高土壤养分利用率。同时，提高土壤 pH 可间接降低重金属生物有效性，降低土壤中可交换态重金属的含量，改变有毒元素形态，从而降低有毒元素对植物和环境的危害。

（五）降低烟田土壤中重金属的毒害

生物炭由于其丰富的孔隙和巨大的比表面等特殊性质，因此能够通过静电作用、离子交换、物理吸附、络合、共沉淀、π 键作用等过程（图 1－3），使烟田土壤中的重金属失活，降低重金属的毒害作用。但也有报道提到，生物炭施用后，土壤可溶性有机质增加，pH 降低，形成了更多的“重金属-可溶性有机物”复合体，土壤重金属的有效性和可移动性反而会提高，这样有可能增加烤烟等植物对重金属的吸收，严重的甚至有造成植物死亡。此外，原料中的重金属一般会原封不动地转移到生物炭中，随生物炭的施用进入土壤。Cd、Cr、Pb、汞（Hg）、As 等重金属均有可能残存于生物炭中，从而造成土壤中的重金属含量和有效性增加，影响烤烟等作物的生长和产量。

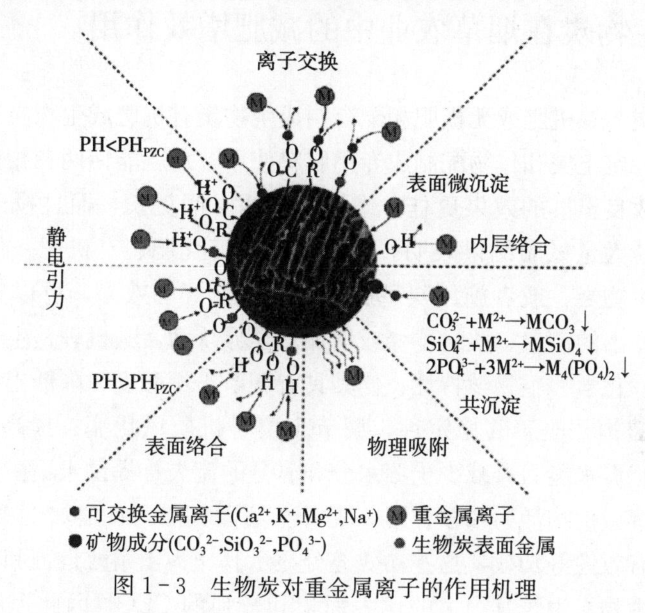

图 1-3　生物炭对重金属离子的作用机理

（六）提高土壤微生物多样性

生物炭中含有一部分易分解的炭，可作为微生物生长的基质，因而生物炭的施用会刺激土壤微生物的生长和活性，并带来起爆效应。生物炭的孔隙能够储存水分和养分，因而生物炭可以成为土壤微生物生活的微环境。生物炭可以通过影响土壤中微生物的生长、发育、代谢以及群落分布，间接对土壤的肥力产生影响。土壤微生物生态特征与土壤理化性质关系密切，有效养分比例不合适，无论是过高还是过低，都会对土壤微生物产生不利影响。总体来说，土壤环境的改变，例如营养物质、水分、pH 以及栖息环境等，都可能导致一些微生物群体迅速增殖成为竞争优势群落，引起群落组成和结构的变化。生物炭的添加能够改变土壤中养分的生物可利用性，同时会导致生物群落结构发生相应的变化。施用生物炭能显著增加红壤旱地土壤细菌多样性（陈立军等，2015）。生物炭改良土壤后，接合菌门和球囊菌门真菌数量增加，而担子菌门和变形菌门的丰度却有所降低，这种不一致的变化可能是由于生物炭本身有效碳的缺乏抑制了这些真菌的定植，而生物炭表面吸附的溶解性有机碳可以选择性地被接合菌门利用。

三、生物炭在烟草农业中的减肥增效作用

将生物炭与有机肥或无机肥相配合制成生物炭有机肥或生物炭有机无机复合肥或根据特定土壤和作物配制成专用肥料使用，那就能使两者相得益彰，增产、提质和改良土壤的效果更佳，维持肥效的时间更长，而且投入的成本更低。近年来，大量试验结果表明，在常规肥料（化肥、有机肥、化肥＋有机肥）中补充生物炭，或者施用炭基肥，取得了良好的效果，可以实现肥料减量，且维持作物的产量、质量不变或增加。学界认为，其机理是生物炭具有的一系列物理、化学、生物学特性，使其具有调节土壤酸度，降低土壤容重；增加土壤团粒结构并改善其稳定性，调节土壤有机质风化率；提高土壤 CEC，改善土壤保肥保水能力，减少土壤水分和养分的流失；提供土壤微生物优良居所，激发土壤微生物活力和多样性，提升土壤固氮能力；增加土壤磷钾含量、促进土壤磷有效性等功效，这些功效充分显示其作为土壤改良剂和肥料组分的强大潜力。生物炭由于其很大的比表面积和较强的 CEC，因此提高土壤保水保肥的作用尤为突出，进而能提高肥料利用效率。高海英等报道，炭基氮肥施用能明显提高土壤 pH、CEC、土壤有机碳、有效磷、速效钾和矿质氮含量，提高土壤肥力，增加作物产量。

因此，炭基肥不仅能保持生物炭的土壤改良作用，还可以促进作物的生长和产量，有利于提高生物炭的农用效益。何绪生等发现，生物炭与肥料混合施用，对作物生长和产量的影响大多数为正效应，原因是配施的肥料抵消了生物炭养分含量低的缺陷，同时，由于生物炭的存在，肥料养分缓慢释放，养分损失减少，肥料养分利用率得到有效提高，以上两种效应具有协同和互补作用。因此，生物炭与肥料混合均匀后施入土壤中，对作物的增产效果会十分明显。张万杰等人探究生物炭与氮肥混合施用的效果，发现在化肥中添加生物炭后，菠菜产量显著提升，产量增加幅度从 16.6%提高到 57.3%，此外，生物炭与

氮肥配施还能显著提高氮肥利用率、增加作物产量，因此，生物炭施用对降低氮肥用量，控制土壤氮素损失及面源污染，具有十分重要的意义。

四、生物炭在烟草农业中的增产提质作用

施用生物炭能有效改善土壤的理化性质，为根系提供较好的生存环境，导致烟苗根系体积、根系表面积和根总长增加，且这种现象随着生物炭施用量的增加而增加。陈山等报道，施用生物炭能增加烤烟有效叶片数，显著提高上等烟比例。毛家伟等的研究也表明，施用生物炭后，烤烟的产量增加170.5～506 kg/hm^2，产值增加1 146～7 739 元/hm^2，且随着生物炭用量的增加，烟叶产量和产值呈增加的趋势。在贵州毕节、湖北恩施及山东诸城等烟叶产区的研究也有类似发现。

也有研究表明，施用生物炭后烟叶质量能得到提高，包括外观质量、化学成分协调性、评吸质量等。肖战杰等的研究表明，施用生物炭能改善烟叶外观质量，能不同程度地提高烟叶成熟度，增加烟叶油分及弹性。在生物炭对烟叶化学成分的影响方面，已有大量试验研究。薛超群等研究发现，生物炭的施用对烟叶香气物质含量有显著影响，生物炭用量太高或太少都对烟叶香气物质含量不利，当生物炭用量为600kg/hm^2 时，烟叶总香味物质含量最高。肖战杰等发现，施用生物炭后烟叶的总糖及还原糖含量下降，总氮、烟碱和钾含量增加，烟叶化学成分更加协调。赵殿峰等的研究也表明，生物炭能显著提高烟叶内化学成分的协调性，但过量施用对烟叶质量不利。施用生物炭还有利于成熟期烟叶色素的代谢及调制后烟叶中性致香物质的形成，能提高烤后烟叶类胡萝卜素降解产物、西柏烷类降解产物、新植二烯及致香物质总量，提高烤后烟叶中化学成分的协调性。王毅等报道，在大田施用秸秆生物炭后，烤烟中部叶身份、油分及外观质量总分显著增加，中、上部叶含钾量分别显著提高8.39％和22.63％。施用生物炭能明显改善烟叶品质。施用生物炭对烟叶钾含量的显著提高也被其他学者证实。

第三节　生物炭在烟草农业中的研究进展

近年来，越来越多的研究结果证实，生物炭在农业和环境方面能发挥巨大

作用。由于稳定性、多孔性、吸附性等优良特征，生物炭作为一种优良的土壤改良剂，能提高土壤养分有效性和土壤微生物活性，改善土壤结构，增加碳固化，减少温室气体排放，促进碳中和，对土壤重金属和其他有害有机物进行钝化失活等。学者们通过多年的研究，尤其是最近10年的研究，取得了很大的进展。

一、生物炭在烟田土壤改良与保育方面的研究进展

（一）施用生物炭后，土壤物理性状的变化

研究表明，生物炭的施用能够显著改善土壤物理性状，如提高土壤水稳性团聚体总量、土壤持水容量、土壤孔隙度、土壤比表面积，降低土壤容重等。水稳性团聚体是土壤健康质量的关键指标，是影响土壤水分渗入和侵蚀的因素。施用生物炭有助于通过形成大团聚体，从而促进团聚体的整体稳定，改善土壤结构。由于在生物炭制备的热解过程中，部分化合物挥发而留下大量孔隙，这使得生物炭具有极大的比表面积，将容重极小的生物炭混入容重较大的土壤中可达到降低土壤容重的效果。生物炭容重在0.09～0.50 g/cm^{3}之间时，大大低于土壤的容重，当其加入土壤后，土壤容重也会相应降低，孔隙度升高，随之土壤的硬度和紧实度也降低。Eastman在粉砂土壤上施用生物炭，土壤容重从1.52 g/cm^{3}降低到1.33 g/cm^3，而旱作土壤的耕层容重在1.10～1.30 g/cm^{3}时，就能适应多种作物生长发育的要求。Omondi等通过meta分析表明，在22种土壤中，生物炭使19种土壤容重降低了3%～31%，平均降幅为7.6%。Blanco-Canqui总结发现，生物炭对砂土的容重降低幅度普遍大于黏土。Githinji等研究发现，25%体积比的生物炭处理与对照相比，容重降低了18.05%，土壤总孔隙度增加了10%。Obia等研究发现，施用生物炭后，土壤水稳性团聚体含量增加了17%～20%。土壤容重与土壤孔性和通气性密切相关，研究表明，生物炭能显著降低土壤容重，从而为微生物呼吸和烤烟根系生长创造更有利的环境。Omondi等的研究表明，生物炭能显著降低土壤容重，但这种降低效果随生物炭的用量、原料种类和土壤类型的变化而不同。生物炭能提高土壤持水能力，尤其是对砂质土壤。土壤导水率是控制土壤水渗透及其在土壤剖面中运动的重要因素，影响灌溉或暴雨后的土壤径流。施用生物炭可以提高土壤饱和导水率和保水能力，Mukherjee等的研究对此进行了证

实，他们发现，由于生物炭的施用，土壤持水性增加1%～2%。潘全良研究表明，在砂质黏壤土上连续施用生物炭5年后，田间持水量和土壤毛管孔隙度，与周围对照土壤相比，显著增加。Liu等通过黏土的模拟试验表明，生物炭能够改变土壤孔隙的大小分布和保水性能。

生物炭的施加对土壤孔隙度的影响包含正负两个方面，当小颗粒生物炭填充土壤小孔隙时，会导致孔隙度降低，但随着生物炭的添加量增多会导致土壤微孔增多，孔隙度增大。丁奠元等分析了农田土壤中施用不同用量生物炭（用量分别为0、0.10%、0.30%、0.60%、0.90%和1.20%）对土壤总孔隙的影响及其随时间的变化，结果表明，在培养的第90天，相比对照组，生物炭处理组（生物炭用量由低到高）的土壤非毛管孔隙度分别增加了5.80%、2.50%、8.70%、9.10%、14.70%；土壤总孔隙度相比对照组分别增加1.90%、1.80%、2.30%、2.70%、4.30%，可见，施加生物炭可以有效改变土壤孔隙度，特别是非毛管孔隙，改善土壤结构，改善进入土壤中的水分、肥料、空气和热量的流通状况，对于孔隙度较低的板结土壤和黏土以及孔隙度较高的砂土，可以通过施加生物炭将其孔隙度调节到适宜作物生长发育的范围。总之，施用生物炭能显著改善土壤物理健康状况，提高土壤水分和氧气的供应能力，能为烤烟生长提供有利条件。

（二）施用生物炭后，土壤肥力状况的动态变化

生物炭灰分中积累的无机碳酸盐等可溶性盐使生物炭大多呈碱性，因而，施入土壤后，生物炭能提高土壤的pH，这在已有的研究中已经形成了一致的意见。降低土壤中H^+含量可以提高土壤pH，生物炭中的CO_3^{2-}、HCO_3^-、SiO_3^{2-}等弱酸根发生水解反应可与土壤溶液中的H^+结合，导致土壤pH上升。生物炭裂解过程中生成的羧酸根、羧基、醚键、羟基等有机官能团同样可以吸收土壤中的H^+，使得土壤的pH上升。Yuan等研究报道了，酸性土中pH和生物炭pH之间呈显著正相关，相关系数为0.95。Zwieten等研究发现，10t/hm^{2}的生物炭使土壤pH显著提升了1.80。

生物炭本身含有的稳态碳和不稳态碳有助于补充土壤碳库，同时，由于生物炭中富含稳定的芳烃结构，有利于土壤中碳素的固定。据报道，单独施用生物炭或者将生物炭与有机肥配施后，土壤活性有机碳、水溶性有机碳等组分也不同程度增加。叶协锋等研究表明，植烟土壤中施用生物炭能促进土壤碳库和

碳库活度的增加。生物炭对土壤C、N具有良好的调节作用。李志刚等通过培养试验发现，在土壤中添加2.0%生物炭能显著降低土壤总有机碳的矿化率，土壤有机碳含量提高，此结论也被张璐等的研究所证实，他们发现施用生物炭后，土壤总有机碳和活性有机碳含量在烤烟不同生育期都有大幅度增加。吴嘉楠等研究发现，施用生物炭可以提高土壤中有效氮含量和烤烟叶片对氮素的累积，从而达到减少氮肥用量的目的。葛少华等发现生物炭与氮肥配施能提高土壤氮素含量，减少氮肥用量，且连续施用对氮素固持和提高氮素利用率效果明显。Xiao等研究发现，与常规肥料相比，生物炭的养分释放相对缓慢，生物炭内部丰富的微孔隙和密集的网格结构，形成了部分物理包裹，使养分释放缓慢，不容易淋失。此外，生物炭中有较强吸附能力的官能团，也可以集中吸附养分元素，再使其缓慢进入土壤。生物炭的羧基和烃基官能团起到了营养元素结合位点的作用，例如，当生物炭应用于壤土和砂土时，由于其对 NH_4^+ 的吸附作用，导致土壤 NO_3^- 的降低，从而减少了土壤有效氮含量的损失。然而，对于生物炭促进有效氮的维持，学界也有不同意见。Quilliam等基于一项3年的定位试验表明，与对照地块相比，土壤可利用 NH_4^+ 没有显著差异。此外，土壤氮的矿化和固定能力还可能和生物炭制备过程中的加热速率和热解温度有关。例如，Bruun等试验发现，施加快速热解的生物炭后，耕层土壤中43%的矿物质氮被固定化，而在添加缓慢热解生物炭的土壤中，该比例只有7%。

由于生物炭本身含有丰富的矿物质养分，包括P、K、Ca、Mg、铁(Fe)、锰（Mn)、铜（Cu)、锌（Zn)、硅（Si）等，因此可以提高土壤肥力。由于多孔性和较高的比表面积，生物炭能够吸附大量的交换性阳离子。宋亮等发现，施用生物炭能增加烟田土壤碱解氮、速效磷、钾含量。生物炭所含的矿物质养分因原料不同而异，例如，水稻或草料中富含大量的硅元素，大豆秸秆中含有较多的氮，因此，我们可以有选择性地挑选生物炭作为特定的元素肥料。

（三）生物炭对土壤微生物的影响

土壤微生物是土壤生态系统的重要组成部分，对维持土壤养分平衡、促进养分转移非常重要，其功能多样性对促进土壤生态系统功能、维持生态系统稳定性极其重要。随着农田土壤生态、土壤微生物研究的深入，研究者发现土壤微生物群落及功能多样性可更好表征土壤质量，调节其代谢活性可缓解土壤地力衰退，实现可持续发展。

1. 土壤微生物多样性

土壤微生物多样性指的是存在于土壤中的微生物的全部类群，它们携带的全部遗传物质、它们与周围生物或非生物环境彼此影响的多样化方式及生物体在生态系统水平等产生的改变。关于微生物多样性的研究层次有很多种，从微生物生命活动层次角度出发，通常认为土壤微生物多样性分为遗传多样性、生理多样性、物种多样性和生态多样性 4 个方面。遗传多样性是指微生物所具有的全部基因与遗传信息的总量。与高等生物相比，其多样性更为突出，不同种群的遗传物质与基因表达差异巨大。生理多样性包括结构多样性与功能多样性。前者指微生物细胞组分与形态结构差异显著，后者指代谢类型与功能活性多样性。物种多样性指物种构成以及数量的丰富性。生态多样性包括生境分布广泛性、群落结构多样性以及微生物与其他生物或非生物环境间关系。

按照研究内容的不同，研究土壤微生物多样性的技术方法大致分两类：一是基于生物或者化学传统手段，二是基于现代分子生物学方法的手段。前者包括稀释涂布法、荧光染色法、碳源利用（biolog）技术、脂肪酸甲酯谱图分析手段等，由于土壤中存在大量不可培养的微生物，加上这些方法固有的缺陷，这些因素使得微生物群落结构信息的获得无法准确而全面。后者包括基于分子杂交技术的方法、基于 PCR 的技术手段，包括随机扩增多态性 DNA（RAPD）、扩增片段长度多态性（AFLP）、单链构象多态性（SSCP）、变态梯度凝胶电泳（DGGE）等方法。这些技术与方法揭示了生物的多样性，创建了分子学、生物学和生态学的交叉结合，并被用到土壤微生物多样性的研究分析中，成为揭示生命规律与科学发展的有力工具。基于 DNA 序列测定的方法，例如宏基因组（meta genome）等，利用高通量测序技术，一次性对大量序列进行测序分析，开创了微生物生态研究新台阶。以上技术的综合使用，为难培养微生物或者不可培养微生物的系统发育以及功能研究做出了巨大贡献。

未培养的微生物数量巨大，普通分离方法无法准确反映微生物多样性的结构信息。为解决这一难题，近年来发展较快的土壤宏基因组学（metagenomics）的重要性不断显现。土壤微生物基因组指所有基因组集合，目前，通过获取环境样品的总 DNA 来进行研究。宏基因组学是一套全新研究方法，是一个新的研究领域，涵盖了环境样品中所有的微生物，能更全面地反映微生物群落结构，扩大了新生物活性物质筛选的来源。利用宏基因组学研究土壤生态在诸多方面都具有实际意义，该技术能被用来从宏基因组的强大文库获取全新编码基因，目前已经发现了许多全新的基因（如生物催化剂基因等）。此外，宏基因组学技术为土壤微生物群落结构多样性研究和微生物纯培养技术提供了道路。

2. 生物炭对土壤微生物群落结构的影响

土壤微生物群落多样性能够反映土壤中微生态系统稳定性，帮助人们预测土壤微生态系统的变化趋势。施肥是影响土壤微生物群落结构和功能多样性的重要农业措施。生物炭施入土壤后，土壤微生物群落结构和多样性、土壤酶活性、微生物功能均发生改变。同时，施用生物炭后土壤微生物群落多样性变化规律也能间接反映土壤微生物群落对施用生物炭后响应程度的大小。土壤中微生物群落会影响土壤养分的转化和循环。施用生物炭后，土壤微生物群落的改变既能影响土壤中不稳定态碳的矿化速率，又能影响其他养分含量。因此，施用生物炭能间接影响土壤中矿质养分的含量，影响烤烟等作物的生长发育。

有研究表明，生物炭可以通过直接或者间接的方式影响土壤微生物的生长和代谢，进而改变土壤微生物的丰度和群落结构，但对细菌和真菌的作用方向和作用强度有时存在不一致情况。陈坤等采用田间微区试验，探究玉米芯生物炭对花生田土壤微生物群落结构的影响，结果显示，长期施用生物炭明显改善了棕壤的理化性质，生物炭的添加有利于细菌生长繁殖。谢华通过为期 2 年的盆栽试验，研究了生物炭在伴生系统中的应用，结果显示，与不添加生物炭处理相比，生物炭添加量 1.2%时提高了单作和伴生系统土壤细菌、真菌、假单胞菌以及芽孢杆菌的丰度。姚钦等发现，生物炭可以在属水平上改变真菌群落的结构，但在门水平上没有显著影响。与此不同的是，李发虎等的研究发现，生物炭施用量在 20～60 t/hm^2 时可显著提高根际土壤中真菌子囊菌门和接合菌门丰度，并可显著提高子囊菌门毛壳菌科、小子囊菌科、毛球壳科、假散囊菌科、爪甲团囊菌科、裸囊菌科、丛赤壳科、毛孢壳科以及接合菌门被孢霉科、球囊菌门球囊霉科、担子菌门粪锈伞科、壶菌门小壶菌科的丰度。Chen 等发现施用生物炭能显著增加土壤细菌丰度。Anderson 等发现施用生物炭后链孢囊菌的丰度增加最大，同时链霉菌的丰度降低最多。对于具有相同功能的固氮微生物，施用生物炭后其种群丰度变化也具有差异，例如，生物炭不影响固氮螺菌属，但对斯克尔曼氏菌属的相对丰度影响较大。卢晓蓉等通过培养试验，探究杉木凋落物以及生物炭对亚热带杉木人工林土壤细菌群落结构的影响，结果显示，不同生物炭添加量对细菌群落的影响存在差异，3%生物炭添加量处理下，土壤微生物总磷脂态酸（PLFA）、革兰氏阳性细菌和革兰氏阴性细菌的含量最高，而4%和5%的生物炭添加量下，土壤中各类 PLFA 含量并没有增加，反而呈现下降的趋势，说明生物炭对细菌群落的影响存在阈值，并不存在土壤细菌含量随生物炭添加量的增加而无限制升高的情况。Zhang 等关于土壤细菌群落对炭基肥施用响应的研究结果表明，炭基肥处理显著提高了红壤细菌的丰富度，认为炭基肥是改善土壤细菌群落结构的有效方法之一。

总之，生物炭对土壤细菌群落的影响是多种因素共同作用的结果，生物炭的类型、施用量及施用方式、土壤类型、作物种类等都会影响生物炭对土壤微生物群落的作用方向与作用强度。

3. 生物炭对土壤微生物活性的影响

土壤微生物活性表示土壤中整个微生物群落或其中一部分种群所有个体生命活动的总和，可以反映土壤质量的变化。土壤微生物活性的表征量有土壤呼吸强度、微生物量、酶活性等。土壤呼吸是指通过土壤微生物对凋落物和土壤有机质的分解以及土壤动物与植物根系的呼吸作用，从土壤中释放 CO_2 的生态系统过程，其在一定程度上反映了土壤微生物的活性。于晓娜等试验表明，施用生物炭的土壤较不施肥和常规施肥的土壤具有更大的呼吸速率，原因主要是生物炭具有多孔结构及较大的比表面积，能为土壤微生物的活动提供更多更大的空间，从而提高了土壤呼吸速率。

土壤酶是指土壤中一类具有催化作用的蛋白质，主要来源于土壤中微生物的活动、植物根系分泌物和动植物残体腐解过程中释放的酶。土壤酶活性通常被认为与土壤微生物量有关，因此，土壤酶活性也是衡量土壤微生物活性的一个指标。土壤酶是土壤的组成成分之一，数量虽少，但作用颇大，能参与各种元素的生物循环、有机质的转化、腐殖质及有机、无机胶体的形成等。土壤酶是土壤生物学活性的重要组成部分，可以表征土壤肥力、物质转化、环境变化的动向和强度。土壤酶的新陈代谢过程实际上体现在土壤中的生物化学反应中，推动各种生化反应的，除微生物本身活动外（实际上是酶促反应），则是各种相应的酶。因此人们甚至认为检测土壤酶活性比测微生物数量更能直接表达土壤总的生物活性，比如，土壤蔗糖酶、淀粉酶和纤维素酶活性就与微生物数量、土壤呼吸强度有关。

目前，国内外已经有大量试验探究生物炭施用对土壤酶活性的影响，结果表明生物炭的施入能够提高土壤中与N、P等矿质元素利用有关的酶活性。万惠霞等认为，炭基肥刺激并增加了土壤细菌数量及其多样性，提高了土壤转化酶活性。潘全良等研究表明，炭基肥对土壤蔗糖酶与土壤过氧化氢酶活性有抑制作用，而对土壤脲酶活性无明显影响。冯慧琳等通过田间试验来探究不同施用水平的花生壳生物炭对烤烟土壤酶活性的影响，结果表明生物炭的施用提高了土壤蔗糖酶、脲酶、过氧化氢酶和中性磷酸酶的活性，其活性均随生物炭添加量的增加呈现出先增加后减弱的趋势，4种酶活性都在生物炭添加量为1.2 t/hm^2时达到最大。张艺等在玉米、小麦、水稻3种生物炭及炭基缓释肥对水稻生长时期土壤酶活性影响的研究中发现，生物炭与炭基缓释肥的添加显著提高了土壤碱性磷酸酶、脲酶、蔗糖酶、纤维素酶的活性，但部分处理在部分采样时期酶活性低于未添加生物炭处理。同时，生物炭的添加对不同的土壤酶活性的影响不同。例如，许云翔等的研究结果表明，施用水稻秸秆生物炭6年后，与不施用生物炭对照相比，生物炭处理使土壤脲酶、酸性磷酸酶活性显著提高；显著降低了土壤过氧化氢酶和多酚氧化酶活性，且随生物炭添加量的增加而降低。Lopes等的研究结果表明，当桉树残渣生物炭添加量为30 t/hm^2时，显著提高了甘蔗田土壤的β-葡萄糖苷酶、酸性磷酸酶、芳基硫酸酯酶和脲酶活性，然而，生物炭添加量较高时降低了上述土壤酶活性。总之，由于生物炭的原料、制作工艺和施用方式、土壤质地和类型、试验年限的不同，以及因作物种类的不同造成的腐殖质、植物根系吸收、营养利用方式存在差异，生物炭对土壤酶活性的研究结果也存在差异。生物炭的应用应该因作物生产的具体条件而异。

4. 生物炭对土壤微生物功能的效应

土壤微生物功能主要指营养传递功能、分解功能及促进（或抑制）植物生长的功能，这些都会影响土壤环境中物质的迁移转化。生物炭进入土壤后，不仅影响微生物的生长代谢，还会改变微生物功能。烤烟氮素管理是保障烟叶产、质量的关键，而土壤中的氮素转化主要依靠微生物来完成，例如，硝化过程是氨氮在微生物参与下逐步氧化为硝态氮的过程，是氮循环的核心步骤，也是土壤肥力和作物生产力的重要阶段。人们普遍认为硝化过程的第一个阶段为氨氮被氨氧化古菌（AOA）和氨氧化细菌（AOB）在酶的催化作用下，生成亚硝酸盐的过程，这一阶段也是硝化过程的限速阶段。目前，有关生物炭对微生物功能方面的影响研究较少。Wang等将花生壳生物炭施入酸性果园土壤，结果发现AOB的丰度显著降低，土壤氮素硝化速率也显著下降。Song等通过一个为期12周的培养试验研究表明，5%质量比的生物炭增加了AOB的丰度。Li等将4%体积比的生物炭施入土壤，发现反硝化细菌的*nirK*和*nirS*的相关基因拷贝数显著增加。Pan等也研究发现，生物炭和秸秆还田都增加了土壤反硝化细菌丰度，但生物炭处理显著低于秸秆处理。

二、生物炭在烟田废弃物利用及固碳减排方面研究进展

温室气体主要包括大气中的CO_2、N_2O和CH_4，由于它们的含量在气候变化中具有关键作用，因此得到了广泛关注。生物炭主要是由农作物秸秆等废弃物通过低氧热解制成的，含碳量在50%以上。施入土壤后可以提高土壤碳库，降低农田温室气体排放，有利于减缓全球气候变暖。目前，关于生物炭添加对土壤温室气体排放影响的研究较多，但是由于不同学者所选用的研究材料和研究方法不同，所得出的结论也不尽相同。例如，关于生物炭的施用对土壤中CO_2排放的影响，学者们得出了减少排放、对排放无影响、增加排放3种结果。Tang等研究发现，添加生物炭增加了土壤CO_2排放，并且CO_2排放量随着生物炭添加量的增加而增加。Zhang等采用Meta分析结果表明，生物炭用量大于$10t/hm^2$时，会使土壤CO_2排放量增加15%，而当用量超过$80t/hm^2$时，会使土壤CO_2排放量降低36%。

制作生物炭的热解温度和原料类型是影响碳排放的重要因素。人们发现300℃生物炭使土壤CO_2排放量显著增加，但700℃生物炭使土壤CO_2排放量显著降低。稻草生物炭对稻田土壤CO_2排放的抑制作用比竹子生物炭更加明显。

对于N_2O和CH_4，多数研究发现生物炭添加能抑制土壤N_2O和CH_4排放，但也有研究发现生物炭添加对土壤N_2O和CH_4排放无影响，甚至会增加它们的排放。同样的，生物炭对于N_2O和CH_4的作用效果受到生物炭用量、制作生物炭时的热解温度和原料类型、土壤和植被类型的影响。研究生物炭对土壤N_2O的排放时发现，当生物炭用量为0.5%时，土壤N_2O排放增加，而1%和2%的用量时，排放量降低。热解温度和原料类型方面，有研究发现虽然高温热解生物炭显著降低土壤N_2O排放，但低温热解生物炭对土壤N_2O排放无显著影响。对比不同热解温度生物炭对稻田土壤CH_4排放的影响发现，

300℃和500℃生物炭对 CH_4 的排放有显著抑制作用，而400℃生物炭无显著影响。还有研究发现松芯片生物炭使土壤 N_2O 排放显著增加，而胡桃壳生物炭使土壤 N_2O 排放增加。

在努力实现碳中和、积极应对气候变化大背景下，国内外学者已经认识到生物炭在减排增汇方面具有重要作用，并开展了广泛深入的研究，多数研究报道了生物炭对 CO_2 排放的促进作用以及对 N_2O 排放的抑制作用，但对 CH_4 排放存在较大的不确定性。值得注意的是，评估生物炭的固碳减排效果时，不应忽视生物炭特性、土壤理化性质以及实验条件等因素。高温裂解以及木质源制备的生物炭更适合进行土壤碳封存。与水田相比，在旱地施用生物炭对减缓全球变暖和提高作物产量可能具有更高的环境与农艺效益。此外，应注重开展全面系统的长期研究，对3种主要温室气体进行长时间尺度上的原位监测，探究不同温室气体减排之间的协同或拮抗作用，关注生物炭和全球气候变化（干旱、变暖和氮沉降等）的交互作用，结合同位素标记及分子技术分析相关微生物的功能基因表达规律，探明生物炭施用对农田土壤温室气体排放的作用机理，为农田管理措施的合理制订（如生物炭施入量、生物炭施用类型、添加时间以及与氮肥配合施用等）、生物炭的规模化生产以及个性化实施提供科学依据，以实现能促进氮素吸收利用、提高土壤生产力、提升作物产量及增强农田土壤固碳潜力的绿色低碳农业。

三、生物炭在烟田生态环境效应方面研究进展

由于其芳香结构，一些生物炭中的化合物在土壤中可以长时间保存。生物炭在土壤中的分解速度与碳/氮比和活性碳（labile C）含量密切相关。对生物炭在土壤中的贮存年限进行模拟试验，结果发现，生物炭施入土壤后，在土壤中的贮存时间可达1 000～10 000年。生物碳的贮存时间与其分解能力成反比关系，随着热解温度的升高，生物炭的稳定性增加，在土壤中的贮存时间更长。由于生物炭一般为粉状，施入土壤后很难将其清除，施用前如果对其负面影响认识不足，事先没有做好预防措施，将对土壤和烤烟等带来长期的破坏作用。生物炭可能会释放多环芳烃化合物（polycyclic aromatic hydrocarbons，PAHs）、二噁英。生物炭能大幅度减少土壤中的重金属活性，但另一方面，也可能向土壤中输入外源重金属，因此存在一定的安全性问题。

（一）二噁英和PAHs等有机污染物

生物炭是在低氧或缺氧条件下形成的，其生产过程可能会产生二噁英等剧毒物质。联合国环境规划署已将二噁英列为持久性有机污染物（persistent organic pollutants，POPs）。POPs不仅在环境中表现出三致性（致癌、致畸、致突变），还具有内分泌干扰特性，其危害已为人们所公认，并引起了公众与研究者的关注。

原料中的氯是生产生物炭的热解过程中二噁英形成的主要来源。秸秆、禾草、食品废弃物等都可能含有氯化钠等氯源。其他生物炭原料，如来源于盐碱地或沿海的原料，也可能含有含量较高的氯离子，用其制作生物炭时容易产生二噁英。此外，城市垃圾和含有聚氯乙烯（PVC）或其他含氯塑料也是生物炭二噁英的主要来源。城市固体废弃物，如废管、板材、薄板、瓷砖、玩具、油漆和黏合剂等都含氯，用它们生产生物炭不可避免地会产生二噁英。所幸的是，在烤烟种植过程中，氯离子受到了严格控制，采用废弃烟叶和烟秆所生产的生物炭，二噁英含量极低。除了原料来源外，热解温度对二噁英的产生也有很大影响。产生二噁英的热解温度主要在200～400℃，在生物炭的生产温度为300℃时，二噁英浓度最高，达到12.2 pg/g。Lyu等发现，当木屑在300℃进行热解生产生物炭时，二噁英的产量高达610 pg/g。总之，学者们已经发现生物炭中含有二噁英，有可能随生物炭的施用进入土壤产生危害。

多环芳烃（PAHs）是由苯环组成的有机化合物，具有剧毒性、诱变性和强致癌性等特点，被欧盟和美国环保署（EPA）列为重点高危化合物。研究表明，生物炭中含有相当数量的PAHs，施用生物炭可能会提高PAHs在土壤中的含量，对环境和人类健康造成严重危害。由于PAHs具有疏水性，能被土壤颗粒吸附，其在土壤中的持久性可能会对烤烟等植物、土壤微生物和无脊椎动物产生极端的毒性作用。据报道，热解温度、生物炭生产方法和生物质原料是影响PAHs分布和浓度的重要因素。然而，文献中各种研究结论之间存在差异。Brown观察到低温生物炭中含有较高浓度的低分子量PAHs，而Nakajima得到的结论相反，发现在较高的热解温度下产生的生物炭中PAHs较多。另一项研究表明，由草本植物制成的生物炭PAHs含量显著高于木本植物，且低温制作的生物炭中PAHs含量比高温制作的生物炭多。Kusmierz等发现，当小麦秸秆生物炭的用量达到45 t/hm^{2}时，土壤中的PAHs浓度增加了5倍，且∑16PAHs浓度高达33.7 mg/kg，造成了严重的土壤污染。

（二）生物炭是一把双刃剑，对重金属活性的影响具有两面性

根据生态环境部的土壤污染状况调查公报，中国耕地土壤重金属点位超标率达到了19.4%，其中重金属和类重金属污染高达82.4%，尤其是Cd和As。环境中的重金属具有高度稳定性，无法通过微生物降解成低毒或无毒物质，只能通过吸附、转化或固定等方式来降低污染程度。目前，绝大多数研究表明，生物炭能够将重金属从有效态转化为不可用或低利用的形态，从而减少重金属在土壤中的潜在毒性。土壤重金属总量可作为评价重金属污染的指标，但难以准确地反映重金属的潜在毒性和生物利用度。针对这一点，重金属有效性已经成为目前更具有代表性和准确性的评价指标，它通常是指很有可能被作物吸收和积累的重金属元素。

生物炭可以通过静电吸附、离子交换、官能团络合、沉淀作用、阳离子-π配位、氧化还原等过程，钝化和固定土壤中的重金属，使土壤中的重金属有效性大大降低。但也有报道提到，生物炭施用后，土壤可溶性有机质增加，pH降低，形成了更多的“重金属-可溶性有机物”复合体，土壤重金属的有效性和可移动性反而会提高，这样有可能增加烤烟等植物对重金属的吸收，严重时甚至有造成植物死亡。此外，生物炭生产原料中的重金属一般会原封不动地转移到产品中，随生物炭的施用进入土壤，Cd、Cr、Pb、Hg、As等重金属均有可能残存于生物炭中，从而造成土壤中的重金属含量和有效性增加，影响烤烟等作物的生长和产量。温馨等报道小麦秸秆生物炭可以通过固定作用来降低土壤中Cd和Pb的移动性，减少其有效态含量。Liu等发现在添加5%改性椰子壳生物炭63d后，重金属Cd、Zn和Ni的酸可提取态含量均显著性下降。然而，Park等研究发现，施用绿色废弃物生物炭对土壤中有效态Cu的影响效果并不显著，甚至，Beesley等表明，硬木生物炭会增加土壤孔隙水中Cu和As重金属离子浓度。Zhang等研究发现，施加稻秆生物炭能够将重金属污染土壤中的有效态Cd浓度从0.85g/kg下降至0.39 g/kg。Abbas等的研究进一步发现，土壤重金属有效性降低程度随着生物炭施加量的增大而增大，当施用1.5%、3.0%和5.0%稻秆生物炭，有效态Cd含量相应地减少21%、41%和56%。另外，Yang等研究表明芒草生物炭可以显著降低土壤中多种重金属的有效性，其中10%芒草生物炭能将重金属Pb、Zn和Cd的可提取态含量分

别降低 92%、87%和 71%。大部分研究均表明不同类型生物炭能降低土壤有效态重金属含量，但个别研究表明生物炭对土壤重金属的作用效果并不显著，甚至提高了土壤中有效态重金属含量。Park 等研究发现，绿色废弃物生物炭对 Cu 的固定化效果并不显著，这可能是因为生物炭提高了溶解态的有机碳含量，增加了土壤中 Cu 的流动性，从而抵消了生物炭的固定作用。Ibrahim 等研究发现稻壳生物炭能将土壤中有效 As 浓度显著提高 72%，这可能是因为生物炭表面所带的负电荷官能团，限制了其对 As 等重金属阴离子的吸附。这些研究表明，生物炭对土壤有效态重金属作用效果不一，这可能是因为不同生物炭的结构和性质不同，因此其作用机理具有高度复杂性。

四、生物炭在烟草生产及烟叶产质量方面研究进展

（一）生物炭对烤烟生长和经济性状的影响

在烤烟方面，生物炭通过改善土壤理化性状，为根系提供更好的生存环境，致使烟苗根体积、根表面积和根总长增加，且这种现象随着生物炭施用量的增加而增加。研究表明，生物炭可改善烟草株高、有效叶、最大叶长（宽）和茎围等农艺性状，促进烟株生长，提高烟草产量、产值及上等烟比例。阎海涛研究表明，施用生物炭后，烟株的株高、茎围及叶面积最多分别比对照（未施生物炭）高 6.48%、4.00%和 23.54%，条施 2 t/hm^2 生物炭处理的烟株干物质积累量比对照高 16.70%，烟草产量和经济效益分别比对照（未施生物炭）增加 7.05%和 15.76%。邢光辉的研究表明，生物炭施用量为每穴 30g 时，烤烟的经济效益最高，用量增加反而会降低烤烟经济效益，但这种效应会因土壤类型不同存在较大差异。陈山等发现，生物炭能增加烤烟有效叶片数，显著提高上等烟比例。毛家伟等研究也表明，施用生物炭后，烤烟的产量增加 170.5～506.5 kg/hm^2，产值增加 1 146～7 739 元/hm^2，且随着生物炭用量的增加，烟叶产量和产值呈增加的趋势。王毅等在山东诸城的研究也有类似发现。另外，与常规施肥相比，施用生物炭可增加烟草根际土壤含水量、根系活力及根冠比，提高叶片的光合性能。但生物炭对烟草生长的作用具有滞后性，表现为生物炭抑制烟草前期生长，提高中后期烟叶叶绿素含量，并可显著促进烟草后期生长。此外，田间试验表明，生物炭用量对烟草生长也具有明显影响，用量过大会抑制烟草早期生长，降低其干物质积累量。因此，应考虑生物

炭的肥效特性及烟草生长需肥规律，开展生物炭不同用量在不同立地条件烟区的应用效果研究。

关于生物炭对作物增产的效果已被大多数研究所证实。Agegnehu 等发现，在铁铝土中施入生物炭，花生产量比对照增加了 23%。Laghari 等开展了一个松木屑生物炭对高粱生长影响的盆栽试验，结果表明，生物炭处理的高粱干重比对照增加了 18%～22%。Raboin 等还在玉米和芸豆轮作的酸性土壤上进行了连续 6 年的定位试验，结果发现，5 种生物炭施用梯度（10～50 t/hm^2）下两种作物的产量均比对照显著增高。Zheng 等在华北平原低肥力地区将生物炭与化肥混施，结果显示，玉米籽粒产量较对照显著增加 10.7%。生物炭对作物生长的影响还可能与施入时间有关。Major 等将生物炭以 20 t/hm^2 的添加量施入土壤，结果发现，在生物炭施入的第 1 年，玉米产量没有明显的变化，但是在随后的 3 年内，玉米产量分别增加了 28%、30%和 140%。同时，Jeffery 等也指出，作物产量对生物炭添加的响应高度依赖于试验条件和土壤条件。例如，Liu 等通过 meta 分析表明，盆栽试验中添加生物炭的作物产量优于大田试验，酸性土壤优于中性土壤，砂土优于粉土和壤土。然而，对于生物炭减少作物产量和生物量的研究也偶见报道。Asai 等研究表明，在土壤自身含氮量较低的情况下，生物炭不配施氮肥会减少叶片叶绿素含量，从而降低了水稻的产量。这可能是由于生物炭添加后造成了土壤碳/氮比过高，会降低养分的有效性，这种效应在低肥力土壤上更常见。

正是基于生物炭对作物生产力相互矛盾的影响，目前需要一个综合的长期的试验来研究不同作物（包括烤烟）对生物炭施入土壤的响应，为大面积推广生物炭在农田上的应用提供坚实的理论依据。

（二）施用生物炭对烟叶质量的影响

有研究表明，施用生物炭后，烟叶质量，包括外观质量、化学成分协调性、评吸质量等能得到提高。肖战杰等的研究表明，施用生物炭能改善烟叶外观质量，能不同程度地提高烟叶成熟度，增加烟叶油分含量及弹性。在生物炭对烟叶化学成分的影响方面，人们做了大量研究。薛超群等研究发现，生物炭的施用对烟叶香气物质含量有显著影响，生物炭用量太高或太少都对烟叶香气物质含量不利，当生物炭用量为 600 kg/hm^2 时，烟叶总香味物质含量最高。肖战杰等发现，施用生物炭后，烟叶的总糖及还原糖含量下降，总氮、烟碱和钾含量上升，烟叶化学成分更加协调。赵殿峰等的研究也表明，生物炭能显著提高烟叶化学成分的协调性，但过量施用对烟叶质量不利。施用生物炭还有利于成熟期烟叶色素的代谢及调制后烟叶中性致香物质的形成；提高烤后烟叶中类胡萝卜素降解产物、西柏烷类降解产物、新植二烯及致香物质总量，提高化学成分的协调性。王毅等报道，在大田施用秸秆生物炭后，烤烟中部叶身份、油分及外观质量总分显著上升，中、上部叶含钾量分别显著提高 8.39%和22.63%。施用生物炭对烟叶钾含量的显著提高也被其他学者证实。

生物炭对烟叶化学成分及其协调性、感官质量等均有重要影响。王成己等研究发现，中低用量生物炭处理有利于提高烟叶质量，中高用量生物炭则有利于提高烟叶产量和产值。另据报道，施用适量生物炭和炭基肥可提高烤后烟叶化学成分协调性，原因可能在于生物炭延长了烟叶成熟期，烟叶内在成分得到充分转化，烟叶中石油醚提取物含量及烤后烟叶中致香物质总量提高了。研究表明，施用生物炭可显著增加烟株对磷、钾的吸收。钾是烟草生长必需的营养元素，烟叶钾含量高低是衡量烟叶品质优劣的重要指标。植烟土壤施入富钾的生物炭可提高土壤中速效钾水平，使烟草富集吸收更多钾元素，从而提高烟叶品质。生物炭也可促进烟草碳氮（钾）代谢，提高中上部烟叶钾氯比以及中部烟叶总糖含量、还原糖含量、钾含量及糖碱比。田间试验表明，85%常规施肥+1.5 t/hm^2炭基肥可改善烟叶内在化学成分的协调性，增加中性致香物质，提高烟农的经济效益。

第二章 基于CNKI文献计量学的烟田生物炭研究

生物炭（biochar）是指生物质在部分缺氧或完全缺氧条件下，经过热解而形成的含碳量较高的一类物质。生物炭的来源非常广泛，主要有农业、林业废弃物以及工业和城市生活垃圾等，其中秸秆、烟草废弃物是常用的材料。生物炭具有稳定性强、比表面积大、孔隙结构发达、富含碳素等特点。研究表明，生物炭施用于土壤中可以增加土壤中碳的储量，减少 CO_2 的释放，同时还能改良土壤结构、提高土壤肥力和生产力。此外，生物炭还具有促进植物生长、降低重金属含量和有机污染物生物有效性等作用，在农业生产中得到广泛应用。但生物炭原料中含有重金属，制成生物炭施用于土壤中可能产生重金属风险，需要引起关注。

文献计量学是以文献为对象，采用统计分析等方法研究文献之间关联、分布和变化规律，了解文献之间的内在结构，是信息学的分支。文献计量学可系统地评估某一领域科研的发展态势和科研结果的重要程度，还可以了解科研领域的新兴趋势和研究热点。文献计量学具有客观性、定量化、模型化等优势，已被用来宏观研究各领域、各学科的发展。Citespace 可视化分析软件是美国德雷塞尔大学陈超美教授在 2004 年基于 Java 环境开发的引文网络分析工具，该软件可以准确、便利和高效地显示某科学领域的发展新趋势和新动态。目前，文献计量学在教育、生态、农业等方面的研究中发挥了重要的作用。李瑞瑞等利用文献计量学研究了生物炭在农田中的应用，关注了生物炭在整个农业中的应用，较为宽泛。尽管有研究利用文献计量学分析国际生物炭研究的动态发展，关于生物炭在烟草种植方面的应用研究较少，而且运用 Citespace 可视化分析探讨烟田生物炭领域的研究热点以及中国在该领域的研究历程至今还鲜见报道。中国是烟草种植大国，本章聚焦生物炭对烟草种植的影响相关领域的研究进展，全面了解生物炭在烟草种植方面的研究及应用现状，客观呈现烟草生物炭研究重点和薄弱点，利于相关研究人员及时、准确掌握该领域的研究概况、前沿动态及热点分析等，旨在为中国烟草生物炭的深入研究及发展应用提供宏观战略指导和借鉴参考。

一、材料与方法

（一）数据来源及检索方法

选择中国知网期刊全文数据库（CNKI）作为研究的数据来源。中国知网是目前国内较大、内容较全面、较丰富的中文期刊数据库，为使用者持续提供各个领域动态更新的学术成果，是促进知识传播与资源利用的数据库。其学术领域涉及社会科学、农业科技、信息科技、医学、文学、工程学等多个领域。因此本研究将中国知网作为数据来源，保证检索数据的全面性。

中文检索式为主题＝“烟草”并含主题＝“生物炭”。为提高检索文献质量，期刊论文来源类别选择为SCI来源期刊、EI来源期刊、北大核心、CSSCI、CSCD。为保证查准率和查全率，在期刊论文和学位论文的检索结果中，对检索结果进行筛查，识别并剔除不相关文献。检索的时间跨度为1975—2022年，检索日期为2022年6月8日。

（二）分析方法

利用引文网络分析工具CiteSpace Ⅴ进行文献数据挖掘和可视化分析。在进行关键词共现分析之前，对关键词进行聚类，使用Loglikelihood ratio test（LLR）算法提取前沿术语。时间划分（timing slicing）设置为1975—2022年，时间节点（years per slice）设为1年，节点类型（node types）勾选为关键字（keyword），阈值设置为top＝50。得出关键词的频次并生成烟草—生物炭的可视化知识图谱。

二、结果与分析

（一）发文量及其随年度变化规律

如图2-1所示，在中国知网中，共检索到烟草—生物炭研究方面的期刊论文114篇、学位论文81篇，其中博士学位论文8篇，硕士学位论文73篇。学位论文中最早发表于2013年，期刊论文中最早的文献发表于2014年。学位论文发表从2013年的1篇，上升至2017年的15篇，随后呈波动下降趋势。期刊论文的发表从2014年的4篇，上升至2018年的24篇，随后亦出现波动下降趋势。对比学位论文和期刊论文发文量随时间变化可知，两者趋势基本相同，且期刊论文的变动滞后于学位论文的变动约1年，由此可见，国内烟草—生物炭的研究基本上以导师指导下的师生共同科学研究为主。

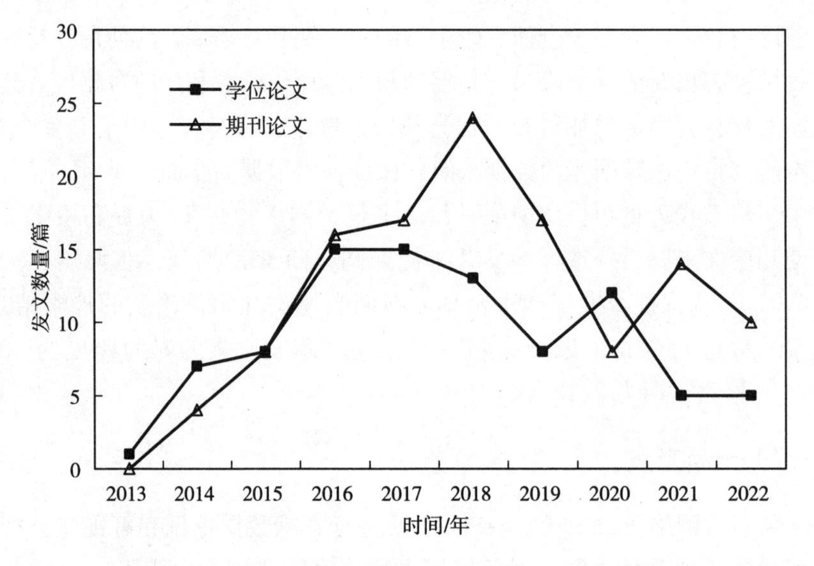

图2-1　2013—2022年烟草—生物炭研究论文数量动态

（二）烟草—生物炭主要研究机构分析

CNKI数据库中关于研究机构的结果显示（表2-1），国内发表烟草—生物炭研究相关论文≥3篇的研究机构有24个。高校、科研院所及烟草公司是烟草—生物炭研究的主力。这些研究机构主要集中在农业及学术力量雄厚的大省，如河南省（河南农业大学42篇、河南中烟工业有限责任公司8篇、中国烟草总公司郑州烟草研究院5篇）、山东省（中国农业科学院烟草研究所10篇、山东省潍坊烟草有限责任公司3篇、山东中烟工业有限责任公司3篇)、广东省(广东中烟工业有限责任公司8篇)、湖南省(湖南农业大学8篇、湖南省烟草公司湘西自治州公司6篇、湖南省烟草科学研究所4篇)、陕西省(西北农林科技大学8篇、陕西省烟草公司4篇)、云南省(云南农业大学7篇)、贵州省(贵州省烟草公司毕节市公司7篇、贵州省烟草科学研究院4篇、贵州大学3篇)。此外,福建省也有3家发文量在3篇以上的机构。这些高校、科研院所及烟草公司具有较强的研发能力,也是烟草研究领域重要的机构。

表2-1 CNKI中烟草—生物炭研究的主要发文机构

编号	发文单位	数量	编号	发文单位	数量
1	河南农业大学	42	13	湖南省烟草科学研究所	4
2	中国农业科学院烟草研究所	10	14	陕西省烟草公司	4
3	广东中烟工业有限责任公司	8	15	湖北省烟草公司	4
4	西北农林科技大学	8	16	贵州省烟草科学研究院	4
5	河南中烟工业有限责任公司	8	17	贵州大学	3
6	湖南农业大学	8	18	福建省农业科学院农业生态研究所	3
7	云南农业大学	7	19	吉林省烟草公司	3
8	贵州省烟草公司毕节市公司	7	20	中国农业大学	3
9	湖南省烟草公司湘西自治州公司	6	21	山东省潍坊烟草有限公司	3
10	中国烟草总公司郑州烟草研究院	5	22	福建省烟草专卖局	3
11	中国科学院南京土壤研究所	5	23	山东中烟工业有限责任公司	3
12	上海烟草集团有限责任公司	5	24	福建省农业科学院土壤肥料研究所	3

(三)烟草—生物炭主要学位授予单位

CNKI学位论文数据库中关于学位授予单位的结果显示(表2-2),烟草—生物炭研究的硕士、博士学位授予单位共有14个。学位授予单位相关研究论文篇数最多的为河南农业大学，有 47 篇；次之为湖南农业大学，有 13 篇；中国农业科学院有 5 篇，居第三位；其次为南京农业大学，有 3 篇；西南大学、西北农林科技大学、福建农林大学各有 2 篇，安徽师范大学、河南科技大学等 7 家单位各有 1 篇。这些单位也是在烟草相关研究领域比较活跃的高校，属于国内在该领域发表论文的领军团体。

表 2-2　CNKI 学位论文数据库中烟草—生物炭的主要学位授予单位

编号	学位授予单位	篇数	编号	学位授予单位	篇数
1	河南农业大学	47	8	安徽师范大学	1
2	湖南农业大学	13	9	河南科技大学	1
3	中国农业科学院	5	10	江西农业大学	1
4	南京农业大学	3	11	浙江农林大学	1
5	西南大学	2	12	中国地质大学（北京）	1
6	西北农林科技大学	2	13	四川农业大学	1
7	福建农林大学	2	14	延边大学	1

（四）烟草—生物炭研究的文献来源

CNKI 数据库中关于烟草—生物炭研究的期刊结果显示（表 2-3），载文量≥2 篇的期刊有 20 种，共发文 97 篇。其中，发文量超过 6 篇的期刊分别为：中国烟草科学（11 篇）、中国烟草学报（10 篇）、河南农业科学（9 篇）、中国土壤与肥料（8 篇）、烟草科技（7 篇）、河南农业大学学报（7 篇）、土壤通报（6 篇）。发文量为 5 篇的期刊有土壤和中国农业科技导报。西南农业学报、云南农业大学学报（自然科学）、浙江农业学报等期刊发文量为 2～4 篇。对比研究这些期刊可知，对烟草—生物炭方面的研究文献主要发表在农业类的专业学术期刊中。

表 2-3　CNKI 数据库中烟草—生物炭研究载文量≥2篇的期刊

编号	期刊名称	数量	编号	期刊名称	数量
1	中国烟草科学	11	11	作物杂志	4
2	中国烟草学报	10	12	核农学报	3
3	河南农业科学	9	13	环境科学学报	3
4	中国土壤与肥料	8	14	江苏农业科学	3
5	烟草科技	7	15	云南农业大学学报（自然科学）	3
6	河南农业大学学报	6	16	华北农学报	2
7	土壤通报	6	17	南方农业学报	2
8	土壤	5	18	农业资源与环境学报	2
9	中国农业科技导报	5	19	西北农林科技大学学报（自然科学版）	2
10	西南农业学报	4	20	浙江农业学报	2

（五）烟草—生物炭研究作者分析

烟草—生物炭相关文献发文量结果显示（表 2-4），发文量≥4篇的作者有24人，共发表论文139篇。其中，河南农业大学刘国顺18篇、河南农业大学任天宝9篇、湖南农业大学周清明8篇、河南农业大学叶协锋8篇、湖南农业大学黎娟8篇、中国农业科学院烟草研究所张继光7篇、湖南省国际工程咨询中心刘卉7篇、河南农业大学云菲6篇。此外，河南农业大学赵铭钦、上海烟草集团有限责任公司蔡宪杰及程森的发文量也有5篇。这些作者往往是推动烟草—生物炭学术创新与学科发展、提升学术影响力和竞争力的中坚力量。然而，与普赖斯的推论“核心作者的论文数应占论文总数50%”的指标尚存一定差距，这显示，烟草—生物炭研究目前尚缺少稳定核心作者群体，且核心作者人数较少。

表 2-4 CNKI 期刊论文数据库中烟草—生物炭研究发文量前 20 位的学者

编号	作者	发文数量	发文单位	编号	作者	发文数量	发文单位
1	刘国顺	18	河南农业大学	13	曹志洪	4	中国科学院南京土壤研究所
2	任天宝	9	河南农业大学	14	张立新	4	西北农林科技大学
3	周清明	8	湖南农业大学	15	张艳玲	4	中国烟草总公司郑州烟草研究院
4	叶协锋	8	河南农业大学	16	张黎明	4	湖南省烟草公司湘西自治州公司
5	黎娟	8	湖南农业大学	17	殷全玉	4	河南农业大学
6	张继光	7	中国农业科学院烟草研究所	18	黄化刚	4	四川农业大学
7	刘卉	7	湖南省国际工程咨询中心	19	李志鹏	4	河南农业大学
8	云菲	6	河南农业大学	20	周涵君	4	河南农业大学
9	赵铭钦	5	河南农业大学	21	阎海涛	4	河南省烟草公司平顶山公司
10	蔡宪杰	5	上海烟草集团有限责任公司	22	许跃奇	4	河南省烟草公司平顶山公司
11	程森	5	上海烟草集团有限责任公司	23	刘智炫	4	湖南农业大学
12	于晓娜	5	河南农业大学	24	李静静	4	河南省烟草公司济源市公司

在 CNKI 学位论文数据库中，烟草—生物炭研究学位论文的指导教师共 72 位，其中指导研究生学位论文数量≥2 篇的导师有 14 位，单位主要为河南农业大学和湖南农业大学（表 2-5）。其中，河南农业大学刘国顺指导的学位论文数量最多，为 22 篇，其次为河南农业大学叶协锋（5 篇）和湖南农业大学周清明（4 篇）。

表2-5 CNKI学位论文数据库中烟草—生物炭研究发文量≥2的导师

编号	导师	篇数	单位
1	刘国顺	22	河南农业大学
2	叶协锋	5	河南农业大学
3	周清明	4	湖南农业大学
4	姬小明	3	河南农业大学
5	赵铭钦	3	河南农业大学
6	崔红	2	河南农业大学
7	戴林建	2	湖南农业大学
8	邓小华	2	湖南农业大学
9	符云鹏	2	河南农业大学
10	姜桂英	2	河南农业大学
11	刘世亮	2	河南农业大学
12	邵岩	2	湖南农业大学
13	殷全玉	2	河南农业大学
14	于建军	2	河南农业大学

对烟草—生物炭研究的期刊论文和学位论文进行分析，一般认为出现频次高、中心性强的关键词为研究热点，相关关键词频次如表2-6所示。对于期刊论文，关注的热点是烤烟（70次）、生物炭（63次）、产量（14次）、品质（12次）、烟草（12次）、化学成分（10次），此外，有机肥、土壤养分、植烟土壤均为7次，有机物料、土壤、农艺性状、生物炭均为6次，氮肥、经济性状、经济效益、根系活力均为5次。学位论文中前4个关注热点（烤烟46次、生物炭38次、烟草16次、品质12次）与期刊论文一致，其后为生长发育（11次）、土壤（9次）、土壤养分（7次）、土壤改良（6次），植烟土壤、化学成分、土壤特性均为5次。从出现年份看，这些研究出现的年份多从2013—2015年开始，有关研究主要集中在生物炭对植烟土壤性质及烟草生长发育的影响，2017年以后，相关研究开始关注重金属、产值等方面。

表 2-6 CNKI 期刊论文和学位论文数据库中烟草—生物炭研究中出现频次前 20 位的关键词

编号	期刊论文			编号	学位论文		
	关键词	频次	初现年		关键词	频次	初现年
1	烤烟	70	2014	1	烤烟	46	2013
2	生物炭	63	2014	2	生物炭	38	2013
3	产量	14	2014	3	烟草	16	2014
4	品质	12	2014	4	品质	12	2013
5	烟草	12	2014	5	生长发育	11	2013
6	化学成分	10	2014	6	土壤	9	2013
7	有机肥	7	2014	7	土壤养分	7	2016
8	土壤养分	7	2014	8	土壤改良	6	2015
9	植烟土壤	7	2015	9	植烟土壤	5	2016
10	有机物料	6	2016	10	化学成分	5	2014
11	土壤	6	2015	11	土壤特性	5	2015
12	农艺性状	6	2014	12	有机物料	4	2016
13	生物炭	6	2017	13	土壤性状	4	2014
14	氮肥	5	2016	14	微生物	4	2014
15	经济性状	5	2015	15	烟叶品质	4	2014
16	经济效益	5	2016	16	生物炭	4	2016
17	根系活力	5	2016	17	重金属	3	2017
18	烟叶	4	2016	18	产量	3	2014
19	土壤碳库	4	2015	19	理化性质	3	2016
20	理化性质	4	2017	20	产质量	3	2015
21	产质量	4	2017	21	烤烟品质	3	2016
22	烟叶质量	4	2016				
23	产值	4	2017				

（六）烟草—生物炭研究内容分析

基于CNKI期刊论文数据库，在关键词共现网络基础上，进行聚类分析得到烟草—生物炭关键词共现聚类图（图 2-2）。烟草—生物炭文献关键词共现网络共形成以＃0有机物料、＃1烟叶、＃2甲霜灵、＃3经济效益、＃4生物炭、＃5影响因素、＃6产量为标签的6个聚类，这些聚类标示了该研究领域知识的基础结构及其动态演进的过程。聚类标签通常采用一定算法从标题、关键词和摘要中抽取得到。每个色块代表一个聚类，聚类序号与聚类大小成反比，最大的聚类以＃0标记，其他依次类推。网络的模块化是一个对整体结构的全局性量度，模块化Q值和平均轮廓值是评估网络整体结构性能的两个重要指标。结果显示，模块化Q值0.534 2>0.3，表示聚类是有效的，0.653 5的平均轮廓值表明结果是可信的。

CiteSpace,v.6.1.R2(64-bit) Basic
June 192 2022 at 4:11:38 PM CST
CNKI:C:\Users\lenovo\Desktop\基于文献计量学的烟田生物遣研究与应用（CNKI）\烟叶 生物炭 期刊114篇-1\data
Timespan: 2013-2022(Slice Length=1)
Selection Criteria:g-index(k=25), LRF=2.0, L/N=5, LBY=8, e=2.0
Network: N=164, E=492(Density=0.036 8)
Largest CC: 154(93%)
Nodes Labeled:1.0%
Pruning: None
Modularity Q=0.534 2
Weighted Mean Silhouetts S=0.841 3
Harmonic Mean(Q. S)=0.653 5

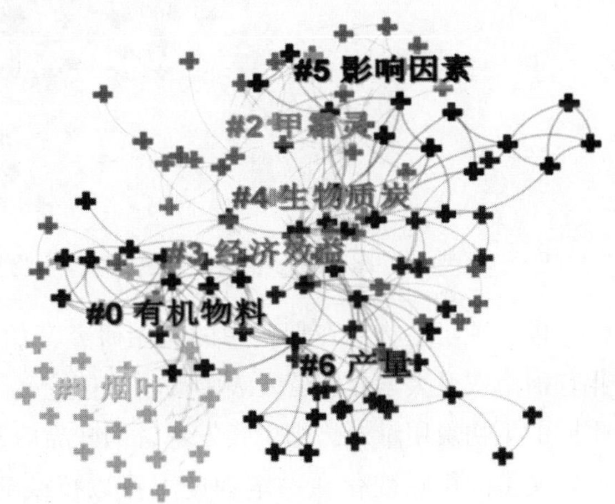

图2-2 期刊论文中烟草—生物炭关键词聚类图

基于CNKI学位论文数据库，在关键词共现网络基础上，进行聚类分析得到烟草—生物炭关键词共现聚类图（图2-3）。烟草—生物炭文献关键词共现网络共形成以＃0品质、＃1烟草、＃2化学成分、＃3农艺性状、＃4生物炭、＃5有机物料、＃6植烟土壤为标签的6个聚类，这些聚类标识了该研究领域知识的基础结构及其动态演进的过程。分析显示，模块化Q值0.558 7>0.3，表示聚类是有效的，0.674 1的平均轮廓值表明结果是可信的。研究结果显示，学位论文和期刊论文的研究关键词有差异，学位论文更加关注生物炭对烟草内在品质（烟叶品质、化学成分等）的影响。

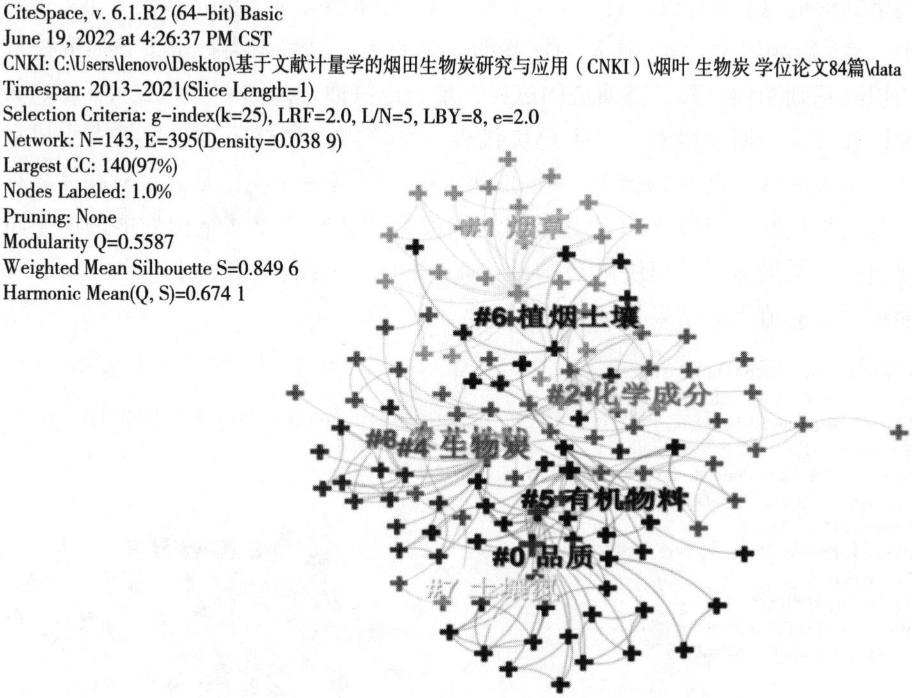

CiteSpace, v. 6.1.R2 (64-bit) Basic
June 19, 2022 at 4:26:37 PM CST
CNKI: C:\Users\lenovo\Desktop\基于文献计量学的烟田生物炭研究与应用（CNKI）\烟叶 生物炭 学位论文84篇\data
Timespan: 2013-2021(Slice Length=1)
Selection Criteria: g-index(k=25), LRF=2.0, L/N=5, LBY=8, e=2.0
Network: N=143, E=395(Density=0.038 9)
Largest CC: 140(97%)
Nodes Labeled: 1.0%
Pruning: None
Modularity Q=0.5587
Weighted Mean Silhouette S=0.849 6
Harmonic Mean(Q, S)=0.674 1

#1 烟草
#6 植烟土壤
#2 化学成分
#4 生物炭
#5 有机物料
#0 品质
#7 土壤

图 2-3　学位论文中烟草—生物炭关键词聚类图

国内关于生物炭在烟草中的应用研究开始得较晚，最早的研究始于 2013 年，河南农业大学张园营发表了硕士学位论文，研究了烟草专用炭基一体肥中不同的生物炭用量对烤烟生长发育、烟叶品质及田间土壤特性的影响。特定领域发文量的年际变化在一定程度上可以反映研究人员对该领域的关注程度，2017—2018 年，生物炭相关研究的热度最高，随后呈波动下降趋势。湖南农业大学刘卉 2015 年发表硕士学位论文《不同生物炭用量与氮肥配施对植烟土壤改良及烤烟产质量的影响》，之后在 2016 年连续发表相关期刊论文两篇，其他研究学位论文和期刊论文发表之间也存在相似的规律，表明国内烟草—生物炭的研究基本上以导师指导下的师生共同科学研究为主。

河南农业大学是烟草—生物炭应用研究领域发文量最大的机构。2013 年，首先研究了生物炭用量对烤烟生长发育及烟叶品质的影响。之后又陆续发表了一系列论文，报道了土壤改良、烤烟品质、产量提升等方面研究成果。中国农业科学院烟草研究所在生物炭应用于烟田方面也开展了较多研究。河南农业大学刘国顺，中国农业科学院烟草研究所张继光在相关领域都发表了大量论文，但是整体上研究者离普赖斯的推论“核心作者的论文数应占论文总数50%”的指标尚存一定差距，这显示，烟草—生物炭研究目前尚缺少稳定核心作者群体，且核心作者人数较少。

论文的关键词通常是其研究内容和研究主题的高度凝练，从一定程度上来说，通过分析某一研究领域关键词的变迁可以洞悉该领域研究主题的变化。通过对关键词的梳理发现，研究主要集中在烤烟、生物炭以及烟草产量和质量方面。其中，烤烟和生物炭是出现次数分别排第一、第二的关键词，这可能与研究方法有关（将烟草和生物炭设为检索词）。烟草是经济型作物，烤烟的产量、质量是重要的经济指标，因而受关注度很高。研究发现，生物炭施用提高了烤后烟叶品质、产量和经济效益，以常规施肥配施生物炭用量600 kg/hm^2 的处理效果最好；秸秆生物炭适量添加促进了烤烟生长发育，表现在株高、叶面积及生物量的增加，但是高添加量则有抑制作用。施用生物炭不仅可以提高烟叶产量和产值，还可以提高上等烟比例和烤烟中性致香物质含量。可见，生物炭适量施用对烟草生长发育及烟叶产量和质量均具有促进作用。

关键词聚类分析结果表明，学位论文中前3位的是“品质”“烟草”和“化学成分”，而期刊论文中前3位的则是“有机物料”“烟叶”和“甲霜灵”，可以看出，学位论文研究内容较深，注重生物炭对烟草内在品质的影响。近年来，相关研究热点在关注烤烟产量、质量影响的同时，趋向于重金属残留和对微生物的影响方面。冯慧琳等研究发现，生物炭能够显著提高4种土壤酶活及改善土壤养分，在一定程度上增加细菌多样性及改善改变菌群结构。研究发现，施用生物炭改变了土壤真菌的群落结构，提高了毛霉菌门（Mucoromycota）、担子菌门（Basidiomycota）的相对丰度，降低了子囊菌门（Ascomycota）相对丰度。秸秆生物炭能够降低烟草各部位对Cd的吸收，生物炭施用降低了烟草根和叶的Cd富集系数。烤烟是吸食性物品，烟叶中重金属含量降低能有效提高卷烟制品安全性。

三、小结

借助文献共被引分析软件CiteSpace，对生物炭—烟草种植领域的研究文献进行了分析，明确了相关文献的分布，显示了相关领域的研究热点与发展趋势，得出的结论有以下几点。

第一，基于CNKI数据库，共检索到（1957—2022年）生物炭在烟草种植方面期刊论文114篇，学位论文81篇，其中，8篇博士学位论文，73篇硕士学位论文。

第二，2017—2018年是研究热度最高的年份，国内烟草—生物炭的研究基本上以导师指导下的师生共同科学研究为主。

河南农业大学和中国农业科学院烟草研究所是生物炭—烟草种植应用研究的主力机构，也是相关研究作者集中的单位。目前有关烟草—生物炭研究尚缺少稳定核心作者群体，且核心作者人数较少。

第三，烟草—生物炭方面的研究文献主要发表在农业类的专业学术期刊中，中国烟草科学是载文量最高的期刊，其次是中国烟草学报。与期刊论文相比较，学位论文研究的内容更深，烟叶品质和化学成分是学位论文关注的热点。

第四，研究热点聚焦于生物炭施用对土壤改良和烤烟产量、品质及化学成分等方面的影响，近年来，研究热点趋向于生物炭对土壤微生物群落结构及烟叶重金属安全性等方面的影响。

第三章 生物炭的制备、改性与表征

生物炭因具有碳含量高、比表面积大、表面含有多种官能团、孔隙度发达、结构稳定等特点，越来越受到人们的重视。近年来的研究发现，生物炭由于生物质自身特点及制备条件的不同，其理化性质有较大差异，在实际应用中作用受限，因此改性生物炭也成了研究热点。

第一节　烟秆生物炭的制备与表征

一、材料与方法

制备生物炭的原材料为烟区烟秆，烟秆一部分经粉碎机粉碎，另一部分截成5 cm左右小段，待用。烟秆样品分别在300 ℃、350 ℃和400 ℃3个裂解温度下制成烟秆生物炭。具体热解步骤如下：第一，将处理好的烟秆放入热解器中，然后将一侧开口密封；第二，关闭出气口，用氮吹仪（进气速率：10 L/min）从进气口持续将氮气通入热解装置中，1 min后打开出气口10 s，排出装置内气体，然后关闭出气口，如此重复操作10次；第三，在马弗炉加热到设定温度后，将热解器放到马弗炉内加热3 h；最后，关闭马弗炉，让热解器自然冷却至室温后将烟秆炭取出，密封保存。具体的制备流程如图3-1所示。

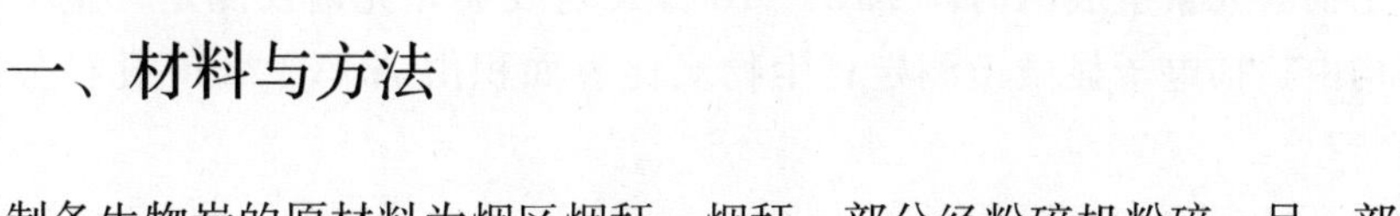

烟秆 —前处理→ 热解器 —充氮气/密封→ 马弗炉 —设置热解温度，3h→ —冷却至室温→ 烟秆生物质炭 → —密封保存→ 组成、结构和性质测定

图3-1　烟秆生物质炭制备流程

试验中用于制备烟秆生物炭的热解器设计参考了王群（2013）的设计并根据实际情况进行了部分改进，热裂解器实际设计及实物如图 3-2 所示。

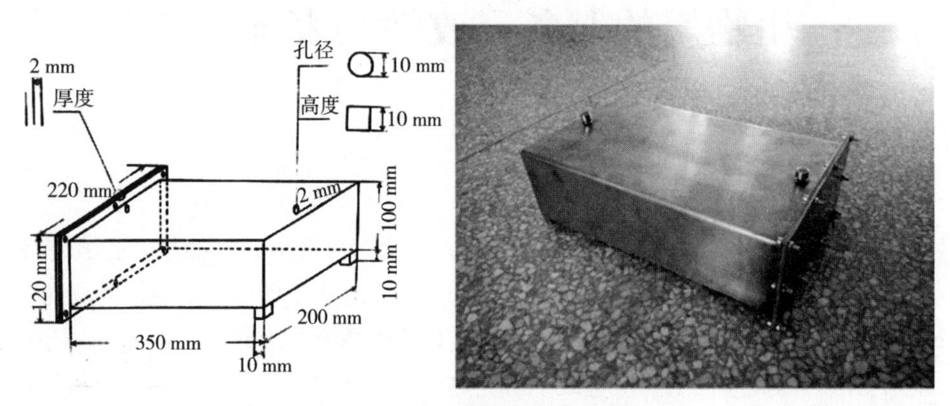

图 3-2 热裂解器设计及实物图

生物炭表面官能团采用 Nicolet iS10 傅里叶变换红外光谱仪（FTIR）分析；生物炭元素组成由岛津 XRF-1800 X 射线荧光光谱仪测定；生物炭孔隙结构由扫描电子显微镜测定；生物炭比表面积由 ASAP 2460 孔径分析仪测定。

二、烟秆生物炭外观特征

不同粉碎条件及温度条件下制备的生物炭外观如图 3-3 所示。

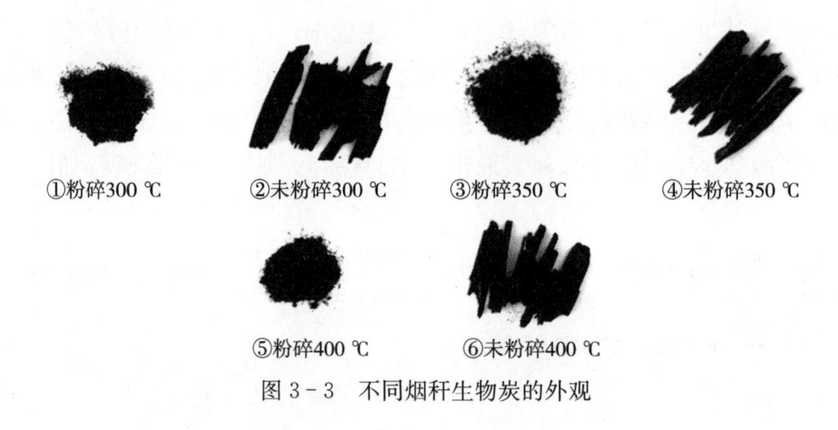

图 3-3 不同烟秆生物炭的外观

三、生物炭的表征

（一）烟秆生物炭主要元素组成

试验所得烟秆生物炭的主要元素组成如表 3-1 所示。从表中可以看出，烟秆生物炭的元素组成主要有 C、H、K、Ca、Fe、Mn、Cu、Cl 和 Si 等，其中含量最高的是 C 元素，其次为 H 和 K 元素。经粉碎处理的烟秆生物炭（烟秆生物炭①、③、⑤）随着热解温度的升高，K 元素含量逐渐降低，Ca、Si 元素含量升高，且 K 和 Ca 的含量均高于相应热解温度下切段处理的烟秆生物炭（烟秆生物炭②、④、⑥）。

表 3-1　不同烟秆生物炭的元素组成含量/%

烟秆生物炭	C	H	K	Ca	Fe	Mn	Cu	Cl	Si
①	96.68	0.335	1.536	0.764	0.034	0.009	0.003	0.436	0.113
②	96.11	2.757	0.231	0.241	0.014	0.012	—	0.362	0.219
③	96.02	1.071	1.531	0.876	0.042	0.003	—	0.121	0.232
④	97.01	1.686	0.769	0.110	0.067	0.017	—	0.141	0.087
⑤	97.32	0.006	1.088	0.945	0.021	0.008	0.001	0.273	0.243
⑥	96.43	2.861	—	—	0.057	0.013	—	0.272	0.099

注：①表示 300℃、粉碎条件制备的烟秆生物炭，②表示 300℃、未粉碎条件制备的烟秆生物炭，③表示 350℃、粉碎条件制备的烟秆生物炭，④表示 350℃、未粉碎条件制备的烟秆生物炭，⑤表示 400℃、粉碎条件制备的烟秆生物炭，⑥表示 400℃、未粉碎条件制备的烟秆生物炭，下同。

（二）烟秆生物炭表面官能团

不同烟秆生物炭的 FTIR 分析图谱如图 3-4 所示。从图中可以看出，3 213～3 353 cm^{-1}附近为羟基的吸收峰，2 923～2 929 cm^{-1}附近为脂肪族碳氢键的吸收峰，1 000～1 600 cm^{-1}附近为芳香族官能团的吸收峰，1 557～1 592 cm^{-1}附近为羧基的吸收峰，1 373～1 408 cm^{-1}附近为羰基的吸收峰，1 315 cm^{-1}附近为内酯基的吸收峰，1 203～1 000 cm^{-1}附近为酚羟基的吸收峰。由此可以进一步得出，所有烟秆生物炭都含有丰富的羧基官能团；烟秆生物炭①的主要官能团为羧基、羰基和内酯基，烟秆生物炭②的主要官能团

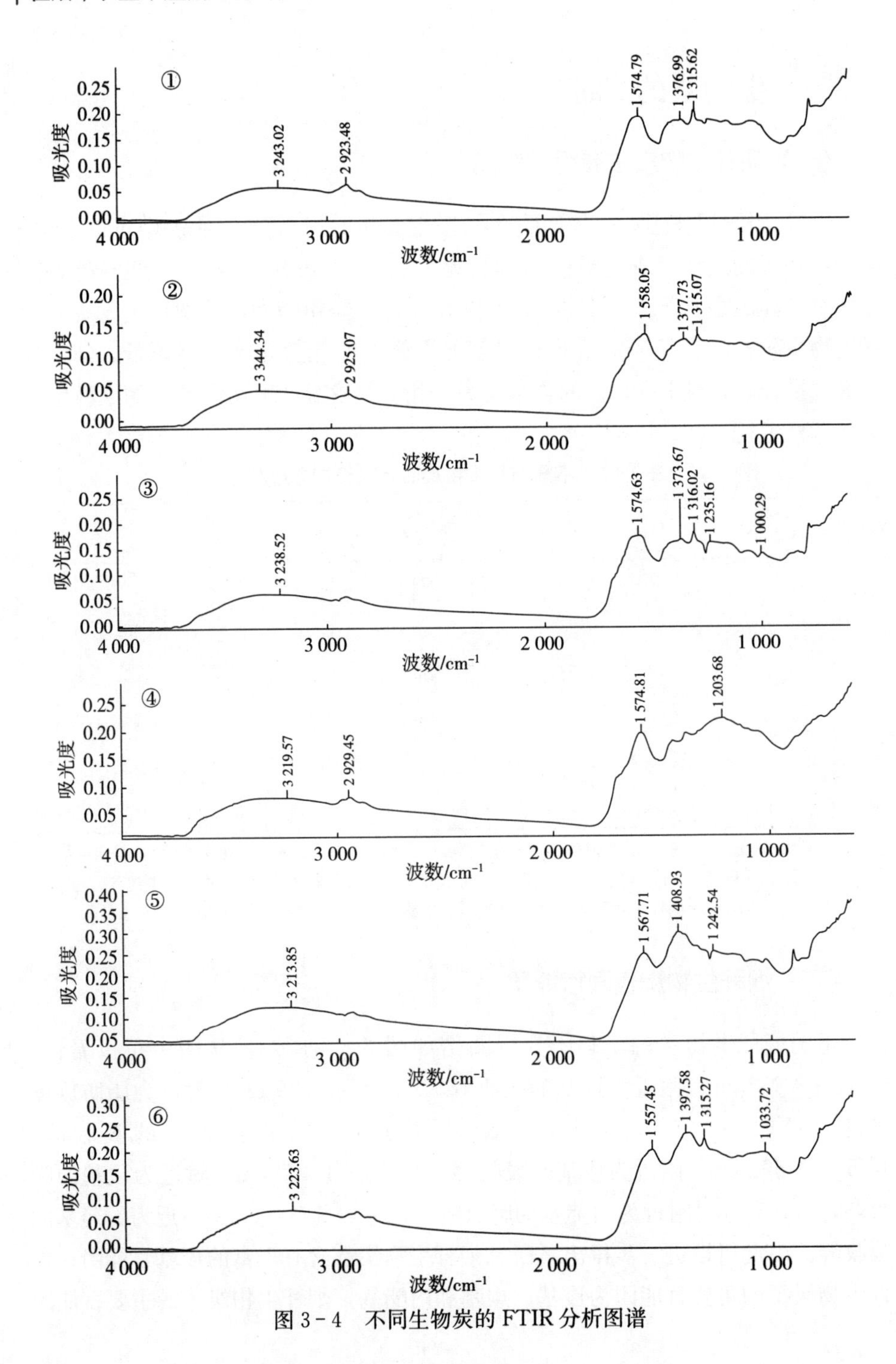

图 3-4　不同生物炭的 FTIR 分析图谱

为羧基、羰基和内酯基，烟秆生物炭③的主要官能团为羧基、羰基、内酯基和酚羟基，烟秆生物炭④的主要官能团为羧基、羰基和酚羟基，烟秆生物质⑤的主要官能团为羧基、羰基、内酯基和酚羟基，烟秆生物炭⑥的主要官能团为羧基、羰基、内酯基和酚羟基；相同热解温度下，烟秆生物炭的芳香族官能团数量要显著高于脂肪族碳氢键；随着热解温度的升高，烟秆生物炭的主要表面官能团种类和含量呈增加趋势。

（三）烟秆生物炭比表面积与孔隙结构

图 3－5 为不同条件下制备的烟秆生物炭的扫描电子显微镜照片，由于生物炭孔隙的孔径范围分布比较广，因此按照前人研究将孔隙尺寸分成 4 个等级：微孔（＜1 μm）、小孔（1～10 μm）、中孔（10～60 μm）和大孔（＞60 μm）（申卫博等，2015；曹美珠等，2014）。通过对比电镜照片可以看出：烟秆生物炭①上存在较多小孔，小孔尺寸主要分布在 1～3 μm，少部分在 5～10 μm；烟秆生物炭②上存在较多小孔和少量中孔，小孔尺寸主要在 3～5μm，中孔尺寸主要分布在 10～40 μm；烟秆生物炭③上存在较多小孔和中孔，小孔尺寸在 5 μm 左右，中孔尺寸主要分布在 10～15 μm；烟秆生物炭④上存在较多中孔和小孔，中孔尺寸主要分布在 10～15 μm，小孔尺寸在 2 μm 左右；烟秆生物炭⑤上存在较多中孔和少量小孔，中孔尺寸在 10～20 μm，小孔尺寸主要分布在 2 μm 左右；烟秆生物炭⑥上存在较多中孔和少量小孔，中孔尺寸主要分布在 10～20 μm，小孔尺寸在 8 μm 左右。相同热解温度下，经切段处理制得的烟秆生物炭的孔隙与经粉碎处理制得的烟秆生物炭的孔隙相比，前者的中孔孔隙所占比例较大。

不同条件下制得的烟秆生物炭经孔径分析仪测得的比表面积如图 3－6 所示。从图中可以看出：随着热解温度的升高，制得的烟秆生物炭的比表面积逐渐变大；相同热解温度下，经切段处理制得的烟秆生物炭的比表面积要小于经粉碎处理制得的生物炭的比表面积，但随着热解温度的升高，两者之间的差异减小。

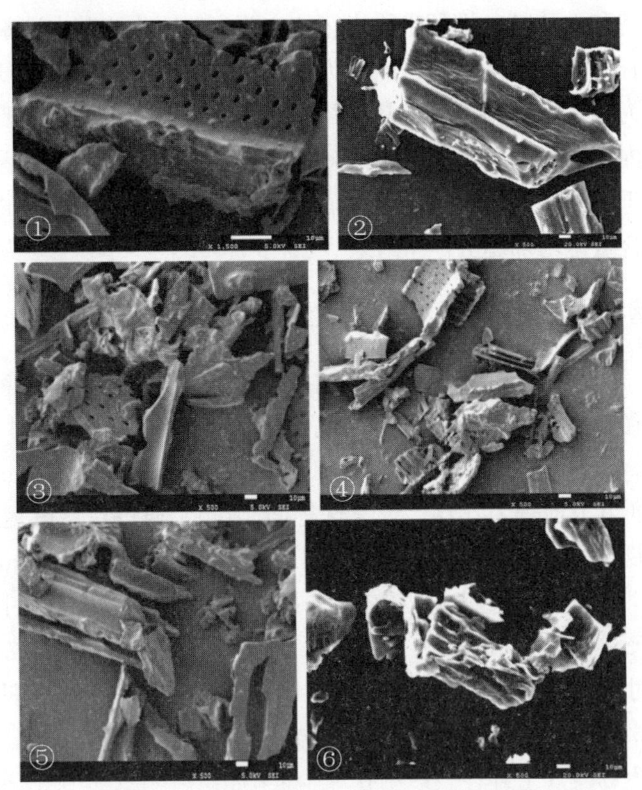

图 3-5　不同生物炭的扫描电子显微镜照片

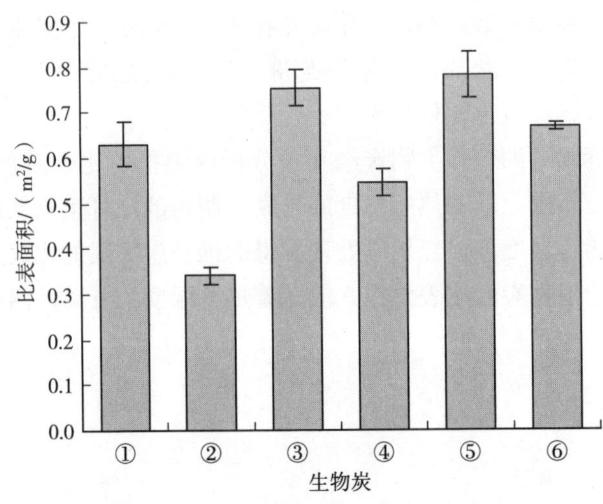

图 3-6　不同烟秆生物炭的比表面积比较

（四）烟秆生物炭产率及主要理化性质差异

不同烟秆生物炭的产率及主要理化性质差异如表 3-2 所示。从表中可以看出，随着热解温度的升高，烟秆生物炭的产率逐渐降低，灰分含量和 pH 逐渐升高，有机质和速效磷含量逐渐降低，速效氮含量先升高后降低；相同热解温度下，经过粉碎处理制得的烟秆生物炭的有机质、速效氮、速效磷含量要略低于经切段处理制得的烟秆生物炭的有机质、速效氮和速效磷含量。

表 3-2　不同生物炭的理化性质

生物质炭	产率/%	灰分/%	pH	有机质/(g/kg)	速效氮/(mg/kg)	速效磷/(mg/kg)
①	49.6	12.68	8.46	924.98	104.12	702.95
②	47.2	13.00	9.46	930.12	108.35	708.33
③	42.3	13.65	9.92	802.62	111.28	650.34
④	41.5	13.61	10.03	813.53	114.78	654.56
⑤	37.0	16.97	10.56	749.59	57.34	604.65
⑥	37.2	17.77	10.42	761.45	59.02	609.22

随着热解温度的升高，烟秆生物炭的产率降低，灰分含量升高，pH 和比表面积增大，芳香族官能团和脂肪族碳氢键数量均呈逐渐增加趋势。随着热解温度的升高，烟秆生物炭的有机质和速效磷含量逐渐降低，速效氮含量先增加后减少。烟秆生物炭的孔隙尺寸主要分布在 1～40 μm，随着热解温度的升高，烟秆生物炭孔隙的孔径增大，小孔比例减少，中孔比例增加。经粉碎处理制得的烟秆生物炭在主要养分含量方面要略低于经切段处理制得的烟秆生物炭，孔隙尺寸也略小于后者，比表面积则大于后者。

（五）小结

试验结果显示，随着热解温度的升高，烟秆生物炭的产率降低，灰分含量升高，pH 和比表面积增大，这与以前研究结果基本一致。通过与先前对稻壳生物炭的研究进行比较发现，随着热解温度的提高，烟秆生物炭的芳香族官能团和脂肪族碳氢键数量均呈逐渐增加趋势，且芳香族官能团的含量要明显高于稻壳生物炭，因此其对酸碱的缓冲能力也就越强。稻秆生物炭随着热解温度升高（250～450℃），芳香族官能团含量增加，脂肪族碳氢键含量降低，存在差异的原因可能是烟秆与稻秆原材料本身性质不同。烟秆生物炭的有机质、速效磷、速效氮含量要显著高于稻壳生物炭，这也与原材料本身的养分含量有直接关系。另外，在前处理方式方面，本试验主要设置了粉碎和切段两种方式，对结果进行分析发现，粉碎后制得的烟秆生物炭在主要养分含量方面要略低于后者，原因可能是粉碎之后会热解得更彻底，养分损失会增加；粉碎后制得的烟秆生物炭的孔隙尺寸略小于后者，比表面积则大于后者，这同前人的研究结果一致。

试验发现，烟秆生物炭的孔隙尺寸主要分布在1～40 μm，而且随着温度升高，烟秆生物炭孔隙的孔径增大，即小孔数量减少，中孔数量增多；而稻壳生物炭的孔隙尺寸则主要分布在5 μm以下，含有较多的微孔，而且在孔隙数量上要明显多于烟秆生物炭。这就说明了，由于烟秆木质化程度更高，从原材料性质上来说更接近于木材，烟秆生物炭的比表面积也明显小于稻壳生物炭。已有研究表明，生物炭中的小孔隙主要影响养分的吸附和转移，而大孔隙对土壤的通气性和保水性影响较大，能为微生物提供较好的繁殖场所，因此烟秆生物炭施入土壤中应具有较好的通气性、保水性，能为土壤微生物生存和繁殖提供良好环境。

第二节　烟草废弃物生物炭的制备与表征

一、材料与方法

（一）材料

本试验所采用的废弃烟秆、烟梗及烟叶等烟草废弃物由毕节烟草公司烟叶科技示范园提供。将样品清洗后放置80℃烘箱烘干，切成小段、混合均匀后密封保存，待用。

（二）生物炭制备方法

利用限氧控温炭化法对烟草废弃物进行炭化处理。对空坩埚（带盖）进行称重，分别加入烟秆、烟梗及烟叶，塞满坩埚，加盖密封，称重。放入马弗炉进行持续升温（5℃/min）并在最高温度（300℃、450℃、600℃）下保持2h。

待坩埚冷却至室温，取出称量并计算产率。将制得的生物炭部分研磨，过 100 目*筛，放入干燥器中备用。

（三）生物炭基本性状及表面特征测定方法

1. pH 及 EC 测定

称取 1g 生物炭粉末（精确至 0.000 1g），按照 1∶20（g∶mL）比例加入 20mL 去离子水进行混合并充分振荡 30min，静置 20min 后进行测定。pH 使用 pH 计进行测定，电导率（EC）使用电导率仪测定。

2. 生物炭产率测定

分别称取坩埚（加盖）质量 M1、样品质量 M2 以及炭化后坩埚与样品的总质量 M3，按照以下公式进行计算：

$$产率(\%) = (M3-M1) \div M2 \times 100\%$$

3. 生物炭 CEC、元素含量及表面特征分析

废弃烟秆、烟梗、烟叶及其生物炭中的 C、H、N 元素通过元素分析仪（FlashSmart，Thermo Fisher，USA）测定，O 元素通过差减法得出。

生物炭阳离子交换量（CEC）测定采用乙酸钠交换法测定。

生物炭比表面积采用比表面与孔隙度分析仪（Micromeritics ASAP 2460）测定。

生物炭表面形貌采用扫描电子显微镜（SEM）（蔡司 Merlin）测定。

生物炭表面官能团种类采用傅里叶红外光谱（Nicolet iN10 Thermo Scientific）测定。

生物炭晶体元素采用 X 射线衍射仪（Smartlab 9kW）测定。

生物炭含氧官能团采用 Boehm 滴定法测定。

（四）数据处理

通过 IBM Statistics SPSS 26.0 进行数据分析和方差分析，Microsoft Excel 2010 进行表格制作，Origin 2019 进行图形绘制。

---

* 目为非法定计量单位，表示筛孔尺寸的大小，即 1 英寸（2.54cm）长度中的筛孔数目。——编者注

二、生物炭基本性状分析

（一）生物炭基本理化性质分析

由表3-3可知，烟秆炭、烟梗炭及烟叶炭的pH及EC均随热解温度升高而升高；而CEC和产率则呈相反的趋势。热解温度由300℃升至600℃时，烟秆炭、烟梗炭以及烟叶炭CEC由111.42cmol/kg、117.95cmol/kg和112.07 cmol/kg分别降至83.42cmol/kg、72.80cmol/kg和94.95 cmol/kg；从生物炭产率可以明显看出，随热解温度的升高生物炭产率呈下降的趋势。当热解温度从300℃升至600℃时，3种生物炭产率分别从53.65%、58.26%和58.37%降至30.78%、34.48%和29.86%。其中，在300℃升至450℃时，生物炭产量变化最大，三者炭化产率均显著降低，分别降低了19.66%、19.86%和22.31%，而后续当450℃升至600℃时，三者炭化产率又分别下降了3.21%、3.92%和6.20%，产率趋于稳定。从烟秆、烟梗及烟叶生物炭产率可以看出，在300℃时，烟叶炭产率>烟梗炭产率>烟秆炭产率，而当温度升至600℃时，烟梗炭产率>烟秆炭产率>烟叶炭产率，表明在600℃左右热解，烟叶炭化产物分解速率大大加快。

表3-3　烟草废弃物生物炭基本理化性状

材料	pH	EC/（μS/cm）	CEC/（cmol/kg）	产率/%
300℃烟秆炭	8.73±0.03c	2.89±0.02c	111.42±2.13a	53.65±0.10a
450℃烟秆炭	10.26±0.003b	4.16±0.01b	109.54±0.28a	33.99±0.08b
600℃烟秆炭	11.16±0.02a	5.88±0.01a	83.42±7.43b	30.78±0.12c
300℃烟梗炭	9.51±0.03c	11.67±0.44c	117.95±2.70a	58.26±0.12a
450℃烟梗炭	11.05±0.06b	14.03±0.15b	96.18±5.60b	38.40±0.18b
600℃烟梗炭	11.74±0.04a	16.40±0.21a	72.80±1.76c	34.48±0.16c
300℃烟叶炭	10.09±0.01c	4.38±0.02c	112.07±1.50a	58.37±0.21a
450℃烟叶炭	11.33±0.02b	6.10±0.01b	106.82±0.76a	36.06±0.12b
600℃烟叶炭	11.58±0.01a	6.33±0.02a	94.95±0.43b	29.86±0.11c

注：同一来源烟草生物炭不同热解温度间，用不同小写字母代表处理之间具有显著性（$P<0.05$），下同。

（二）生物炭元素组成分析

不同烟草废弃物生物炭的元素组成如表3-4所示，从表中可以看出，烟秆、烟梗及烟叶制成生物炭后，C元素含量较原料中含量升高，而H和O元素含量明显降低。热解温度升高使得H和O含量下降，C元素含量随热解温度升高而升高，600℃制备的烟秆炭、烟梗炭及烟叶炭的C含量分别为64.19%、49.07%、63.50%，而三者的N含量均随热解温度升高而降低，从300℃升至600℃时，烟秆炭、烟梗炭及烟叶炭中N含量分别降低0.67%、0.71%和0.86%。而且随着热解温度升高，H/C、O/C和（N+O）/C原子比也均呈降低的趋势。3种生物炭相比较，可以发现，烟秆炭中C含量及烟叶炭中N含量均高于其他两种生物炭中含量，这可能与原料中相关元素组分含量较高有关。

表3-4 烟草废弃物生物炭的元素组成

材料	N/%	C/%	H/%	S/%	O/%	Ash/%	H/C	O/C	（N+O）/C
烟秆	1.84	41.00	5.30	0.25	45.38	6.23	1.55	1.11	1.15
300℃烟秆炭	2.17	59.95	3.13	0.23	18.82	15.70	0.63	0.31	0.35
450℃烟秆炭	1.87	60.49	3.04	0.39	10.68	23.52	0.60	0.18	0.21
600℃烟秆炭	1.50	64.19	2.92	0.40	7.31	23.68	0.55	0.11	0.14
烟梗	1.75	34.70	5.19	0.33	45.80	12.24	1.79	1.32	1.37
300℃烟梗炭	2.49	46.32	3.95	0.72	25.24	21.27	1.02	0.54	0.60
450℃烟梗炭	2.08	46.87	3.64	0.79	14.65	31.97	0.93	0.31	0.36
600℃烟梗炭	1.78	49.07	3.22	0.70	8.66	36.57	0.79	0.18	0.21
烟叶	2.69	40.64	5.73	0.19	38.01	12.74	1.69	0.94	1.00
300℃烟叶炭	3.75	58.13	3.31	0.20	17.74	16.87	0.68	0.31	0.37
450℃烟叶炭	3.18	58.77	3.17	0.22	8.31	26.34	0.65	0.14	0.20
600℃烟叶炭	2.89	63.50	3.09	0.19	1.00	29.32	0.58	0.02	0.06

（三）生物炭比表面积分析

比表面积、孔径和孔体积是生物炭表征的重要参数。制备材料来源以及制备温度的差异导致生物炭比表面积、孔径及孔体积也产生差异。而且在实际生产使用过程中，生物炭比表面积等各项指标会对吸附性能产生影响（赵越等，2020）。

表 3-5 为不同热解温度的 3 种烟草废弃物生物炭的比表面积、孔径以及孔体积。生物炭的 BET 比表面积随热解温度升高而增大，且相同材料制备的生物炭在 300℃热解条件下比表面积最小，600℃时达到最大值。对于相同热解温度、不同材料制备的生物炭，其比表面积也存在较大的差异，如 600℃烟秆炭比表面积达到 80.48m^2/g，远高于 600℃的烟梗炭及烟叶炭。

比表面积根据孔径大小可以分为三类：＜2nm 为微孔，2～50nm 为中孔，＞50nm为大孔。从整体上来看，生物炭孔径大小均处于 2～50nm，表明烟秆炭、烟梗炭以及烟叶炭孔结构以中孔为主。生物炭孔体积与 BET 比表面积呈相同的变化趋势，相同生物质的生物炭，随热解温度升高，孔体积和 BET 比表面积逐渐增大。当热解温度从 300℃提高至 600℃时，烟秆炭、烟梗炭以及烟叶炭的孔体积分别提高了 361.22%、84.27%和 367.65%，表明热解温度对烟草废弃物生物炭的孔体积有显著影响。

表 3-5　烟草废弃物生物炭的比表面积、孔径和孔体积

材料	BET 比表面积/（m^2/g）	孔径/nm	孔体积/（cm^3/g）
300℃烟秆炭	2.42	16.20	0.009 8
450℃烟秆炭	3.82	12.60	0.012 0
600℃烟秆炭	80.48	2.25	0.045 2
300℃烟梗炭	1.68	21.07	0.008 9
450℃烟梗炭	3.16	14.40	0.011 4
600℃烟梗炭	5.35	11.72	0.016 4
300℃烟叶炭	1.24	10.90	0.003 4
450℃烟叶炭	4.11	14.13	0.014 5
600℃烟叶炭	7.08	8.99	0.015 9

（四）生物炭 SEM 分析

图 3-7 至图 3-9 为烟秆生物炭的电镜扫描图，可以看出不同热解温度制得的烟秆生物炭的表面差异明显。300℃，烟秆炭表面较为平整，还保留了其烟秆的骨架结构；而到 450℃时，烟秆炭表面出现密集的孔隙，且排列有序；600℃时，烟秆炭依然保持密集的孔隙结构。

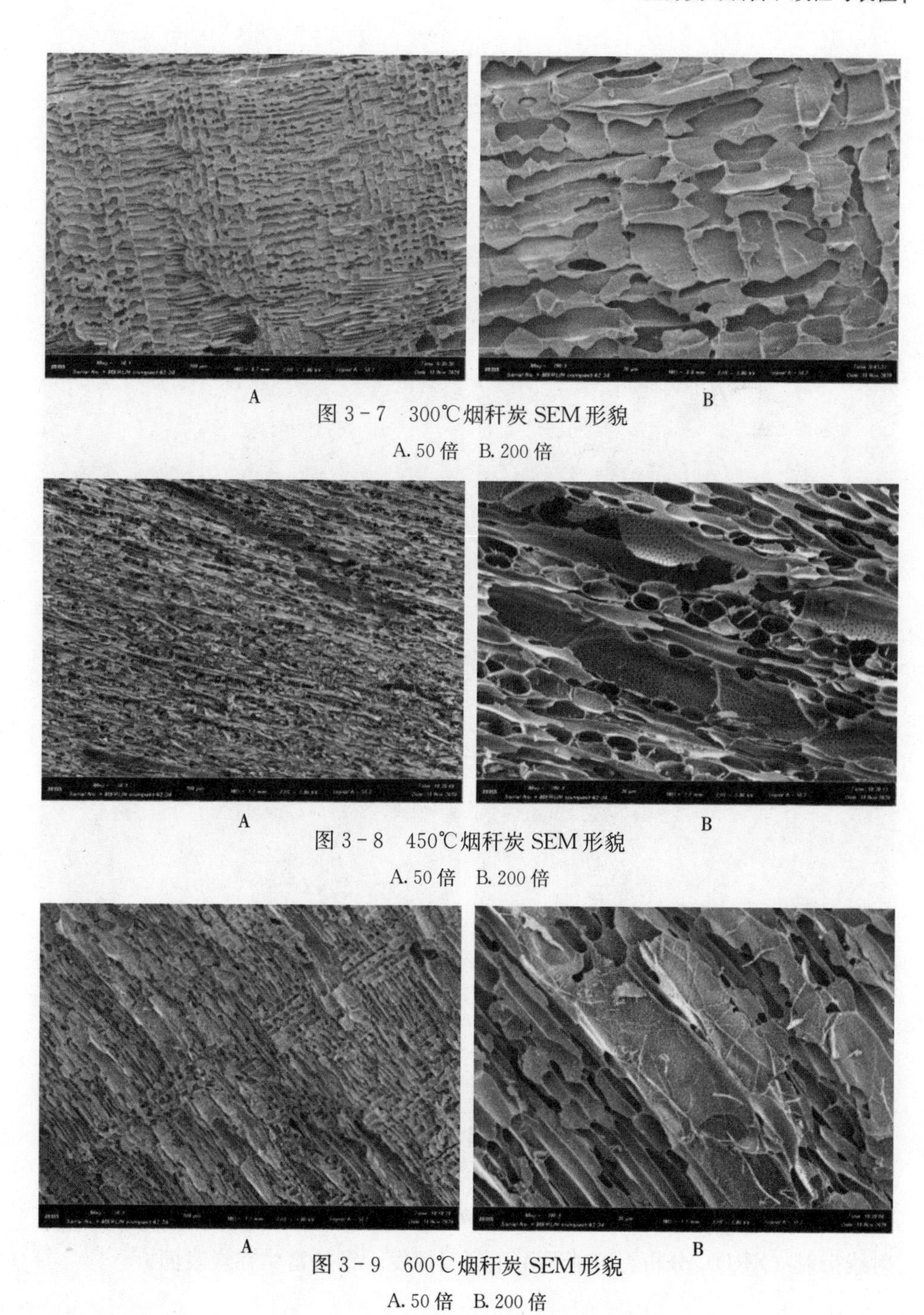

A　　B

图 3-7　300℃烟秆炭 SEM 形貌

A. 50 倍　B. 200 倍

A　　B

图 3-8　450℃烟秆炭 SEM 形貌

A. 50 倍　B. 200 倍

A　　B

图 3-9　600℃烟秆炭 SEM 形貌

A. 50 倍　B. 200 倍

图3-10至图3-12是3种不同热解温度下烟梗炭的电镜扫描图。由图可以看出，烟梗高温热解后，整体结构表现为大孔状结构。而且，随热解温度升高，部分烟梗炭开始出现碎屑颗粒。

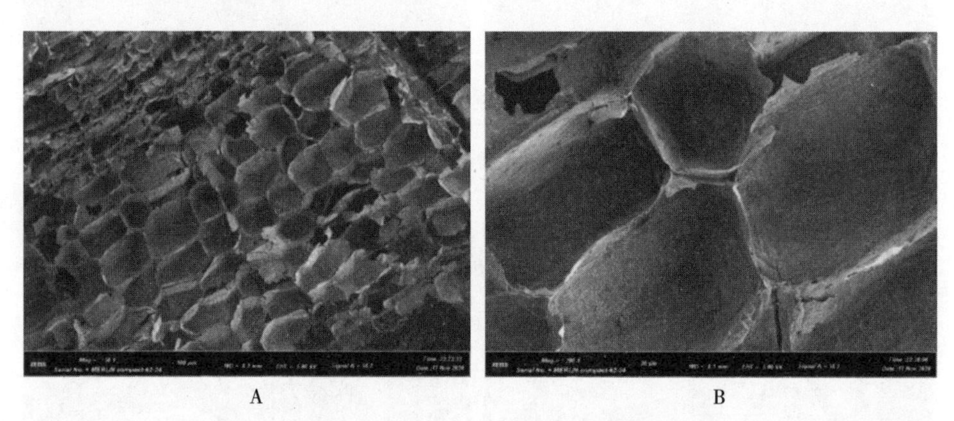

A B

图3-10 300℃烟梗炭SEM形貌
A. 50倍 B. 200倍

A B

图3-11 450℃烟梗炭SEM形貌
A. 50倍 B. 200倍

图3-13至图3-15是3种不同烟叶炭热解温度下的电镜扫描图。整体上看，烟叶炭保持了较为完整的结构，均有明显、细小的纹理。随着热解温度升高，烟叶炭表面逐渐粗糙化，且在600℃时，有大量颗粒从表面析出，结合X射线衍射（XRD）分析，可能是由于高温挥发，钙盐富集在炭表面。

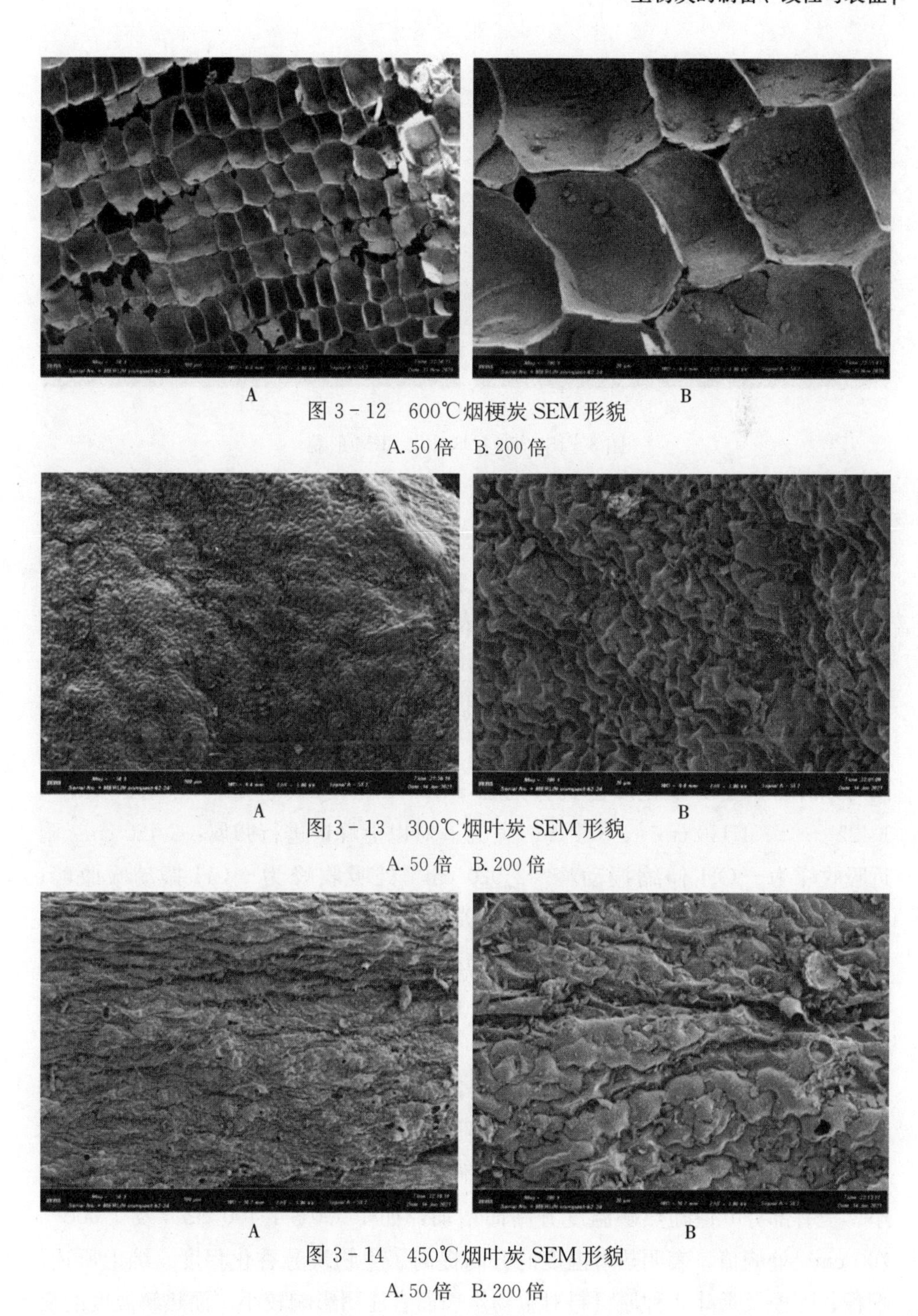

图 3-12　600℃烟梗炭 SEM 形貌
A. 50 倍　B. 200 倍

图 3-13　300℃烟叶炭 SEM 形貌
A. 50 倍　B. 200 倍

图 3-14　450℃烟叶炭 SEM 形貌
A. 50 倍　B. 200 倍

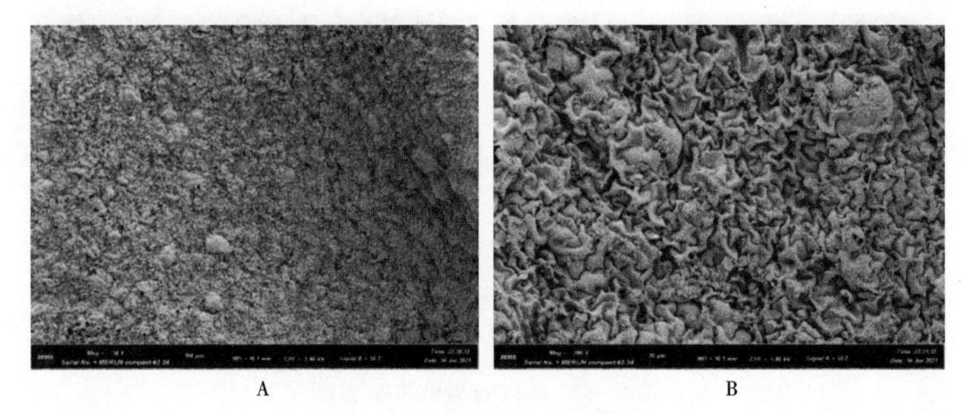

A　　B

图 3-15　600℃烟叶炭 SEM 形貌

A. 50 倍　B. 200 倍

(五) 生物炭红外光谱分析

傅里叶红外光谱（FTIR）能有效表征生物炭表面官能团的变化。为研究不同热解温度对生物炭表面官能团的影响，本试验获得烟秆炭、烟梗炭和烟叶炭 3 种生物炭的 FTIR 图谱，结果如图 3-16 所示。在 400～4 000 cm^{-1}，烟秆炭、烟梗炭及烟叶炭在不同热解温度下均出现了相似的官能团。从红外光谱图可以看出，主要吸收峰位置分别在 3 420 cm^{-1}、2 920 cm^{-1}、1 600 cm^{-1}、1 425 cm^{-1}、1 110 cm^{-1}、874 cm^{-1}附近。对以上峰谱进行归属：3 420 cm^{-1}附近吸收峰为－OH 伸缩振动峰；2 920 cm^{-1}处吸收峰为－CH 振动吸收峰；1 600 cm^{-1}附近吸收峰表明存在芳香族碳碳双键（C═C）或反对称拉伸内酯基（－COO－）；1 425 cm^{-1}附近的吸收峰是由碳酸盐中C－O在伸缩振动中不对称延伸产生的；1 116 cm^{-1}左右为 C－O 伸缩吸收峰，878～649 cm^{-1}的表示碳氢键（C－H）的伸缩振动。

对比试验结果发现，随热解温度升高，3 种生物炭表面官能团种类和数量逐渐减少，如醇类（包含酚类）含量显著降低，且热解温度达到 600 ℃时醇类官能团不再存在；1 600 cm^{-1}处 C═C 伸缩振动峰也随热解温度升高而逐渐减小。但有部分峰值随热解温度升高而增加，如 1 500～1 400 cm^{-1}及 1 000～700 cm^{-1}处峰值，表明热解温度的升高提高了生物炭芳香化程度。综上所述，烟秆、烟梗及烟叶 3 种原材料对生物炭表面官能团影响较小，而热解温度的变化对官能团影响显著。

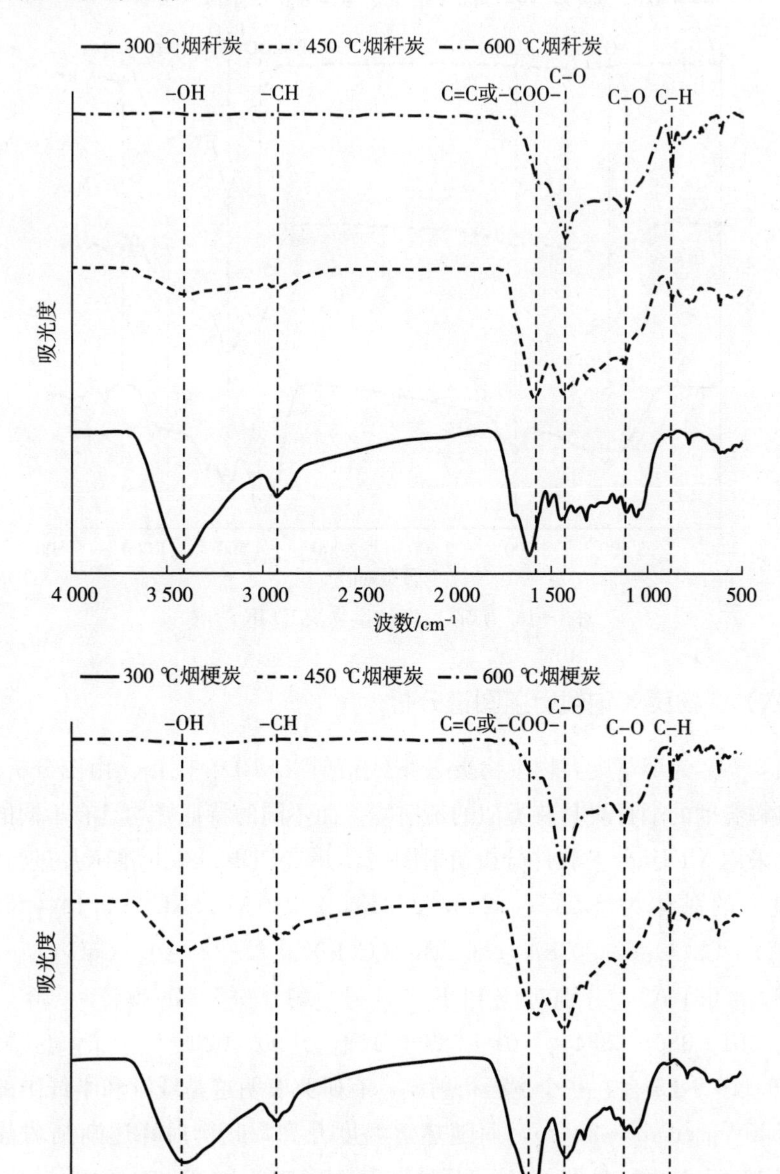
300 ℃烟秆炭
450 ℃烟秆炭
600 ℃烟秆炭
-OH
-CH
C=C或-COO-
C-O
C-O
C-H
吸光度
4 000
3 500
3 000
2 500
2 000
1 500
1 000
500
波数/cm⁻¹
300 ℃烟梗炭
450 ℃烟梗炭
600 ℃烟梗炭
-OH
-CH
C=C或-COO-
C-O
C-O
C-H
吸光度
4 000
3 500
3 000
2 500
2 000
1 500
1 000
500
波数/cm⁻¹

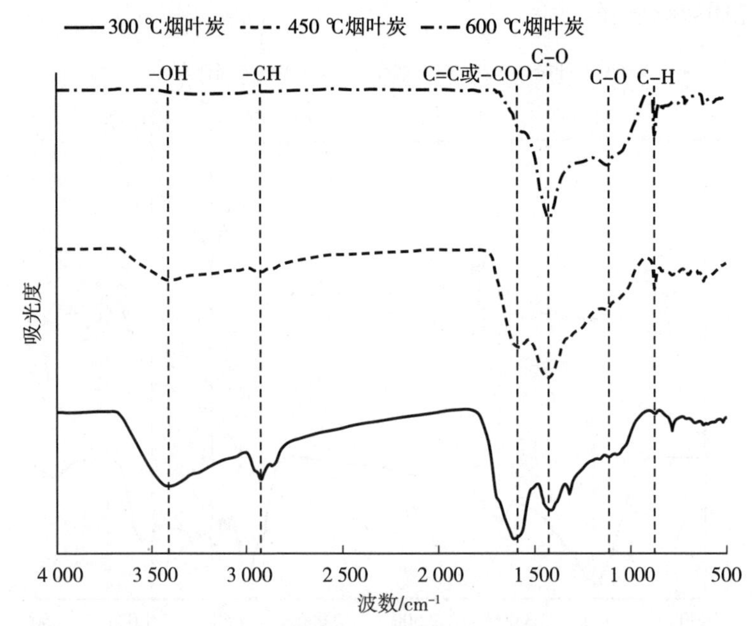

图 3-16　烟草废弃物生物炭 FTIR 图谱

(六) 生物炭 X 射线衍射图谱分析

图 3-17 为烟草废弃物生物炭 X 射线衍射 (XRD) 图谱。由图分析可知，不同热解温度的烟秆炭具有类似的衍射峰，而不同的特征峰均具有不同的衍射强度，采用 MDIJade 6 软件分析衍射图谱，并与 PDF2020 标准卡片进行比对，发现检出的晶体为 SiO_2 (4.253，3.343，2.280Å)、KCl (3.144，2.223，1.816Å)、$CaCO_3$ (3.028Å)、$CaMg(CO_3)_2$ (2.882 Å)、$CaC_2O_4 \cdot H_2O$ (5.973，3.661 Å)，分别对应 PDF 卡片号 [01-085-0930]、[00-004-0587]、[01-086-2334]、[01-083-6109]、[00-020-0231]。300 ℃烟秆炭在 $2\theta=16°\sim25°$存在一个宽缓衍射峰，有研究表明这是纤维和半纤维的特征衍射峰 (Wu et al.，2012)，而随热解温度升高，此衍射峰逐渐削弱甚至消失。当热解温度达到 600 ℃时，其特征衍射峰增多，且 $CaCO_3$、$CaMg(CO_3)_2$的特征衍射峰变得尤为明显；而 300 ℃时出现的 $CaC_2O_4 \cdot H_2O$ 衍射峰随热解温度升高逐渐消失，这可能由于高温使得乙二酸钙 ($CaC_2O_4 \cdot H_2O$) 受热分解。

分析烟梗炭的X射线衍射图谱，可以得出，在烟梗炭中检测出的晶体为KCl（3.150，2.226，1.817，1.573，1.407Å）、$CaCO_3$（3.040，1.285Å），分别对应PDF卡片号［01－074－9685］、［00－047－1743］。300℃烟梗炭在$2\theta=16°\sim25°$也存在一个纤维素和半纤维素的特征衍射峰，随温度升高而逐渐消失。烟梗炭主要矿物成分为KCl和$CaCO_3$，整体峰值随热解温度升高呈上升的状态，可能由于热解温度升高，质量体积挥发，矿物成分浓缩。

通过图谱（图3－17）分析可知，烟叶炭中含有晶体$CaC_2O_4\cdot H_2O$（5.951，3.655Å）、KCl（3.149Å）、$CaCO_3$（3.862，3.041，2.285，2.094Å）、$KHCO_3$（3.679，2.230Å），分别对应PDF卡片号［01－075－1313］、［00－004－0587］、［01－080－9775］、［01－073－2155］。300℃烟叶炭中含有$CaC_2O_4\cdot H_2O$，而随着热解温度升高，其特征衍射峰减小甚至消失，可能由于高温使其分解或转化。$CaCO_3$特征衍射峰随热解温度升高越来越明显，这可能是因为$CaC_2O_4\cdot H_2O$高温分解后，Ca元素转化成$CaCO_3$富集，从而提高其衍射峰强度。

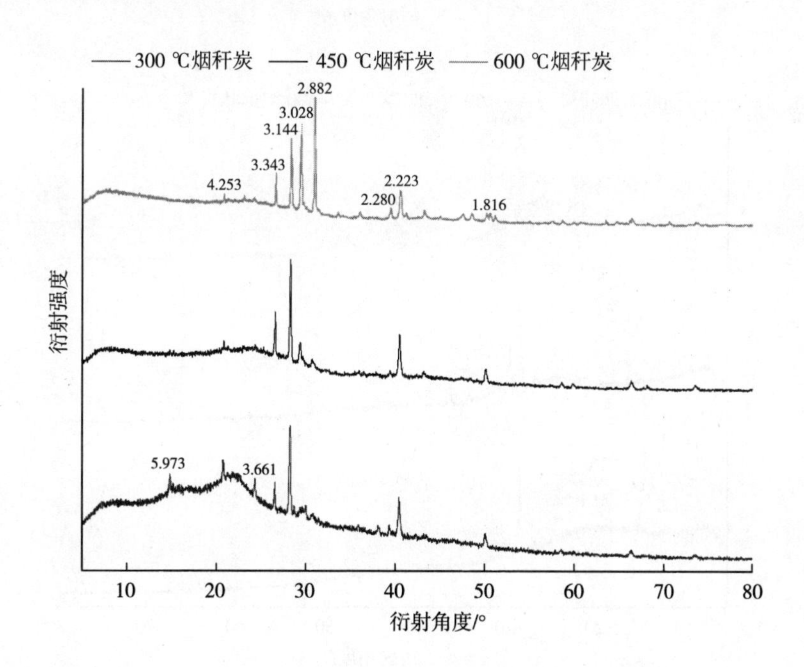

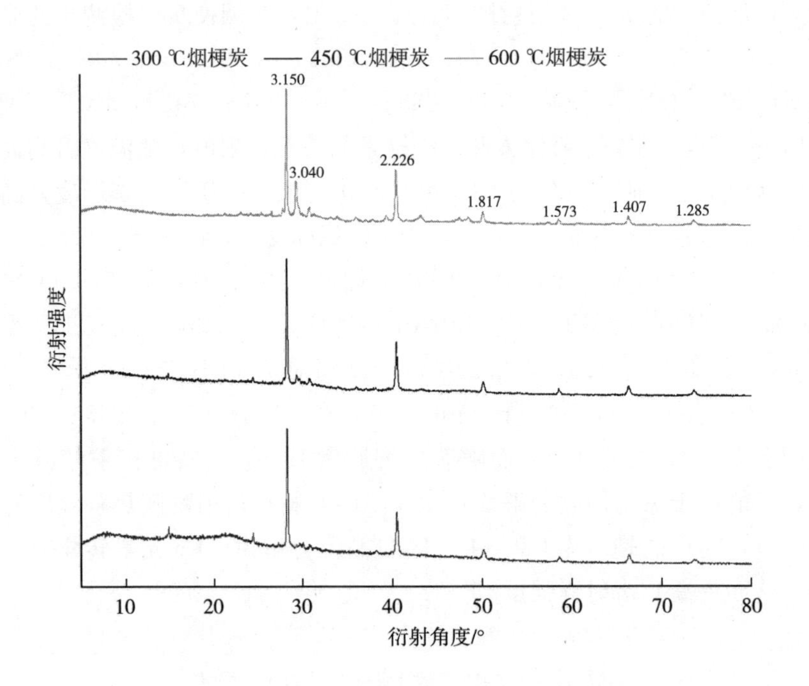

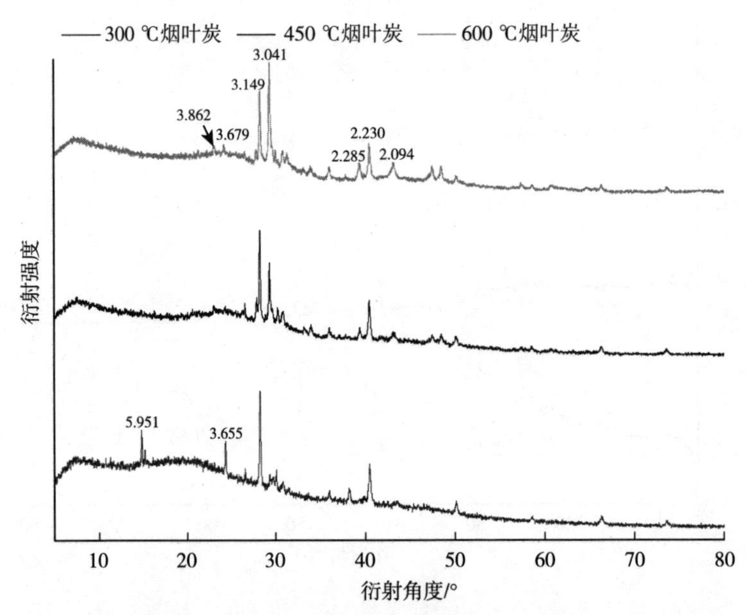

图 3－17　烟草废弃物生物炭 XRD 图谱

（七）生物炭含氧官能团

通过 Boehm 滴定法来进行烟草废弃物生物炭表面酸性和碱性基团的分析，其中主要分析酸性基团中酚羟基、内脂基和羧基以及碱性基团的含量。

由表 3-6 可知，不同原材料及不同热解温度下，生物炭表面含氧官能团含量均不同。可以看出，9 种生物炭的碱性基团明显高于酸性基团，300 ℃烟秆炭、烟梗炭以及烟叶炭的碱性基团含量为 0.96 mmol/g、1.02 mmol/g 和 1.22 mmol/g，碱性基团含量受热解温度影响，在 600℃时达到最大值，分别为 1.31 mmol/g、1.34 mmol/g 和 1.54 mmol/g。酸性基团则随着热解温度的升高呈显著下降的趋势，由 300℃的 0.45 mmol/g、0.49 mmol/g 和 0.34 mmol/g 分别下降至 600 ℃的 0.18 mmol/g、0.07 mmol/g 和 0.07 mmol/g。随热解温度升高，生物炭的酸性基团与碱性基团升高趋势相反，且 3 种酸性基团在热解温度达到 600 ℃时均含量最低。

表 3-6　烟草废弃物生物炭表面官能团含量/（mmol/g）

材料	酸性官能团			酸性基团	碱性基团
	酚羟基	内脂基	羧基		
300℃烟秆炭	0.21a	0.03a	0.22a	0.45a	0.96c
450℃烟秆炭	0.06b	0.04a	0.21a	0.30b	1.13b
600℃烟秆炭	0.05b	0.02a	0.11b	0.18c	1.31a
300℃烟梗炭	0.14a	0.06ab	0.29a	0.49a	1.02c
450℃烟梗炭	0.08ab	0.11a	0.04b	0.23b	1.25b
600℃烟梗炭	0.02b	0.02b	0.03b	0.07c	1.34a
300℃烟叶炭	0.14a	0.06a	0.14a	0.34a	1.22c
450℃烟叶炭	0.04b	0.06a	0.13a	0.23b	1.40b
600℃烟叶炭	0.02b	0.02a	0.02b	0.07c	1.54a

三、小结

第一，随热解温度提高，废弃烟秆、烟梗和烟叶生物炭的 pH 和 EC 均呈上升趋势，CEC 呈下降趋势。热解温度升高，会导致生物炭中灰分含量增加，从而降低生物炭产率。

第二，烟秆炭中 C 含量及烟叶炭中 N 含量均高于其他两种生物炭中含量，这可能与原料中相关元素组分含量较高有关。随着热解温度升高，生物炭中 H 和 O 含量下降，C 含量升高。

第三，热解温度、原材料均会影响生物炭的比表面积、孔径和孔体积。从整体上来看，生物炭孔径大小均处于 2～50 nm，表明烟秆炭、烟梗炭以及烟叶炭孔结构以中孔为主。

第四，扫描电镜结果表明，热解温度对 3 种原材料生物炭的结构均有影响。600 ℃时，烟秆炭依然保持密集的孔隙结构，而部分烟梗炭开始出现碎屑颗粒，烟叶炭表面逐渐粗糙化。

第五，傅里叶红外光谱结果显示，烟秆、烟梗及烟叶 3 种原材料对生物炭表面官能团影响较小，而热解温度的变化对官能团影响显著。X 射线衍射结果显示，不同热解温度的烟秆炭具有类似的衍射峰，而不同的特征峰均具有不同的衍射强度。

第六，不同原材料及不同热解温度下，生物炭表面含氧官能团含量均不同，烟草废弃物生物炭表面的碱性基团明显高于酸性基团。

第三节　改性生物炭的制备与表征

一、生物炭制备

生物炭的制备方法多种多样，常用方法有高温裂解法（又称限氧炭化法）和水热炭化法。高温裂解法是指高温下，将生物质材料置于缺氧或微氧条件下，对其有控制地进行高温分解。根据生物炭化过程中加热速率和反应所用时间，可将高温裂解法分为快速热解法、中速热解法和慢速热解法。快速热解法一般指炭化时间小于 2 s，温度控制在 700 ℃以上的方法，这种方法常用于生物燃料的制备，产炭量低；中速热解法一般指炭化时间 5～30 min，温度控制在 700 ℃以下的方法，常用此方法制备生物炭；慢速热解法一般指炭化时间数小时至数天的方法，产炭量更高。水热炭化法一般指将原材料悬浮在低温（180～350 ℃）密闭容器中炭化的方法。水热炭化法制备生物炭的过程中，以高温液态水作为介质，高温液态水有较大的电离常数，因此具有酸、碱催化功能及调节介电常数的作用，可以同时溶解有机物和无机物。此外，水热炭化法还具有生态环保、传质性能优良等特点。

上述2种制备方法相比，水热炭化法具有较高的碳回收率，但制得的生物炭在芳香化程度上远不及高温裂解法，且水热炭化法制得的生物炭的pH和灰分与高温裂解法相比均较低。此外，二者还存在较多理化性质的差异。有研究利用高温裂解法（P700）和水热炭化法（H300）制备松木炭，发现松材在高温裂解过程中炭化程度较高，而水热炭化法处理的松材炭存在较多的活性中心和稳定的碳氧化合物；与原材料相比，H300含氧基团（羧基、内酯基和酚羟基）含量提高了95%，而P700含氧基团含量减少了56%。扫描电镜分析表明，2种方法制得的生物炭表面均比较粗糙，且出现了新的特殊孔隙，而P700比表面积（29 cm^2/g）较H300（21 cm^2/g）大。此外，对同种制备方法而言，不同的炭化温度、原材料种类和炭化时间等对生物炭的理化性质均有一定影响。研究发现，不同慢速热解温度下制得的棉花秸秆生物炭的理化性质差异较大，且随着热解温度上升，生物炭pH逐渐增大；随着炭化温度的上升（300～700 ℃），作物秸秆生物炭的比表面积增大；研究利用不同材料制备的生物炭的理化性质，发现，生物炭中芳香C含量和C/N值与原材料的木质素含量有关，木质素含量越高，生物炭中芳香C含量和C/N值越大。此外，有研究发现，随着炭化温度的上升，生物炭中元素分配发生改变，灰分及C含量均有所降低。综上所述，炭化方式、原料种类、炭化温度、滞留时间等均对生物炭理化性质有重要影响，由于生物炭表面主要是带有负电荷的官能团，对阴离子的吸附效果较差，在实际应用中有一定的局限性。为提高生物炭的性能，需要通过改性手段活化生物炭表面性质，以获得高附加值的改性生物炭产品，使其更好地造福人类。

二、改性生物炭制备

生物炭改性方法主要有物理、化学和生物改性法。

物理改性法主要是利用高温煅烧清除生物炭孔隙中的有机物等杂物，从而使其孔隙结构发生改变，使比表面积增加。有研究以芦苇制浆黑液木质素为原料，利用K_2CO_3为活化剂，制备出以微孔为主的大比表面积活性炭。

化学改性法是目前最常用的方法，通常包括酸碱改性法、氧化改性法和还原改性法等。酸碱改性法一般是指利用酸、碱处理原材料或直接处理生物炭，使生物炭表面的酸性、碱性官能团发生改变，以达到更好的吸附效果的方法。用 HNO_3 对生物炭进行改性，改性后的生物炭引入了大量的含氧酸性表面基团，且比表面积也增大。氧化改性法利用金属盐溶液（一般为铁盐、锌盐、钙盐等）进行改性，使金属氧化物或氢氧化物负载在生物炭表面，以提高生物炭对某些阴离子的吸附能力。有研究以不同浓度 $ZnCl_2$ 对核桃壳生物炭进行改性，发现在高浸渍比下合成的活性炭发展了孔隙，且随着浸渍比的增加，改性生物炭的比表面积增大，最大值为 2 643 m^2/g，苯和甲苯的吸附试验显示，在处理废气上，改性生物炭具有较高的应用潜力。还原改性法通过加入还原剂（如 H_2、N_2、NaOH、KOH、氨水等）对生物炭表面官能团进行改性，使其表面含氧碱性官能团和羧基官能团数目增加，表面非极性增强。Monser 等通过对比四丁基铵和二乙基二硫代氨基甲酸钠改性前后生物炭对电镀废水中重金属 Cu、Cr 和 Zn 的去除效果，发现，改性后的生物炭对重金属 Cu、Cr 和 Zn 的吸附效果更好。

生物改性法是一种通过将微生物附着在生物炭的表面来提高其吸附能力的改性方法。研究者通过探究有效微生物群菌（effective microorganisms，EM）和聚磷菌改性秸秆炭对水体中氨氮、磷的去除效果，发现，EM 菌和聚磷菌改性生物炭对水中氨氮、磷化学需氧量（chemical oxygen demand，COD）的去除效果更好，这可能是由于菌生存需要较多的氮源和磷源。

综上所述，通过物理、化学和生物改性方法可以不同程度地改善生物炭的理化性质，且不同的改性方法对生物炭的影响存在差异，因此在制备改性生物炭时，可将不同改性方法同时使用，从而使生物炭能够被更好地利用。

三、生物炭结构及理化特性

生物炭的结构，主要由生物质原有结构在经过失水、活性物质挥发、断裂、崩塌等一系列热解炭化过程后重构形成，其“骨架”结构由稳定的芳香族化合物和矿物组成，孔隙结构则由芳香族化合物和其他功能基团组成。生物炭的孔隙表征，参照国际纯粹与应用化学联合会（International Union of Pure and Applied Chemistry，IUPAC）的活性炭孔隙分类，可分为微孔（$<$2 nm）、中孔（2～50 nm）、大孔（$>$50 nm），生物炭中的孔隙以微孔为主。生物炭的结构表征与其炭化温度有关，随着炭化温度升高，生物炭的非晶态碳结构逐步转化为石墨微晶态结构，晶体尺寸扩大、结构更加有序。

生物炭一般呈碱性，但也有酸性表现，其 pH 变幅为 3～13。一般情况下，原料中的灰分含量越多，其制备的生物炭 pH 越高。由于非纤维素类生物质具有较高灰分含量，因此，一般非纤维素类生物炭 pH 高于纤维素类生物炭。在相同炭化工艺条件下，不同材质生物炭的 pH 表现为禽畜粪便＞草本植物＞木本植物。

生物炭丰富的多微孔结构，使其具有较大的比表面积。生物炭的比表面积，与制炭原料、炭化温度等条件有关。一般情况下，纤维素类生物质因其具有丰富的内部孔隙，炭化后形成的生物炭会保留原有生物质细微孔隙结构，比表面积大幅提高，而非纤维素类生物质的孔隙结构相对较少，因此炭化后的生物炭在比表面积上小于纤维素类生物炭。

生物炭主要由 C、O、H、N、K、Ca、Na、Mg 等元素组成。其中，C 元素主要为芳香环形式的固定碳，而碱金属（K、Na 等）、碱土金属（Ca、Mg 等）则以碳酸盐、磷酸盐或氧化物形式存在于灰分中。生物炭中的元素种类、含量，主要与原材料有关。研究认为，纤维素类生物炭中的 C 含量高于非纤维素类生物炭，木材、竹类生物炭的 C 含量较高。而在其他元素上，纤维素类生物炭中的 K 含量相对较高，非纤维素类生物炭中的 Ca、Mg、N、P 等元素高于纤维素类生物炭。炭化温度也是影响生物炭元素含量及组成的重要因素。一般情况下，生物炭中的 C、碱金属及其矿化物含量随炭化温度升高而提高，而 N、H、O 等元素含量则随炭化温度升高而降低。

生物质中的纤维素、半纤维素、蛋白质、脂肪等，经热解炭化后在生物炭表面及内部形成大量羧基、羰基、内脂基、羟基及酮基等多种类型官能团，其中大多为含氧官能团或碱性官能团。这使得生物炭具有良好的吸附性、亲水/疏水性，以及缓冲酸碱、促进离子交换等特性。

阳离子交换量（cation exchange capacity，CEC），是决定生物炭表面化学特性的基础指标，也是衡量其离子交换、吸附性能的重要指标之一。生物炭的 CEC 与制炭原料、炭化温度等条件有关。研究发现，非纤维素类生物炭的 CEC 比纤维素类生物炭高，而原料发酵后制备的生物炭 CEC 要高于未发酵原料制备的生物炭。不同原料炭化后形成的官能团数量不同，导致其阳离子交换量存在差异。在不同炭化温度条件下，较低温度制备的生物炭表面含有更多含氧官能团，CEC 较高，而在较高温度下制备的生物炭，其含氧官能团被破坏，表面负电荷减少，CEC 降低。此外，生物炭中的 K、Ca、Mg 等碱金属增加，生物炭“激发”的土壤微生物活动增强，也可能使生物炭 CEC 提高。

生物炭极其丰富的多微孔结构、大的比表面积，使生物炭具有强吸附力。生物炭的吸附性能与其多微孔结构、比表面积、表面官能团等有关，亦受到生产工艺、炭化温度、酸碱环境条件等诸多因素影响，不同介质中决定生物炭吸附性的因子多，吸附过程较为复杂。生物炭所具有的吸附性，使其可被广泛用于重金属、有机污染物、有害气体等不同介质中的污染物防控，并可作为吸附剂、载体或基质等功能材料广泛应用于农业、环境、化工等领域，应用潜力、空间巨大。

生物炭特殊的结构和理化特性使其具有一定疏水/持水性。生物炭具有疏水性，与其在炭化过程中的表面含氧官能团减少有关。而生物炭具有持水性，主要因为其丰富的多微孔结构增加了对水的吸附力。生物炭持水性能主要取决于其疏水/持水性在水分吸附上的抵消、平衡或叠加作用。

生物炭含碳量较高，具有稳定的芳香族碳结构。生物炭结构中的芳香环凝聚程度，影响生物炭功能的稳定性和持久性，而非芳香族结构/官能团则有利于形成簇状结构，也对生物炭稳定性产生一定影响。生物炭的稳定性，通常采用 H/C 比、O/C 比表征。低 H/C 比和 O/C 比，表明生物炭具有较高熔融芳香环结构、稳定性较强，反之亦然。一般认为，生物炭的 O/C 比小于 0.2 是最稳定的，具有超千年的半衰期；O/C 比在 0.2～0.6 的生物炭半衰期为 100～1 000年；而 O/C 比大于 0.6 的生物炭半衰期小于 100 年。

四、生物炭指标测定方法

生物炭的测定指标有多种，主要有水分、有机碳、粒度、pH、电导率、比表面积、空容积、持水性、元素含量、重金属元素含量、工业分析及吸附特性等指标。由于目前针对农林废弃物生物炭的专用检测方法还较少，目前仅有一项农业行业标准《生物炭检测方法通则》（NY/T 3672—2020）。而上述指标的检测方法主要参考煤质颗粒活性炭的相关测定方法（GB/T 7702.2～GB/T 7702.20）、固体生物质燃料中相关元素测定方法（GB/T 28732、GB/T 28734、GB/T 30726～GB/T 30728）、饲料及肥料中持久性污染物测定方法

（GB/T 8381.8、GB/T 28643 和 GB/T 32952）、生物质固体成形燃料的试验方法（NY/T 1881.2～NY/T 1881.5）等方法。下面简单介绍几种常见的生物炭指标检测方法。

根据国家标准《木质活性炭试验方法 pH 值的测定》（GB/T 12496.7—1999），生物炭 pH 的具体测定方法：于 50 mL 的锥形瓶中加入干燥的生物炭 1.250 g 以及超纯水 25 mL，加热微沸 5 min，加蒸馏水至 50 mL，过滤并将初滤液倒掉 5 mL，冷却至室温后用 pH 计测定。

元素分析是研究有机化合物中元素组成的化学分析方法。既可鉴定有机化合物中含有哪些元素，也可测定有机化合物中这些元素的百分含量。生物炭试验中主要分析的元素为 C、H、O、N、S。具体方法：在燃烧炉温度1 150 ℃、还原炉 850 ℃的条件下，首先测定生物炭中的 C、H、N、S 元素的含量；然后在燃烧炉温度 1 150 ℃、氦气流速 200 mL/min、压力 1 200～1 250 hPa、氧气流速 13～14 mL/min 的条件下测定生物炭中 O 含量。

生物炭中灰分主要是生物炭高温灼烧后残留下来的无机物。炭灰分含量测定方法参照《木质活性炭灰分含量的测定试验方法》（GB/T 12496.3—1999），试样于（650±20）℃下灰化数小时，用所得灰的质量与原试样质量的百分数表示灰分含量。具体方法：将 30 mL 瓷坩埚放置于陶瓷纤维马弗炉中，于（650±20）℃下 1 h 左右，灼烧至恒重。将坩埚置于干燥器中，冷却 30 min 左右，称重。称取经过粉碎至 71 μm 的干燥试样 1 g（称量精度 0.1 mg），置于 30 mL已灼烧至恒重的瓷坩埚中，将坩埚送入温度不超过 300 ℃的高温陶瓷纤维马弗炉中，打开坩埚盖，逐渐升高温度，在（650±20）℃下灰化至恒重。

用比表面积及孔径分析测定仪进行比表面积和孔径的测定。在液氮温度 77 K 条件下，用比表面积与孔径分析测定仪测定生物炭对氮气的吸附等温线，用于生物炭比表面积、孔容积的计算。所有的样品在测定前先放置真空、150 ℃条件下脱气 2 h，以清除吸附在样品表面的物质，吸附质为 99.999 % N_2，液氮温度为 77 K，饱和蒸汽压为 1.036 0 hPa，P/P_0 比取 0.05～0.35。生物炭的比表面积选用 BET 模型计算，孔径采用 BJH 模型计算。

重金属元素测定方法：准确称取 0.2 g 生物炭于 50 mL 坩埚置于马弗炉中，在温度为 500 ℃的条件下恒温加热 4 h，冷却至室温后将固体残渣溶解在 1 mol/L 的 HCl 溶液 25 mL 中，用火焰光度法测定 Na 和 K 含量，用原子吸收光谱仪测定 Ca、Mg、Fe、Al 含量。或采用微波消解-电感耦合等离子质谱仪（ICP-MS）技术测定 Pb、As、Cd、Ni、Hg、Cr、Cu、Zn 等重金属含量。

生物炭表面含氧官能团的测定采用 Boehm 滴定法。通常，$NaHCO_3$ 用来中和羧基，Na_2CO_3 用来中和羧基和内酯基，NaOH 用来中和羧基、内酯基和酚羟基，HCl 用来中和碱性官能团，根据酸碱的消耗量可以计算出相应含氧官能团的含量。具体操作步骤如下：准确称取 4 份一定量生物炭置于 150 mL 磨口带塞锥形瓶中，然后分别加入 0.05 mol/L NaOH、$NaHCO_3$、Na_2CO_3、HCl 各 25 mL，25 ℃ 150 r/min 振荡 24 h，前 3 个样品上清液用 0.05 mol/L HCl 反滴定，甲基红做指示剂，第四个样品用 0.05 mol/L NaOH 反滴定，酚酞做指示剂，平行滴定 2 次。

第四章 生物炭对烟草生长发育及产量、品质的影响

本章采用不同原料、不同制备方式制备生物炭，通过开展相关盆栽及大田试验研究，以探究不同生物炭及其用量对烟草生长发育及产量、质量的系统影响，为阐明生物炭对烟草产量、质量的影响、明确生物炭在烟田的合理施用技术提供重要依据与支撑。

第一节　秸秆生物炭对烤烟生长发育的影响

一、材料与方法

（一）试验材料

盆栽试验在湖北省恩施土家族苗族自治州“清江源”现代烟草农业科技园区温室中进行。供试土壤采自当地白果乡茅坝槽村烟田的0～20 cm耕层土壤，土壤类型为黄棕壤，其基本理化性质为pH 6.9、有机质含量19.23 g/kg、碱解氮含量85.37 mg/kg、有效磷含量62.70 mg/kg、速效钾含量318.67 mg/kg。

生物炭来源于水稻秸秆，由中国科学院南京土壤研究所制作。其理化性质为pH 9.20、总碳含量630 g/kg、总氮含量13.5 g/kg、灰分含量140 g/kg、全磷含量4.50 g/kg、全钾含量21.5 g/kg。秸秆生物炭粉碎过2 mm筛后，将其与称量好的土壤及肥料充分混匀，装入塑料盆，肥料施用量参照当地烟草施肥标准执行，每盆装土15 kg，然后充分灌水使土壤沉实。

每盆栽植生长一致的健康无病烟苗1株，品种为云烟87。试验期间每隔3～5 d补水，使土壤含水量保持60%的田间持水量，并定期做好病虫草害的防控管理等工作。

（二）试验方法

盆栽试验根据当地实际生产中双季稻的秸秆产量（按水稻产量为每季7 500 kg/hm^{2}计算，谷草质量比1∶1）、秸秆炭化炉的转化效率（按转化率为30%计算）以及烟田土壤改良预期，模拟设置了1个对照和3个不同生物炭添加量的处理，每个处理设置15次盆栽重复，其中各处理的生物炭添加量如下。

CK：常规对照，生物炭添加量0.0%（0 g/kg干土）

T1：生物炭添加量0.2%（2 g/kg干土）

T2：生物炭添加量1.0%（10 g/kg干土）

T3：生物炭添加量5.0%（50 g/kg干土）

（三）测试方法

1. 烤烟的农艺性状调查

每个处理确定5盆烟株，在烤烟的圆顶期（移栽后90 d）观测烤烟的主要农艺性状指标。其中，叶面积＝叶片长×叶片宽×经验校正系数，经验校正系数按0.634 5计算。

2. 烤烟植株的干物质重

在烤烟圆顶期，进行烟株生物量的取样测定，每个处理取样3盆，烟株按照根、茎、叶3个部位分别取样，所取样品均在105 ℃杀青30 min，然后在70 ℃烘干至恒重后测量干物质质量。

（四）数据处理

分别采用SAS 9.3和Excel软件对所有试验数据进行统计分析和作图。

二、结果与分析

（一）秸秆生物炭对烤烟农艺性状的影响

从烤烟圆顶期的农艺性状（表4-1）可以看出，T2处理（添加量1.0%）的烟草长势最好，T3处理（添加量5.0%）的长势最弱，T2处理的烟草株高最高且与T3处理差异显著，但与CK和T1处理（添加量0.2%）无显著差异；各处理烟草的茎围无显著差异；T3处理有效叶数显著低于CK和T1处理；3 个部位的叶面积整体上以 T2 处理最高，其次是 T1 与 CK 处理，T3 处理相对最小。

表 4-1　不同秸秆生物炭用量对圆顶期烤烟农艺性状的影响

处理	株高/cm	茎围/cm	叶面积/cm^2			有效叶片数/片
			下二棚	腰叶	上二棚	
CK	112.00ab	5.37a	880.01b	874.30ab	397.79a	21.33a
T1	115.67ab	5.33a	895.31a	911.14a	402.39a	21.67a
T2	127.33a	5.83a	945.71a	948.79a	415.22a	21.00ab
T3	103.00b	5.17a	803.49c	768.17b	288.06b	19.33b

（二）秸秆生物炭对烤烟生物量及根冠比的影响

从烤烟圆顶期各部位的生物量（图 4-1）可以看出，烤烟根系的生物量表现为 T3＞T2＞T1＞CK，T3、T2 处理的根系生物量相对较高且与 CK 差异显著；烤烟茎的生物量表现为 T1＞CK＞T2＞T3，T1 处理的烟茎生物量最高且与 CK 差异显著，T3 处理的烟茎生物量最低，且显著低于 CK 处理；烤烟叶片生物量表现为 T2＞T1＞CK＞T3，T3 处理的烟叶生物量最低且与 T2 及 T1 处理相比差异显著。可见，T3 处理能抑制烤烟地上部生长而促进地下部生物量的增加。从图 4-1 可以看出，各秸秆生物炭处理的根冠比均大于 CK，并随着生物炭添加量的增加而增大，其中 T3 处理的根冠比显著高于 CK。这主要是因为较高量生物炭添加在促进根系生长的同时抑制了烤烟地上部的发育。

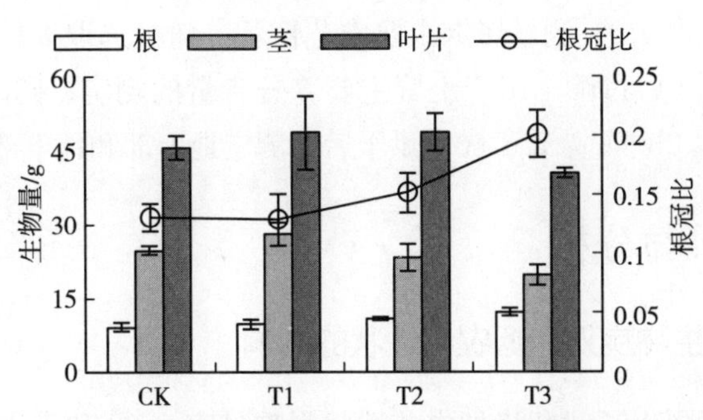

图 4-1　不同秸秆生物炭用量对烤烟生物量及根冠比的影响

三、小结

在土壤中添加适量生物炭（0.2%～1.0%），对烤烟长势具有一定促进作用，特别表现在烟草株高及各部位叶面积等指标上，但随着生物炭添加量的继续增加，特别是较高的施用量（5.0%）反而对烤烟生长发育产生了不利影响。

施用生物炭可以调控烤烟的根冠比，同时0.2%～1.0%的生物炭添加量可促进烤烟地上及地下部的生长发育。

第二节　不同烟秆生物炭施用量对烤烟生长发育的影响

一、材料与方法

以烟秆生物炭为施用材料，在温室大棚中进行盆栽试验。供试烤烟品种为云烟87，每个处理设置20盆烟苗，每盆装风干土15 kg。装土之前将土壤与肥料、烟秆生物炭充分混匀，并在盆底加入少量石砾等排水填充物，每盆移栽生长较一致的健康无病烟苗1株。试验中N、P、K比例m（N）∶m（P_2O_5）∶m（K_2O）=1∶1.5∶3，所有肥料均作基肥一次性施入。试验设4个处理：0.0%（对照，施肥），0.5%（施肥，添加质量分数为0.5%的烟秆生物炭），1.0%（施肥，添加质量分数为1.0%的烟秆生物炭），2.0%（施肥，添加质量分数为2.0%的烟秆生物炭），其中，质量分数均以干土计。

在烟苗移栽后的20、40、60、80、100 d，参照《烟草农艺性状调查测量方法》（YC/T 142—2010）测量烤烟主要农艺性状。随机选取3株采用“抖土法”采集根际土，风干后过筛，用于土壤主要养分含量的测定；同时，将烟株地上部和地下部分开，105℃杀青、60℃烘干后，测定地上部和地下部干物质质量。

二、结果与分析

（一）烟秆生物炭对烤烟农艺性状的影响

生物炭对不同生长时期烤烟农艺性状影响见表4-2和表4-3。从表4-2

可以看出，在烤烟生长前期（20 d），各处理的株高之间没有显著差异；在生长中期（40～60 d），1.0%处理和2.0%处理的株高均极显著高于对照；而在生长后期（80 d），0.0%处理、0.5%处理和2.0%处理之间没有显著差异，1.0%处理极显著高于另外3个处理。从表4-3可以看出，在生长中期（40～60 d），1.0%处理和2.0%处理的最大叶叶面积均极显著高于对照；在生长后期（80 d），1.0%处理极显著高于对照和2.0%处理，而与0.5%处理之间没有显著差异。从结果可以看出，添加烟秆生物炭能够促进烤烟植株的生长，综合分析显示1.0%处理促进烤烟生长的效果最为明显。

表4-2　烤烟生育期内不同处理的株高/cm

处理	培养时间			
	20d	40d	60d	80d
0.0%	9.00±1.15 Aa	11.38±4.06 Bb	36.13±11.26 Bb	69.10±16.65 Bb
0.5%	11.00±0.00 Aa	18.00±5.16 ABab	49.25±6.69 ABa	76.00±8.22 Bb
1.0%	11.00±1.15 Aa	23.00±9.21 Aa	60.75±11.96 Aa	120.44±14.51Aa
2.0%	10.00±1.15 Aa	24.25±7.26 Aa	56.63±8.84 Aa	86.63±29.29 Bb

注：图中不同小写字母表示不同处理间差异达显著水平（$P<0.05$），不同大写字母表示不同处理间差异达极显著水平（$P<0.01$）。下同。

表4-3　烤烟生育期内不同处理的最大叶叶面积/cm²

处理	培养时间		
	40d	60d	80d
0.0%	202.76±91.53 Bc	398.54±91.81 Bb	536.26±84.04 Bb
0.5%	305.81±88.74 ABbc	499.28±78.18 ABab	630.90±86.21 ABab
1.0%	419.09±152.61 Aab	599.41±131.11 Aa	737.99±77.01 Aa
2.0%	477.49±118.79 Aa	614.10±80.56 Aa	550.01±142.94 Bb

（二）烟秆生物炭对烤烟干物质质量的影响

不同生长时期各处理烤烟干物质质量见图4-2。从图中可以看出，在烤烟生长前期，各处理地下部干物质质量之间没有显著差异；在生长中期，0.5%处理、1.0%处理和2.0%处理的地下部干物质质量显著高于对照；在生长后期（80～100 d），0.5%处理和1.0%处理极显著高于对照。从

图 4-3可以看出，在烤烟生长中后期（60～80 d），0.5%处理和 1.0%处理的地上部干物质质量均显著高于对照，且在第 80 天 1.0%处理显著高于 0.5%处理和 2.0%处理。

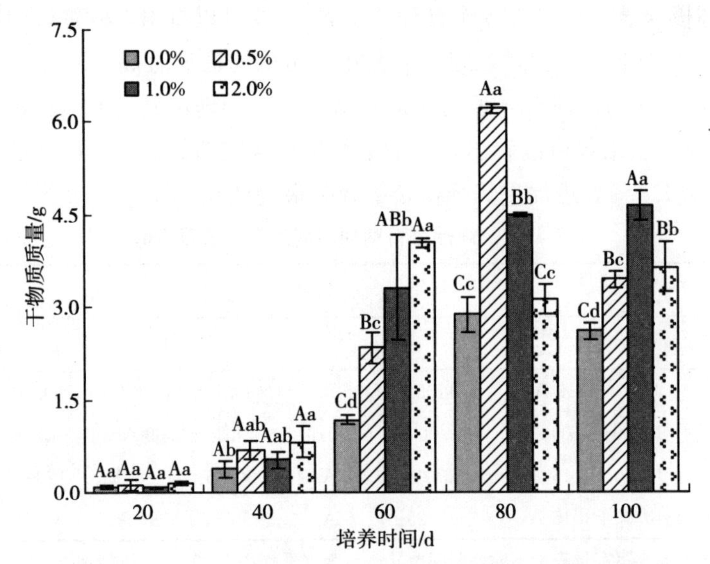

图 4-2　烤烟生育期内不同处理的地下部分干物质质量

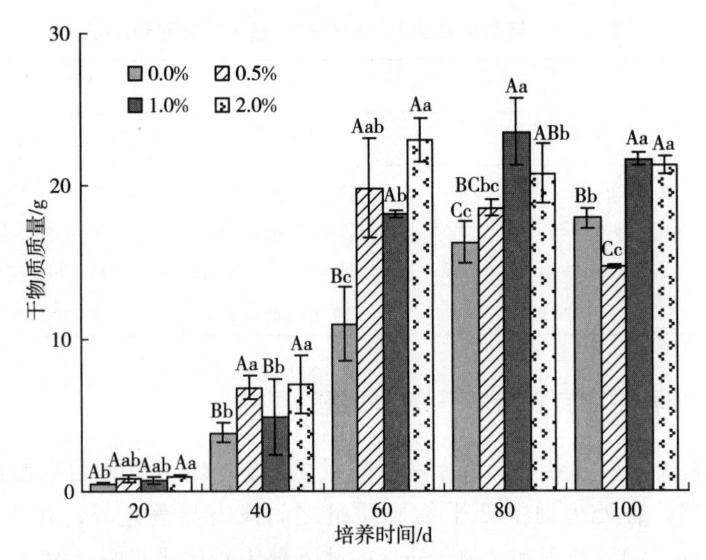

图 4-3　烤烟生育期内不同处理的地上部分干物质质量

三、小结

以上结果表明，添加烟秆生物炭能够显著促进烤烟生长和干物质的积累，且添加量为1.0%的促进效果最为显著。试验中所有肥料均作为基肥一次性施入，导致在烤烟生长后期供肥不足，下部叶片会出现落黄、枯萎，因此部分生物量指标在生长后期出现降低。土壤速效氮能够反映土壤氮素供应情况，与作物生长密切相关，添加烟秆生物炭之后，烟秆生物炭对氮素的吸附以及微生物的固持作用使得氮素的淋失减少，土壤中的氮素得到充分吸收和利用，烤烟表现出强劲的生长势头，在农艺性状和干物质积累等方面显著优于对照。因此，添加烟秆生物炭能够起到增产的效果。

第三节　稻壳生物炭还田对烟田土壤养分及烟叶产量和质量影响

一、材料与方法

（一）试验材料

田间试验在安徽省宣城市宣州区杨柳镇土地整理烟田进行，试验田土壤是黏壤性水稻土，土壤质地较黏重，其黏粒含量为30.85%，粉粒含量为39.80%，砂粒含量为29.35%。供试烤烟品种为云烟97。生物炭为自制稻壳生物炭，其基本理化性质为：pH 8.36、有机质含量405 g/kg、全氮含量8.46 g/kg、全磷含量1.20 g/kg、全钾含量12.5 g/kg。

（二）试验设计

试验共设4个处理，其中CK为对照，不施用生物炭；T1处理，生物炭施用量为3.75 t/hm^2；T2处理，生物炭施用量为7.5 t/hm^2；T3处理，生物炭施用量为15.0 t/hm^2。每个处理设置3次重复，每个小区面积66.7 m^2，植烟120棵。每个处理的稻壳生物炭在烤烟田起垄前施用，先进行地表撒施，然后翻耕混匀，最后再进行施肥起垄。其他施肥及田间管理措施均按当地优质烟叶生产技术规范进行。

（三）测定指标及方法

在烟苗移栽后第 50 天，在每个重复小区选 10 棵测定其农艺性状，主要测量株高、有效叶片数、基围及最大叶长和宽。在烤烟采收结束后，采集各处理耕层 0～20 cm 土壤样品，采用常规方法测定土壤容重、有机质、碱解氮、有效磷、速效钾等土壤性质指标。每个处理小区取烘烤后 C3F* 和 B2F 烟叶各 1.5 kg。其中，C3F 和 B2F 烟叶的化学成分采用 SKALAR 流动分析仪测定，并由上海烟草集团技术中心组织相关专家对各处理 C3F 和 B2F 烟叶进行外观质量鉴定以及对 C3F 烟叶进行感官质量评吸。所有测定数据均采用 Excel 和 SPSS 软件处理分析。

二、结果与分析

（一）稻壳生物炭还田对土壤养分的影响

土地整理前烟田土壤 pH 为 5.59，有机质含量为 34.05 g/kg，碱解氮含量为 157.31 mg/kg，有效磷含量为 55.76 mg/kg，速效钾含量为 280.75 mg/kg。各处理土壤主要养分含量见表 4－4。由表 4－4 可以看出，施用生物炭后，土壤中主要养分含量均有不同程度提升。随着生物炭施用量增加，各处理土壤 pH 有升高的趋势，其中 T3 处理最高，pH 为 6.70；各处理土壤中有机质、速效钾、有效磷、碱解氮含量呈增加趋势，均表现为 T3＞T2＞T1＞CK；而土壤容重有下降的趋势，表现为 CK＞T1＞T2＞T3，CK 处理容重为 1.45 g/cm^3，与 T2、T3 差异显著。在有机质、碱解氮、有效磷指标上，T1 处理和 CK 处理无显著差异，但随着生物炭施用量继续增加，烟田土壤养分指标随之显著提升。

表 4－4　土壤肥力情况

处理	容重/(g/cm^3)	pH	有机质/(g/kg)	碱解氮/(mg/kg)	有效磷/(mg/kg)	速效钾/(g/kg)
CK	1.45a	5.60±0.27c	9.81±0.89c	60.71±9.30c	41.65±5.55c	44.78±1.89d

* C3F 为中橘三，B2F 为上橘二，表示烟草的等级，具体品质规定见《烤烟》(GB 2635—1992)。

（续）

处理	容重/(g/cm³)	pH	有机质/(g/kg)	碱解氮/(mg/kg)	有效磷/(mg/kg)	速效钾/(g/kg)
T1	1.37ab	6.52±0.10bc	9.85±0.52bc	69.21±1.98c	47.10±2.10c	63.26±2.84c
T2	1.28b	6.57±0.21ab	10.77±1.95ab	83.50±4.40b	66.25±5.45b	105.78±9.46b
T3	1.15c	6.70±0.08a	12.31±1.02a	112.72±13.84a	92.70±9.10a	168.73±10.66a

（二）稻壳生物炭对烤烟农艺性状的影响

试验结果表明（表 4-5），移栽 50 d 后，各处理烟株长势的差别不明显，其中生物炭施用对烟株株高和有效叶片数影响较小，各处理烟株高均在 110 cm以上，CK 处理相对最高，为 116.08 cm，但与其他生物炭处理相比无显著差异。各处理的有效叶片数均在 13 片左右。烟株茎围表现为 T3＞T2＞T1＞CK，其中，T3 处理基围为 10.22 cm，与 T1 和 CK 处理差异显著。最大叶长、最大叶宽指标均随着生物炭施用量增加而增加，T3 处理均为最高。

表 4-5　移栽 50 d 后烟株农艺性状

处理	株高/cm	有效叶片数/片	茎围/cm	最大叶长/cm	最大叶宽/cm
CK	116.08a	13.92a	8.62c	74.00±4.17b	30.25±1.85c
T1	113.17a	13.83a	9.07bc	77.67 ±5.68b	33.33±1.21b
T2	112.83a	13.33a	9.80ab	80.33±5.89ab	34.50±3.27ab
T3	114.33a	13.83a	10.22a	88.00±3.03a	35.50±4.09a

（三）稻壳生物炭对烤烟烟叶外观质量的影响

表 4-6 表明，B2F 烟叶中，CK 处理杂色比例较高，T3 处理橘黄比例最高；T3 烟叶的成熟度最好；T1 和 T2 的结构较为疏松；各处理间烟叶身份差异较小；油分含量表现为 CK＞T1＞T2＞T3，油分随着生物炭施用量增加呈下降的趋势。在 C3F 烟叶中，CK 处理青、杂色比例较高，成熟度表现为 T1＝T2＞T3＞CK；结构和身份上，施加生物炭处理组表现好于 CK；油分和色度差异不显著，没有明显的趋势。

表 4-6　各处理烤烟的外观质量结果

等级	处理	颜色	成熟度	结构	身份	油分	色度
C3F	CK	橘黄 30% 柠檬黄 5% 微带青 10% 杂色 5%	成熟 75% 尚熟 25%	疏松 75% 尚疏松 25%	稍薄 10% 中等 90%	有 60% 稍有 40%	强 5% 中 95%
	T1	橘黄 80% 柠檬黄 20%	成熟 100%	疏松 100%	中等 100%	有 60% 稍有 40%	强 25% 中 75%
	T2	橘黄 100%	成熟 100%	疏松 100%	中等 100%	有 50% 稍有 50%	强 20% 中 80%
	T3	橘黄 60% 柠檬黄 25% 微带青 15%	成熟 85% 尚熟 15%	疏松 100%	中等 100%	有 55% 稍有 45%	弱 10% 中 90%
B2F	CK	橘黄 80% 杂色 20%	成熟 80% 尚熟 20%	稍密 35% 尚疏松 65%	稍厚 100%	有 85% 稍有 15%	强 10% 中 90%
	T1	橘黄 75% 微带青 20% 杂色 5%	成熟 75% 尚熟 25%	稍密 15% 尚疏松 85%	稍厚 100%	有 75% 稍有 25%	强 20% 中 70% 弱 10%
	T2	橘黄 80% 微带青 15% 杂色 5%	成熟 80% 尚熟 20%	稍密 15% 尚疏松 85%	稍厚 100%	有 70% 稍有 30%	弱 5% 中 95%
	T3	橘黄 95% 微带青 5%	成熟 95% 尚熟 5%	稍密 35% 尚疏松 65%	稍厚 80% 中等 20%	有 45% 稍有 55%	强 20% 中 80%

(四) 稻壳生物炭对烤烟烟叶化学成分的影响

稻壳生物炭对烤烟烟叶化学成分的影响见表 4-7。目前中国常用的评价优质烟叶的指标有：总糖含量 18%～22%、还原糖含量 16%～18%、烟碱含量 1.5%～3.5%、总氮含量 1.5%～2.5%、钾含量 2.0%～3.5%、氯含量 1%以下、氮碱比 0.8～1、糖碱比 8～12、钾氯比 4～10。由表 4-7 可以看出，各处理烤烟烟叶中总糖和还原糖含量均较高，C3F 烟叶总糖含量在 30%以上。烤烟的烟碱和总氮含量在适宜的范围内（T3 处理 C3F 烟叶中烟碱含量为 1.35%，T2 处理 B2F 烟叶中总氮含量为 2.8%）。各处理的 C3F 烟叶钾含量均在优质烟叶范围内，但是B2F烟叶钾含量较低。C3F烟叶糖碱比较高，钾氯比均在适宜范围内。不同部位烟叶的总糖和还原糖含量表现为C3F>B2F，随着生物炭施用量增加，中、上部烟叶中总糖含量均有下降的趋势；上部叶还原糖含量表现为CK>T3>T1>T2，中部叶含量变化趋势不明显。总氮和烟碱含量表现为B2F>C3F，B2F中随生物炭施用量增加，总氮含量呈先增加后下降趋势，T1和CK差异不显著。上部叶烟碱含量随生物炭施用量增加呈增加趋势，中部叶表现为先增加后减少趋势。上部叶糖碱比呈下降趋势，中部叶呈先减少后增加趋势。钾和氯离子以及氮碱比上，各处理间无明显规律。

表4-7　烤烟叶片主要化学成分含量

等级	处理	总糖/%	还原糖/%	总氮/%	烟碱/%	钾/%	氯离子/%	糖碱比	氮碱比	钾氯比
C3F	CK	32.58a	29.26a	1.72b	1.4b	2.1a	0.355a	23.27ab	1.23a	5.92c
	T1	32.86a	29.52a	1.99a	1.7ab	2.1a	0.3a	19.33b	1.17a	7.00ab
	T2	30.32a	26.86a	2.1a	1.81a	2.42a	0.285a	16.75c	1.16a	8.49a
	T3	30.14a	27.59a	1.98a	1.35b	2.22a	0.325a	23.81a	1.47a	6.83b
B2F	CK	27.27a	26.82a	1.96b	2.62b	1.28a	0.365a	10.41a	0.75a	3.51a
	T1	25.53a	25.24a	2.24b	2.83a	1.51a	0.425a	9.02ab	0.79a	3.55a
	T2	22.38b	21.26b	2.8a	3.61a	1.56a	0.39a	6.20c	0.78a	4.00a
	T3	22.21b	25.36a	2.4ab	2.99a	1.46a	0.435a	8.77b	0.80a	3.36a

（五）稻壳生物炭对烤烟评吸质量的影响

由表4-8可以看出，各处理间（CK处理、T1处理和T3处理）香气质和香气量的得分差异不显著，而T2处理香气量和香气质评分都较低。杂气和劲头上，各处理间无明显的差异。随着生物炭施用量增加，烤烟的香气质及香气量得分与对照基本一致，但烟叶的刺激性有上升趋势，而余味呈下降趋势。从总分来看，CK处理和T1处理烤烟评吸质量最好，表明生物炭施用量可能对烤烟评吸质量产生一定影响，其中按照3.75 t/hm^{2}用量施用生物炭的烟田所得烟叶总体感官质量与对照一致。

表 4-8　C3F 烟叶的感官质量评价结果

处理	香气质(9)	香气量(9)	杂气(9)	劲头(9)	刺激性(9)	余味(9)	总分(54)
CK	6.0	6.125	5.75	5.125	5.50	5.625	34.125
T1	6.0	6.125	5.375	5.25	5.625	5.75	34.125
T2	5.875	5.75	5.5	5.25	5.635	5.5	33.75
T3	6.0	6.125	5.5	5.25	5.875	5.375	33.875

（六）稻壳生物炭对烤烟经济性状的影响

从表 4-9 可以看出，各施用生物炭处理的烟叶产量和产值均高于对照处理，并随着生物炭施用量增加，烟叶产量和产值均有增加的趋势，其中 T3 处理的产量最高，达到 1 729.2 kg/hm^2，产值也最高，为 37 516.8 元/hm^2，但烟叶均价最高的则为 T1 处理，为 23.16 元/kg。各处理烟叶的上等烟比例呈先上升后下降的趋势，具体表现为 T1＞T2＞CK＞T3。中上等烟的比例最低的是 T2，但与 CK 处理和 T1 处理无显著差异，T3 最高，达到 92.24％。

表 4-9　各处理烤后烟叶的经济性状

处理	产量/(kg/hm^2)	产值/(元/hm^2)	均价/(元/kg)	上等烟比例/%	中上等烟比例/%
CK	1 204.95c	26 147.25c	21.70b	42.53b	89.89ab
T1	1 282.2c	29 691.15bc	23.16a	52.29a	89.95ab
T2	1 613.1ab	33 048.15ab	20.49c	43.05b	83.53b
T3	1 729.2a	37 516.8a	21.70b	37.62c	92.24a

三、讨论

土壤的酸碱度影响土壤肥力及植物生长发育。烟叶生长的最适宜 pH 一般为 5.5～6.5，对于 pH＜5.5 的土壤需要针对性开展土壤酸化改良。作为一种优良的土壤酸化改良剂，生物炭本身含有很多的盐基离子，施入土壤之后，可以通过交换降低土壤氢离子和交换性铝离子水平，从而提高土壤 pH。本试验中，不同用量的生物炭施用后均明显提升土壤的 pH，与对照相比提高了 0.92～1.10。而且针对偏黏性土壤，生物炭施用后可有效降低土壤容重，促进土壤团粒结构形成，改善土壤的通气及水肥供应状况，增强土壤微生物活动等。

生物炭有类似有机质的作用，不仅可以直接提高土壤有机碳含量，而且可以通过不同途径对土壤有机质含量产生影响，一方面生物炭可以吸附土壤中有机分子，通过催化作用促进小的有机分子聚合形成有机质，另一方面，生物炭及其组分可以缓慢分解，有助于腐殖质的产生。本研究结果表明，施用生物炭后，土壤有机质含量升高，生物炭施用量越高，对土壤有机质含量的提升效果越显著，这与之前研究结果一致。

此外，生物炭可以通过阳离子交换吸附土壤中的 NO_3^- 和 NH_4^+，减少土壤中氮素损失，从而增加土壤中的氮素含量。本研究中，土壤有效磷及速效钾含量也具有随着生物炭用量增加而增加的趋势，这与之前的研究结果相符，而与有研究认为的土壤速效磷含量随着生物炭的施用呈先升高后降低的趋势不同。适当生物炭施用量可减少土壤中有效磷的淋溶流失，从而表现为有效磷含量升高，当生物炭用量过高时，引起土壤中有效磷的生物和化学固定，从而导致有效磷含量降低。此外，这种差异的产生可能与生物炭的用量、试验土壤类型及性质不同有关。

大量的田间试验已表明，施用生物炭可通过改善土壤条件增加作物的生物量及产量。特别在酸性土壤上施用生物炭可以提高肥料利用率，保持作物产量稳定或有一定增产效果。但是生物炭施用的产量效应受生物炭本身性质、施用数量及时期、土壤类型及肥力状况、作物种类及其田间管理措施等多方面因素综合影响。本研究中，随着生物炭施用量增加，烟叶的产量和产值均增加，其中以 T3 处理最高，分别达到 1 729.2 kg/hm^2 及 37 516.8 元/hm^2，这与叶协锋等在陕西汉中地区的研究结果一致。同时烤烟的上等烟比例随生物炭施用量的增加呈先增加后下降的趋势，这可能是因为生物炭改变土壤中养分含量及环境条件，适量施用可减少土壤氮、磷养分的淋溶，同时生物炭中的活性碳源能促进土壤有机氮的矿化从而提高土壤中氮含量，但高量施用后会影响土壤的碳氮比，造成烟叶碳氮代谢失调。

与以产量为主的大田作物不同，施用生物炭对烟叶质量的影响更值得关注。在生物炭施用对烟叶化学成分影响方面的结论并不一致。有研究认为，随着生物炭用量的增加，烟叶氯含量降低，钾含量提高，烟叶化学成分更加协调。也有研究认为，生物炭适量施用可提高烟叶内在化学成分的协调性，过量施用则降低烟叶品质。本研究结果显示，T2 处理的烤后烟叶总糖及还原糖含量降低，总氮、烟碱及钾含量明显增加，烟叶化学成分协调性相对最好，而过多或过少的施用量均在烟叶化学成分协调性上与其有所差距。生物炭施用对烟叶感官质量的影响其与对烟叶化学成分影响的结果类似，随着生物炭施用量的增加，烟叶品质呈现先提高（不变）后降低的趋势。特别是 T1 处理与 CK 处理相比，虽然感官质量得分一致，但烟叶的焦甜突出，品质得到改善。而随着生物炭量施用量增加，烟叶香气质及香气量下降，杂气及刺激性增加，导致烟叶的感官评吸质量下降，这与许多的研究结论一致。但也有研究认为，当生物炭单独作烟田土壤改良剂施用时，其对烟叶的感官质量有一定程度的降低作用。因此，关于生物炭施用对烟叶感官质量的影响，目前尚没有明确的结论，但生物炭在烟田土壤中的施用并非越多越好，过量施用势必对烟叶品质产生负面影响。生物炭在烟田中的施用量，应根据烟区的气候条件、土壤性状、施肥管理及烟叶生产实际情况，结合土壤改良、增碳固碳及产量、质量提升等不同目的，综合确定各烟区土壤中适宜的生物炭施用量及其施用方式。

四、结论

黏壤土烟田施用生物炭后，土壤中有机质、速效钾、有效磷、碱解氮含量明显提升，从而提升土壤肥力。土壤中养分含量随着生物炭施用量增加呈上升趋势，高施用量能够显著提升土壤中养分含量。

生物炭的施用可以促进烤烟生长，但是对烤烟外观质量没有显著影响。各处理烟叶中化学成分有差异。

烤烟的产量和产值随着生物炭施用量增加呈上升趋势；烤烟刺激性也呈上升趋势，余味随施用量增加而减少；上等烟比例随生物炭施用量增加有下降趋势。综合评价，皖南的黏壤土改良中以施用 3.75 t/hm^2 稻壳生物炭时，对土壤养分及烟叶产质量的表现最好。

第四节　烟秆生物炭还田对烟田土壤养分及烟叶产量、质量影响

一、材料与方法

（一）试验材料

供试生物炭由贵州省烟草公司毕节市公司提供，以烟秆为原材料，在低温限氧条件下热解制得，其基本性质如表 4－10 所示。

表 4－10　供试生物炭理化性质

pH	EC/（mS/cm）	全碳/%	灰分/%	全钾/（g/kg）	全氮/（g/kg）	有效磷/（mg/kg）
10.4	6.09	54.03	13	61.2	16.12	1 540

试验于黔西林泉试验基地进行，基地位于黔西县林泉镇清塘村，海拔 1 287.77 m，东经 105.909 8°，北纬 27.029 7°土壤为黄壤，肥力中等。年平均气温 12 ℃左右，无霜期 280 d，年降雨量 1 100 mm 左右，雨热同期，土壤初始理化性质如表 4－11 所示。

表 4－11　初始土壤基础理化性质

地点	土壤质地	pH	总有机碳/（g/kg）	全氮/（g/kg）	全磷/（g/kg）
黔西林泉	粉质黏壤土	5.3	15.54	2.09	0.96

（二）试验设计

试验设计如表 4－12 所示，采用单因子 5 水平 3 重复随机区组设计。每个区组 5 个小区，共 15 个小区，小区面积 67 m^2（长 8.7 m，宽 7.7 m，起 7 条单垄，垄距 1.1 m，株距 0.55 m，每垄种 15 株烟，可种烟 105 株），小区面积共 1 005 m^2。将生物炭在起垄前均匀撒施在土壤中，并与耕层土壤迅速旋耕混匀。烤烟采用单垄移栽，株距 0.55 m，行距 1.10 m。试验田施氮量为 112.5 kg/hm^2，m（N）：m（P_2O_5）：m（KO_2）＝1：2：3，其他田间管理措施均按毕节优质烟叶生产技术规范进行。供试烤烟品种为云烟 87。

表 4-12 不同烟秆生物炭用量试验处理

处理	生物炭用量（干重）/（t/hm²）	每小区生物炭用量/（kg/67m²）
CK	0	0
T1	5	33.5
T2	15	100.1
T3	20	133.9
T4	40	267.9

田间试验自 2018 年开始，实行烤烟与其他作物连作制，每年种植烤烟。

（三）数据采集与指标测定

1. 土壤鲜样和风干样

试验点土壤分别于 2018 年、2019 年和 2020 年烟叶采收后取得，分别在 2018 年 9 月 18 日、2019 年 8 月 26 日和 2020 年 10 月 21 日取耕层（0～20 cm）根际土样，每个小区取 1 kg，风干过筛处理后测定速效养分、重金属等指标。

2. 烟叶取样

在 2019 年烟叶平顶期及成熟期，每个小区选择平顶期代表性烘干后烟株 2 棵，按根、茎和叶取代表性样品检测各部位的重金属指标。

3. 产量统计

于 2019 年和 2020 年分小区采收烟叶，挂牌进炕烘烤，烤后计产计值。

土壤及烟叶各项检测指标测量参照《土壤农化分析》的分析方法。土壤有效态重金属参照《土壤分析技术规范》，采用 0.01 mol/L HCl 提取，再使用电感耦合等离子体质谱法（ICP-MS）测定。

（四）数据处理与分析

在烟苗移栽后 50 d，在每个重复小区选 10 棵测定其农艺性状，主要测量株高、有效叶片数、节距、最大叶长和最大叶宽。在烤烟采收结束后，采集各处理耕层（0～20 cm）土壤样品，采用常规方法测定土壤容重、有机质、碱解氮、有效磷、速效钾等土壤性质指标。每个处理小区取烘烤后 C3F 和 B2F 烟叶各 1.5 kg。其中，C3F 和 B2F 烟叶的化学成分采用 SKALAR 流动分析仪测定。所有测定数据均采用 Excel 和 SPSS 软件处理分析。

二、结果与分析

（一）生物炭对植烟土壤养分含量的影响

不同烟秆生物炭施用量对土壤养分含量影响如图 4-4 所示，结果显示，

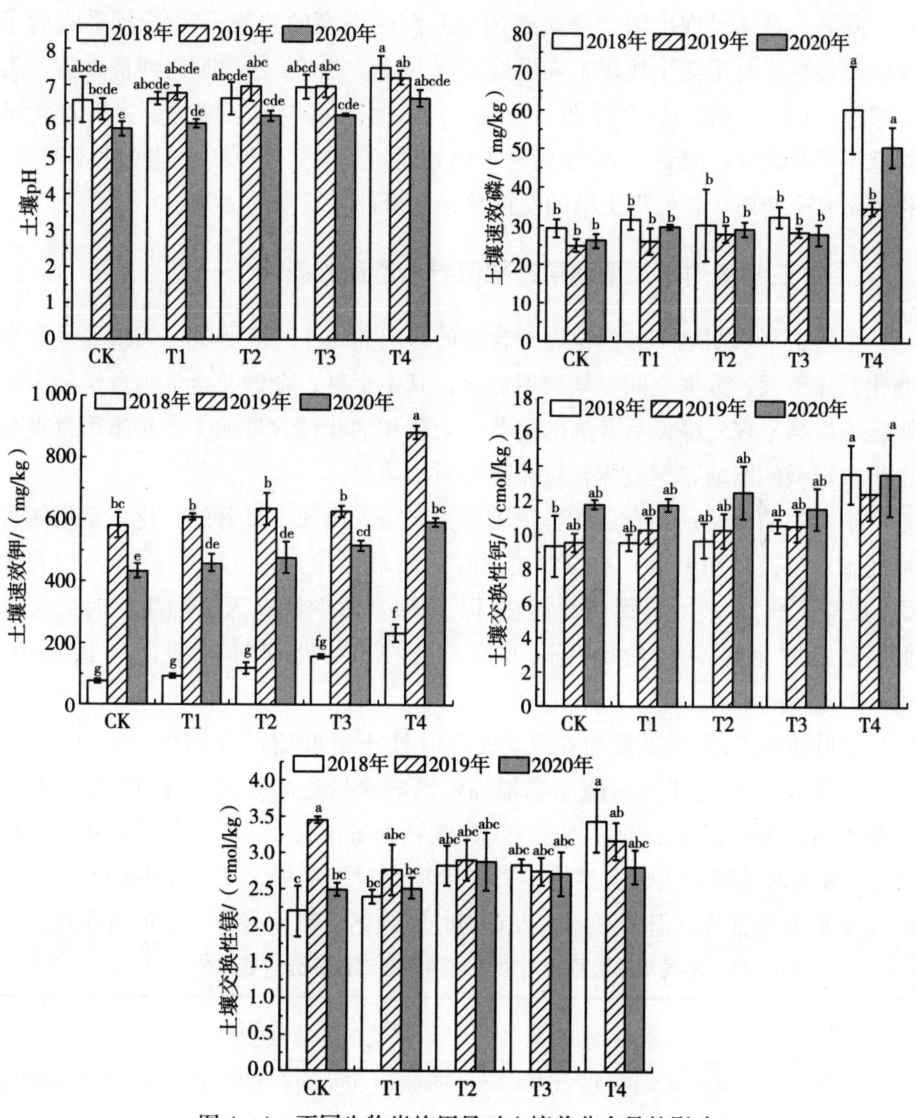

图 4-4　不同生物炭施用量对土壤养分含量的影响

随生物炭施用量增加，土壤 pH 呈上升趋势，均在 T4 处理达到最大值，分别为 7.51、7.23 和 6.67；土壤中速效磷含量均在 T4 处理达到了最大值，其中 2018 年和 2020 年提升量最大，分别提升了 31.05 mg/kg、24.48 mg/kg；土壤中速效钾含量在 2018 年、2019 年以及 2020 年均呈现出随生物炭施用量增加而提高的趋势；土壤中交换性钙含量除 2020 年 T3 处理相较 T2 处理含量有所下降外，整体呈现出随生物炭施用量升高而升高的趋势；2018 年采收后土壤中交换性镁含量随生物炭施入量增加而升高，在 T4 处理时达到最大值，为 3.45 cmol/kg，而 2019 年采收后土壤中施入过生物炭的土壤的交换性镁含量均低于 CK 处理，但到 2020 年后，不同处理间土壤交换性镁含量变化不明显，相较于 CK 处理，各处理土壤的交换性镁含量都有轻微的提升。

（二）生物炭对平顶期烟草各部位养分含量的影响

生物炭平顶期烟草各部位养分含量的影响如表 4-13 所示：烟根养分含量变化差异不大，数据之间差异均不显著，其中全氮、全钾及全量钙含量随生物炭施用提高呈现先降低后升高的趋势，全磷和烟叶镁含量随生物炭施用量提高也出现轻微的波动，但整体含量差异相对不明显。

烟茎中的全量钙和全量镁含量随生物炭施入出现了显著的变化，全量钙含量随施入量提高而升高，在 T4 处理时达到最大值，为 17.01 g/kg，相较于 CK 提高了 9.21 g/kg，而全量镁在 T1 处理（即少量施入生物炭）时含量降低，随施用量提高含量也逐渐升高，且在 T4 处理时含量达到最大值，为3.99 g/kg。

烟叶中钙与镁的含量均在 T1 处理时处于最低值，分别为 23.00 g/kg、4.25 g/kg，而后随生物炭施用量增加，钙的含量逐渐升高，在 T4 处理时达到最大值，为 41.74 g/kg，相较于 CK 的钙含量增长了 55.11%，而镁含量则在 T3 处理时达到最大值。整体上看，生物炭对烟草根、茎、叶中全氮、全磷和全钾影响不显著，但适量地施入对烟叶吸收钙、镁元素有一定促进作用。

表 4-13　不同烟秆炭用量对平顶期烟草各部位养分含量影响/（g/kg）

部位	处理	全氮	全磷	全钾	全量钙	全量镁
根	CK	15.33±0.06a	1.28±0.03a	16.04±1.19a	8.70±0.47a	3.92±0.43a
	T1	15.59±0.60a	1.33±0.003a	13.93±1.86a	6.06±1.17a	4.35±0.03a

（续）

部位	处理	全氮	全磷	全钾	全量钙	全量镁
根	T2	14.76±0.66a	1.33±0.09a	15.84±0.91a	6.71±0.71a	4.46±0.08a
	T3	14.53±0.41a	1.27±0.03a	15.86±1.10a	6.37±0.31a	4.39±0.59a
	T4	16.28±0.64a	1.33±0.03a	15.86±0.70a	10.26±3.16a	4.82±0.43a
	均值	15.30±0.26	1.30±0.04	15.50±0.51	7.62±0.73	4.39±0.16
茎	CK	16.39±1.89a	1.36±0.03a	27.44±2.43a	7.80±0.46b	3.43±0.15ab
	T1	16.11±0.51a	1.29±0.04a	27.55±1.89a	8.48±0.36b	3.25±0.30b
	T2	16.8±0.81a	1.32±0.02a	25.51±0.47a	10.08±0.30b	3.59±0.09ab
	T3	13.91±0.65a	1.37±0.06a	27.06±2.25a	11.25±0.35b	3.57±0.15ab
	T4	14.88±0.94a	1.43±0.05a	29.16±1.05a	17.01±3.03a	3.99±0.21a
	均值	15.63±0.50	1.35±0.02	27.34±0.74	10.92±1.02	3.57±0.10
叶	CK	23.18±1.84a	1.45±0.12a	24.90±0.68a	26.91±0.74c	4.80±0.57ab
	T1	22.84±1.08a	1.54±0.03a	23.98±3.80a	23.00±0.76c	4.25±0.53b
	T2	22.59±1.45a	1.56±0.03a	21.85±0.36a	26.12±2.52c	4.67±0.91b
	T3	21.72±2.06a	1.50±0.04a	25.08±0.34a	35.06±2.36b	7.68±1.60a
	T4	24.90±0.90a	1.37±0.02a	25.39±1.32a	41.74±1.59a	5.76±0.24ab
	均值	23.04±0.64	1.48±0.03	24.24±0.77	30.57±1.95	5.43±0.47

（三）生物炭施用量对烟叶化学成分的影响

表4-14为2019年烤后烟叶化学成分。参照中国优质烟叶化学成分指标要求：烟碱含量1.5 %～3.5 %，总氮含量1.5 %～3.0 %，还原糖含量10%～25%，K_2O含量2.0 %～3.5 %，Cl含量0.3 %～0.8 %，糖碱比8～12，氮碱比0.8～1，钾氯比4～10。本试验中，B2F和C3F烤烟的T3处理烟叶的烟碱含量均为最低值；分别为1.70%、1.81%，而X2F烤烟的T2处理的烟碱含量最低，仅为1.17%，其中B2F、C3F烤烟中烟碱含量均达到优质烟标准，X2F烤烟中仅有CK处理达到标准。3个等级烤烟的总氮含量均处于优质烟的标准。B2F和C3F烤烟的还原糖含量也基本处于优质烟叶范围，但X2F烤烟中T2处理的高过CK处理4.11%，超过了优质烟叶指标。烤烟的K_2O含量整体偏低，仅有C3F烤烟的T3处理和X2F的T1处理、T2处理、T4处理的烟叶达到优质烟叶含量指标，B2F烟叶各处理K_2O含量均低于CK

处理。对于烤烟中Cl含量，除了等级B2F和等级X2F的T2处理烟叶达到优质烟草指标外，其他处理均未达到。糖碱比是反映烟气酸碱平衡的重要指标，可看出随生物炭施入，烤烟的糖碱比均一定程度上提升，但总体比值呈现过高的趋势，仅有B2F烤烟中的CK处理和T2处理处于优质烟草指标范围。从氮碱比值来看，X2F烤烟整体比值偏高，而B2F和C3F烤烟中除T3处理外均达到优质烤烟指标。B2F烤烟的T1处理和T3处理、C3F的CK处理以及X2F的CK处理和T3处理的钾氯比值均高于优质烟草指标，可以看出对应的烤烟Cl含量偏低。

表4-14　不同烟秆炭用量对烟叶化学成分的影响

	处理	烟碱/%	总氮/%	还原糖/%	K_2O/%	Cl/%	糖碱比	氮碱比	钾氯比
B2F	CK	2.51	2.23	22.32	1.56	0.25	11.22	0.89	6.24
	T1	2.24	2.15	22.75	1.41	0.07	13.38	0.96	20.14
	T2	2.84	2.21	24.81	1.44	0.45	10.54	0.78	3.2
	T3	1.70	1.85	23.9	1.37	0.01	19.62	1.09	137
	T4	2.01	1.95	23.85	1.28	0.08	16.39	0.97	16
C3F	CK	2.4	1.9	23.18	1.75	0.04	13.35	0.79	43.75
	T1	2.12	1.93	22.94	1.71	0.25	15.49	0.91	6.84
	T2	2.15	1.84	25.13	1.79	0.18	15.19	0.86	9.94
	T3	1.81	2.04	23.66	2.01	0.28	16.07	1.13	7.18
	T4	2.52	1.92	24.19	1.68	0.26	13.13	0.76	6.46
X2F	CK	1.58	1.74	25.01	1.78	0.14	20.49	1.1	12.71
	T1	1.36	1.86	22.53	2.28	0.26	20.63	1.37	8.77
	T2	1.17	1.66	29.12	2.04	0.34	29.25	1.42	6.00
	T3	1.31	1.61	25.92	1.8	0.13	25.47	1.23	13.85
	T4	1.34	1.72	26.01	2.16	0.26	23.04	1.28	8.31

（四）生物炭施用量对烟叶产量、产值的影响

2019年和2020年生物炭还田长期定位实验结果如表4-15所示。从表中可知，2019年产量最好的是T1处理，亩产量122.47 kg，而T4处理产量处于最低值；2020年中CK处理的产量最高，而T2处理的烟田产量最低，亩产

量 92.17 kg。对于 2019 年和 2020 年均价，各处理之间差异并不显著，但可看出两年均价最高的依然为 T1 处理。两年间烟草产值最高的依然为 T1 处理，亩产值分别为 2 676.65 元和 2 469.78 元，而产值最低的均为 T4 处理。2019 年和 2020 年，T1 处理采收的烟草中上等烟比例均最高，2019 年，不同处理下各烟草上等烟比例差异均不显著，而 2020 年中 T3 处理和 T4 处理的上等烟比例均显著低于 CK 处理，分别仅有 39.89%、45.42%，与此同时，下等烟占比均显著高于其他处理。整体上看，T1 处理的施用量对烟叶产量、产值效果最好。

表 4－15　不同烟秆炭用量对烟叶产值、产量影响

时期	处理	亩产量/kg	均价/(元/kg)	亩产值/元	上等烟比例/%	中等烟比例/%	下等烟比例/%
2019 年	CK	121.90±4.20a	20.72±1.30a	2 525.62±152.71b	64.18±0.94a	26.38±1.06a	9.44±0.92
	T1	122.51±1.51a	21.86±1.06a	2 676.70±107.81a	64.84±1.43a	27.22±1.12a	7.96±1.49a
	T2	119.73±1.40a	21.52±0.15a	2 577.24±40.12ab	64.56±0.94a	26.52±1.13a	8.91±0.42a
	T3	116.12±6.61a	20.26±0.82a	2 349.90±43.71c	63.78±0.52a	25.96±1.24a	10.27±1.60a
	T4	115.32±1.51a	20.03±0.40a	2 309.52±37.50c	64.33±1.06a	26.48±1.04a	9.19±0.40a
2020 年	CK	100.01±5.62a	23.66±0.63a	2 365.94±80.45a	58.33±1.79b	25.17±3.70ab	17.5±3.30b
	T1	99.81±2.23a	24.73±0.29a	2 469.82±26.74a	67.11±1.65a	18.03±2.88b	14.86±2.35b
	T2	92.35±2.82a	23.66±0.32a	2 181.08±40.24b	60.94±2.86ab	21.38±2.56ab	17.68±0.61b
	T3	96.56±2.01a	19.38±0.25b	1 870.06±62.40c	39.89±1.27c	27.98±0.59a	32.13±0.68a
	T4	94.72±2.23a	19.45±0.14b	1 841.15±28.72	45.42±1.79c	19.01±2.57ab	35.57±1.07a

三、小结

烟秆炭的施入对土壤相关养分指标产生了一定的影响，对于 pH、速效钾以及交换性镁等指标含量影响显著，生物炭施入土壤后，其含量均有所提升。

生物炭施入土壤对于烟草根、茎、叶中全氮、全磷和全钾影响不显著，但适量地施入生物炭对于烟叶吸收钙、镁元素有一定促进作用。

T1（5 t/hm^2）处理下的整体烟叶产值、产量最高，而 T4 处理的烟草经济收益最差，且下等烟比例显著高于对照组。化学成分中，K_2O 和 Cl 含量大都偏低，其他化学成分含量接近优质烟叶含量标准。

第五节 根区穴施生物炭对烤烟生长及养分吸收的影响

一、材料与方法

（一）试验材料

供试烤烟品种为云烟 87。在湖北省恩施市白果乡茅坝槽村进行大田试验。土壤类型为黄棕壤，耕层土壤 pH 6.7，有机质含量为 20.7 g/kg，碱解氮含量为 69.8 mg/kg，速效磷含量为 57.4mg/kg，速效钾含量为 194.7 mg/kg。供试生物炭由水稻秸秆炭化而来，pH 9.2，总碳含量为 630.0 g/kg，总氮含量为 13.5 g/kg，全磷含量为 4.5 g/kg，全钾含量为 21.5 g/kg。

（二）试验方法

根据穴施生物炭用量共设计 4 个处理，分别为不施用生物炭（CK）、根区穴施生物炭 0.1 kg /株（T1）、根区穴施生物炭 0.2 kg / 株（T2）、根区穴施生物炭 0.3 kg / 株（T3），每个处理设 3 次重复。试验田共 12 个小区，随机区组排列，小区面积为 100 m^2，栽烟 150 株。

生物炭施用方法：烟苗移栽后 15 d 左右，在围兜封口时分别将不同用量的生物炭与营养土混合后在烟苗四周施用，使生物炭与烟苗根茎部自然贴合，随后用田间本土进行覆盖。

试验田按照当地常规施肥方式统一施肥，各处理所用肥料用量保持一致，纯氮用量为 120 kg/hm^2，氮、磷、钾施用量比例为 m（N）∶m（P_2O_5）∶m（K_2O）=1∶1.5∶3，70%的氮肥和钾肥及 100%磷肥用作底肥，30%氮肥和钾肥于移栽后 30 d 左右结合培土进行追施。各处理烟苗采用井窖式移栽方式统一移栽，其他田间管理措施均按照当地优质烟叶生产技术标准执行。

（三）样品采集

烟株样品分别在烤烟生长团棵期和平顶期采集，在每个处理小区内选择代表性烟株 1 株，用铁锹将其连根挖出，分开根、茎、叶（平顶期时分上、中、下 3 个部位），在 105 ℃杀青 15 min，在 60 ℃下烘干，烘干后进行称重。

土壤样品在烟株生长平顶期采集，在每个小区两株烟之间的笼体土壤上采集0～20 cm土壤样品，采用多点取样法，每一个样品取10钻进行混合，统一带回室内自然风干，用于测定土壤养分等基本理化性状。

（四）样品检测

烟株根、茎、叶样品测定全量氮、磷、钾含量，全氮用凯氏定氮法测定，全钾用硫酸-过氧化氢消煮-火焰光度法测定，全磷用硫酸-过氧化氢消煮-钒钼黄比色法测定。土壤样品测定pH、全氮、全磷、全钾、碱解氮、速效磷、速效钾、有机质、阳离子交换量（CEC）等指标，其中，pH用水浸提法（水与土质量比为2.5∶1），CEC用EDTA-铵盐快速法，有机质用重铬酸钾外加热法，全氮用半微量开氏法，全磷用 H_2SO_4 - $HClO_4$ 消煮钼锑抗比色法，全钾用 H_2SO_4 - $HClO_4$ 火焰光度法，碱解氮用碱解扩散法，速效磷用碳酸氢钠浸提比色法，速效钾用醋酸铵浸提火焰光度法。

（五）数据分析

采用Microsoft Excel 2010软件和DPS7.05数据处理系统对数据进行统计分析。

二、结果与分析

（一）生物炭对不同生育期烤烟烟株生长的影响

不同生育期烟株农艺性状见表4-16和表4-17。在烤烟烟株团棵期和平顶期，根区穴施生物炭烟株的株高、叶片面积等农艺性状数值与对照相比均有一定的优势，但是随着生物炭施用量的增加，烟株生长发育也受到了一定程度的抑制，综合来看，每株烟穴施0.2 kg生物炭效果表现最好，对烤烟田间长势具有较好的促进作用。

表4-16　团棵期不同处理烟株农艺性状

处理	株高/cm	最大叶长/cm	最大叶宽/cm	有效叶数/片
CK	31.08 a	38.53 a	19.01 b	10.53 a
T1	32.38 a	39.74 a	21.43 a	12.63 a

（续）

处理	株高/cm	最大叶长/cm	最大叶宽/cm	有效叶数/片
T2	30.54a	38.95a	20.33 a	12.67a
T3	28.64 b	38.62 a	19.12 b	11.62 a

表 4-17　平顶期不同处理烟株农艺性状

处理	株高/cm	节距/cm	茎围/cm	下部叶		中部叶		上部叶		有效叶数/片
				长/cm	宽/cm	长/cm	宽/cm	长/cm	宽/cm	
T1	124.87b	3.27b	10.27b	75.80b	29.60a	80.80b	24.93a	68.00a	17.93a	20.08a
T2	131.73a	3.40a	11.13a	79.20a	31.60a	84.60a	25.13a	69.07a	17.73a	21.15a
T3	130.27a	3.42a	10.77b	77.40b	30.60a	83.00a	25.87a	68.93a	17.87a	20.07a
CK	124.33b	3.22b	10.50b	77.30b	29.50a	82.20a	24.13a	65.40b	16.53b	19.25a

（二）生物炭对烤烟生物量的影响

根区穴施生物炭增加了烟株的生物量，在烤烟生长团棵期，T2 处理和 T3 处理烟株根、茎和叶的干重表现较好，均优于对照（图 4-5）；在平顶期，3 个施用生物炭处理烟株根、茎、中部和下部叶片的干重均表现较好（图 4-6）。与烟株田间农艺性状表现相似，每株烟穴施 0.2 kg 生物炭能够使烤烟在生长前期和后期取得较好的生物量，并且在平顶期，随着生物炭用量的增加，烟株根、茎以及中部叶干重均呈现上升趋势。

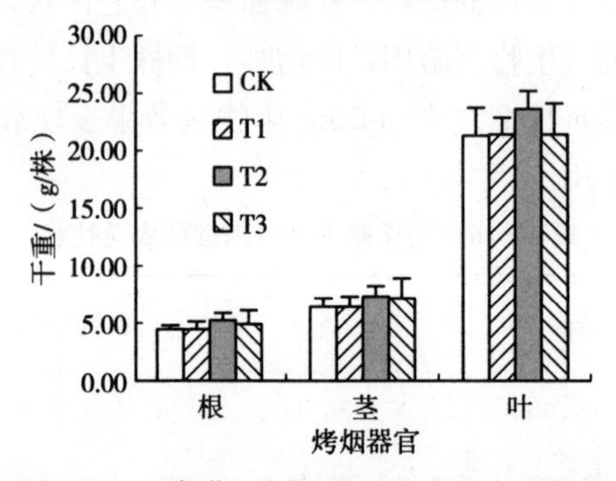

图 4-5　团棵期不同处理烟株各器官生物量

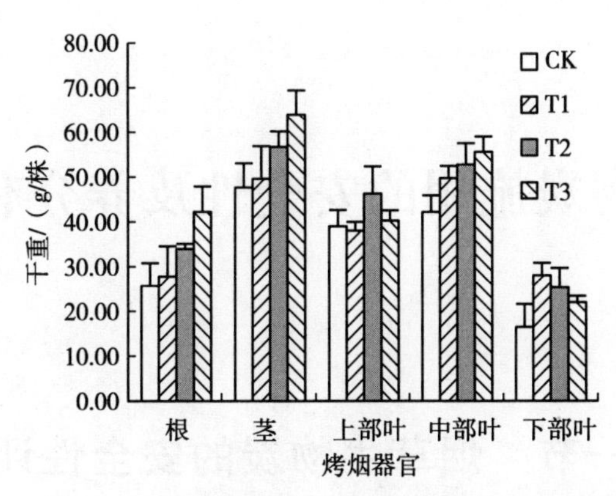

图 4-6 平顶期不同处理烟株各器官生物量

三、小结

根区穴施生物炭促进了烟株的生长发育，但在生物炭用量较高的条件下，烟株生长发育受到了一定程度的抑制，以每株烟穴施 0.2 kg 生物炭较为适宜。

在烤烟生长前期和后期，生物炭均能提高烟株生物量，并且在平顶期，随着生物炭用量的增加，烟株根、茎以及中部叶干重均呈现上升趋势。

第五章 生物炭施用的安全性及养分有效性

第一节 烟草生物炭的安全性评价

生物炭作为一种废弃物再利用的物质，自身具有高碱性、比表面积大以及表面官能团丰富等特点，在土壤理化性状改良、固氮减排等方面均有广泛应用。当生物炭作为土壤改良剂施入土壤后，受降水等因素影响，生物炭浸出液浸透于土壤中，从而对土壤动、植物产生影响。本章探究烟草生物炭浸出液对农作物（小麦）发芽及其生长抑制的影响，并进一步明确生物炭浸出液对小麦苗生长在酶水平的损伤程度。蚯蚓通常可以作为评价土壤环境风险的指示生物。采用急性毒性实验探究其生物炭浸出液对蚯蚓死亡率的影响，有助于解释烟草生物炭的质量安全及其生态毒性。

一、材料与方法

（一）烟草生物炭制备

废弃烟秆、烟梗及烟叶等烟草生物炭原料由毕节烟草公司烟叶科技示范园提供，清洗后放置 80 ℃烘箱烘干，将样品切成小段混合均匀后密封保存待用。利用限氧控温炭化法对烟草废弃物进行炭化处理。对空坩埚（带盖）进行称重，并分别加入烟秆、烟梗及烟叶，塞满坩埚，加盖密封，称重。放入马弗炉进行持续升温（5 ℃/min）并在最高温度（300 ℃、450 ℃、600 ℃）下保持 2 h。待坩埚冷却至室温，取出称量并计算产率。将制备的生物炭部分研磨，过 100 目筛，放入干燥器中备用。

（二）生物炭浸出液采集方法

参照欧盟 EN12457 - 2—2002 浸出液标准，将生物炭和去离子水按照1∶10的比例放入 50 mL 离心管中充分混合，在 25 ℃下以 180 r/min 转速振荡 24 h，随后在5 000 r/min 下离心 5 min，取上清液，过 0.45 μm 滤膜，放入冰箱 4 ℃保存，重金属含量采用 ICP - MS 测定。

（三）生物炭浸出液对小麦种子发芽率、芽长及根长抑制率的影响

选用大小合适、颗粒饱满的小麦种子，放入 1% NaClO 溶液中进行 0.5 h的浸泡处理，然后将处理过的小麦种子用去离子水冲洗，直至无 NaClO 的气味后，将小麦种子放入去离子水中在室温下浸泡 4h，用定性滤纸拭去表面水分。在培养皿中放入一张定性滤纸，将 20 粒小麦种子均匀置于滤纸上。对照组加入 5 mL 去离子水润湿，实验组加入 5 mL 上述浸出液润湿。随后，将其放入 25 ℃恒温培养箱，避光培养 2 d。统计发芽率、芽长以及根长，并按照公式（6 - 1）、公式（6 - 2）和公式（6 - 3）算出发芽抑制率、根长抑制率以及芽长抑制率。后续对光照条件进行调整，提供 12 h 光照，待生长 5 d 对小麦芽酶活性进行测定，本试验设 6 个平行，其中 3 个平行用于测定小麦苗发芽率、芽长以及根长，3 个平行用于测定小麦芽抗氧化酶活性以及丙二醛（MDA）含量。

$$\text{发芽抑制率（\%）}=\frac{\text{（对照组发芽种子数}-\text{处理组发芽种子数）}}{\text{对照组发芽种子数}}\times 100\% \tag{6-1}$$

$$\text{根长抑制率（\%）}=\frac{\text{（对照组平均根长}-\text{处理组平均根长）}}{\text{对照组平均根长}}\times 100\% \tag{6-2}$$

$$\text{芽长抑制率（\%）}=\frac{\text{（对照组平均芽长}-\text{处理组平均芽长）}}{\text{对照组平均芽长}}\times 100\% \tag{6-3}$$

（四）生物炭浸出液对小麦芽酶活性的影响

分别使用由上海优选生物技术有限公司生产的过氧化氢酶（CAT）活性检测试剂盒、过氧化物酶（POD）活性检测试剂盒、超氧化物歧化酶（SOD）

活性检测试剂盒以及丙二醛（MDA）测试盒测定小麦芽CAT活性、POD活性、SOD活性以及MDA含量。

（五）生物炭浸出液对蚯蚓急性毒性死亡率的影响

试验中采用滤纸接触法进行蚯蚓毒性试验。蚯蚓品种为赤子爱胜蚯，购于江苏兴旺蚯蚓养殖基地，平均每条体重0.2～0.4 g，挑选大小差异不大、体重约为0.3 g、环带明显的蚯蚓进行急性试验。准备好放有浸湿滤纸的培养皿，将挑选好的蚯蚓放入培养皿中，用塑料保鲜薄膜封口，用针扎孔，置于恒温恒湿（温度为20℃±1℃，湿度为80%～85%）培养箱中黑暗培养1 d，做蚯蚓清肠处理。

试验中，生物炭浸出液按照1∶10、1∶20、1∶30、1∶40和1∶50 5种浸出比例浸出，并分别向装有滤纸的培养皿加入5 mL浸出液，保证滤纸充分润湿（对照组加入5 mL去离子水）。将蚯蚓表面多余水分用滤纸拭去，在每个培养皿中加入5条蚯蚓，用塑料保鲜膜进行封口并用细针扎孔，每个浓度设3个平行实验。置于恒温恒湿（温度为20℃±1℃，湿度为80%～85%）培养箱中进行黑暗培养，分别于24h和48h对蚯蚓死亡率进行计数，以针刺尾部无反应视为死亡（期间时刻关注蚯蚓死亡情况，对于死亡蚯蚓要及时清除，防止对其他蚯蚓造成干扰）。

（六）数据处理与分析

通过IBM Statistics SPSS 26.0进行数据分析、相关性分析和半致死浓度计算（LC50），通过Microsoft Excel 2010进行表格制作，通过Origin 2019进行图片绘制。

二、结果与分析

（一）烟草生物炭浸出液的重金属含量

生物炭浸出液重金属含量如表5－1所示。烟秆炭浸出液中Cr含量和As含量在热解温度达到600 ℃时达到最大值，分别为0.078 mg/kg和0.159 mg/kg，而Cu含量和Zn含量则处于最低值，Ni和Pb未被检出。600 ℃烟梗炭浸出液中Cr、Cu、Zn、As和Cd的含量均在3种热解温度中处于最小值，分别为0.057 mg/kg、0.011 mg/kg、0.086 mg/kg、0.216 mg/kg以及0.001 mg/kg，而Ni含量则在450 ℃时达到最小值。烟叶炭浸出液中除As和Cd外，其他重金属含量随生物炭热解温度升高而逐渐降低，均在600 ℃时达到最小值，且烟叶炭浸出液中Pb含量均低于检出限。烟秆炭、烟梗炭和烟叶炭浸出液中重金属含量总体表现为烟梗炭>烟叶炭>烟秆炭。

表5-1 热解温度对烟草源生物炭浸出液中重金属含量影响/（mg/kg）

材料	Cr	Ni	Cu	Zn	As	Cd	Pb
300℃烟秆炭	0.06±0.01a	0.04±0.01a	0.05±0.002b	0.08±0.01b	0.15±0.01b	0.004±0.001b	—
450℃烟秆炭	0.06±0.01a	0.03±0.01b	0.08±0.01a	0.16±0.01a	0.15±0.001ab	0.01±0.002a	—
600℃烟秆炭	0.08±0.01a	—	0.01±0.001c	0.09±0.01b	0.16±0.001a	—	—
300℃烟梗炭	0.23±0.01a	0.16±0.01a	0.09±0.01a	0.27±0.002a	0.23±0.003b	0.02±0.000	—
450℃烟梗炭	0.08±0.01b	0.05±0.01c	0.04±0.002b	0.18±0.01b	0.26±0.003a	—	—
600℃烟梗炭	0.06±0.01c	0.07±0.01b	0.01±0.002c	0.09±0.01c	0.22±0.003c	—	—
300℃烟叶炭	0.14±0.01a	0.06±0.01a	0.07±0.004a	0.20±0.05a	0.13±0.001a	0.01±0.000b	—
450℃烟叶炭	0.06±0.01b	0.04±0.01b	0.07±0.002a	0.06±0.002b	0.11±0.002b	0.04±0.001a	—
600℃烟叶炭	0.05±0.01b	0.01±0.001c	0.01±0.001b	0.01±0.002b	0.13±0.004a	—	—

（二）生物炭浸出液对小麦苗发芽抑制率、芽长抑制率及根长抑制率的影响

小麦作为重要的粮食作物，在世界各地广泛种植，因此选用小麦苗作为代表，对生物炭进行植物毒性评价。一般认为，小麦苗发芽抑制率与生理毒性呈正相关，即小麦苗发芽抑制率越低，表明生理毒性越低。图5-1为小麦苗发芽抑制率结果。

由图5-1可以看出，烟梗炭浸出液对小麦苗发芽抑制率的影响高于其他两种生物炭浸出液。随热解温度升高，烟秆炭和烟叶炭浸出液处理组的小麦苗发芽抑制率也在逐渐升高，而烟梗炭浸出液处理的小麦苗发芽抑制率随热解温度升高呈先降低后升高的趋势。3种生物炭浸出液处理的发芽抑制率均在热解温度达到600 ℃时到最大值，分别为24 %、80 %和48 %。整体上看，3种生物炭抑制性强度顺序表现为烟梗炭>烟叶炭>烟秆炭。

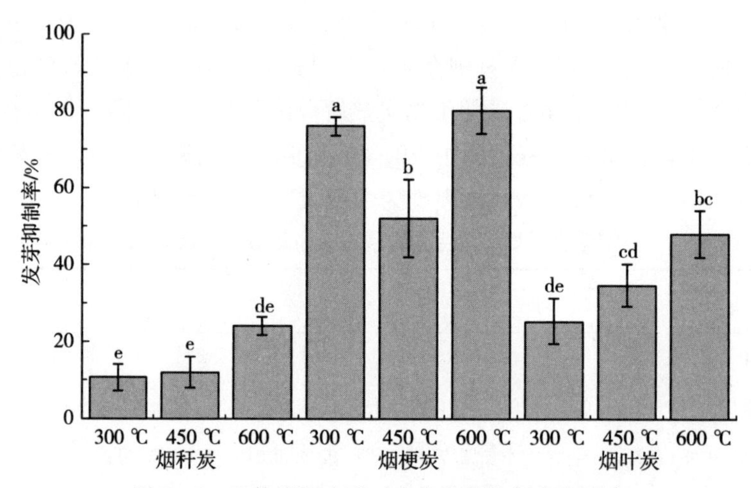

图 5-1 生物炭浸出液对小麦发芽抑制率的影响

由图 5-2 可知，烟秆炭与烟叶炭浸出液处理的芽长抑制率随热解温度提高而提高，烟梗炭浸出液处理的芽长抑制率随热解温度升高，呈先降低后升高的趋势。3 种生物炭浸出液处理的芽长抑制率均在热解温度达到 600 ℃时达到最大，分别为 55.18 %、92.07 %和 74.09 %；300 ℃和 450 ℃的烟秆炭浸出液处理的芽长抑制率最低，分别为 14.94 %和 15.85 %，而到 600 ℃时抑制率升高至 55.18 %，这可能由于烟秆炭 600 ℃时，过高的碱性（pH 11.16）对小麦的芽生长产生了明显的抑制作用。

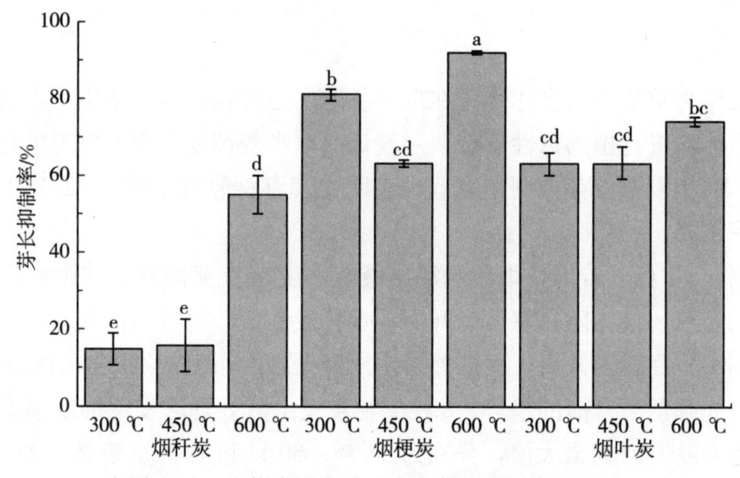

图 5-2 生物炭浸出液对小麦芽长抑制率的影响

从图 5-3 可以看出，烟梗生物炭浸出液处理的小麦根长抑制率最高，其次为烟叶生物炭。其中，600 ℃烟梗炭处理的小麦根长抑制率最高，达到 90.57 %，而 300 ℃烟秆炭的浸出液对小麦根长具有促进作用，抑制率为 −2.76%。烟秆炭和烟叶炭浸出液处理的小麦根长抑制率随热解温度升高呈现出升高趋势，推测高温热解的生物炭碱性增强，对小麦根生长的抑制性增强。

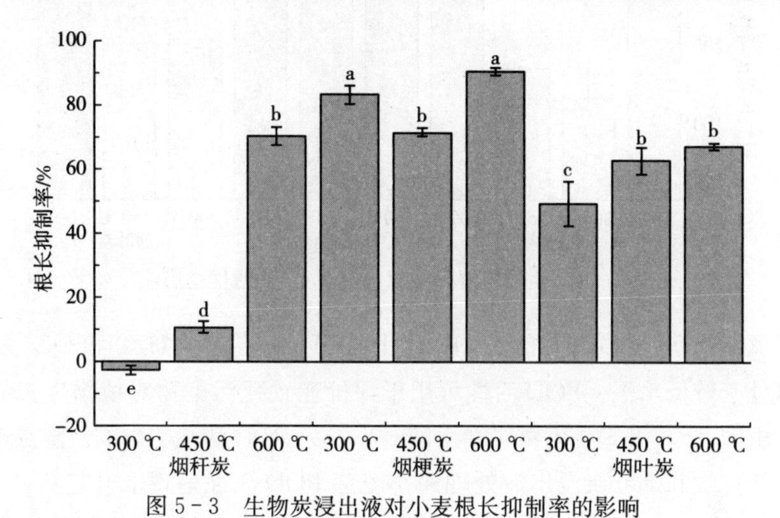

图 5-3　生物炭浸出液对小麦根长抑制率的影响

（三）生物炭浸出液对小麦芽酶活性影响

研究小麦芽的抗氧化酶活性（CAT、POD 和 SOD）以及丙二醛（MDA）含量的变化差异性，明确生物炭浸出液影响下，小麦苗初期发芽生长阶段抗氧化酶的受胁迫特征。

过氧化氢酶（CAT）可在细胞中与 SOD 进行偶联，从而更好地清除超氧阴离子 O_2^- 及 H_2O_2 等氧基自由离子。图 5-4 可看出浸出液对小麦芽 CAT 活性的影响：300 ℃烟秆炭、450 ℃烟秆炭、300 ℃烟叶炭以及 450 ℃烟叶炭浸出液培育出的小麦芽 CAT 活性均低于对照组；600 ℃烟秆炭、烟梗炭以及烟叶炭浸出液培育出的小麦苗 CAT 活性均达到最大值，分别为 367.72 U/g、412.71 U/g 和 400.70 U/g，相较于对照组提高了 109.26 U/g、154.25 U/g 和 142.24 U/g。结果表明，小麦苗在生长过程中对生物炭浸出液中污染物质产生了应激反应，产生了过量的 H_2O_2，之后 CAT 活性提高，加强对 H_2O_2 的清除，使 H_2O_2 含量在植物中保持动态平衡。

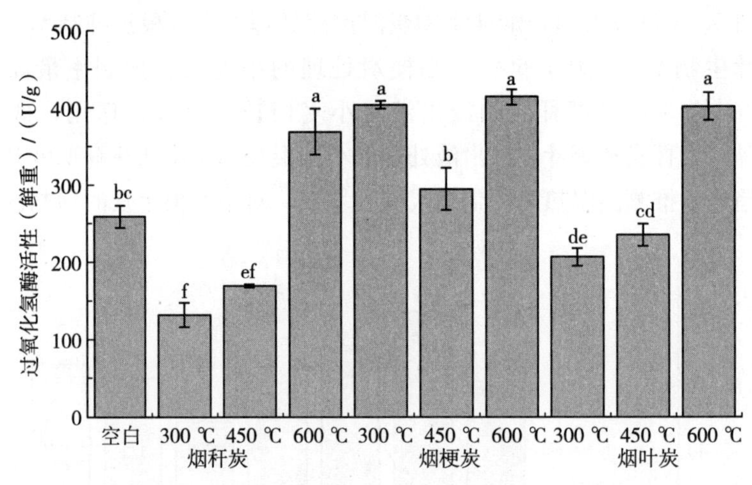

图 5-4　生物炭浸出液对小麦芽 CAT 活性的影响

过氧化物酶（POD）可把 SOD 产生的 H_2O_2 转化为 H_2O 和 O_2，从而使活性氧处于较低水平。POD 活性可用于评价亚致死污染物对植物生长的潜在毒性。由图 5-5 可知，生物炭浸出液对小麦芽 POD 活性的影响。随热解温度升高，烟秆炭和烟叶炭浸出液处理的小麦芽 POD 活性呈现上升趋势，3 种生物炭热解温度达到 600 ℃时，各处理的 POD 酶活性达到最高，分别为 34 549.64 U/g、49 343.91 U/g 和 35 768.33 U/g，相较于对照组酶活性，分别增加了 14 289.77 U/g、26 399.11 U/g 和 12 823.54 U/g。烟梗炭热解温度

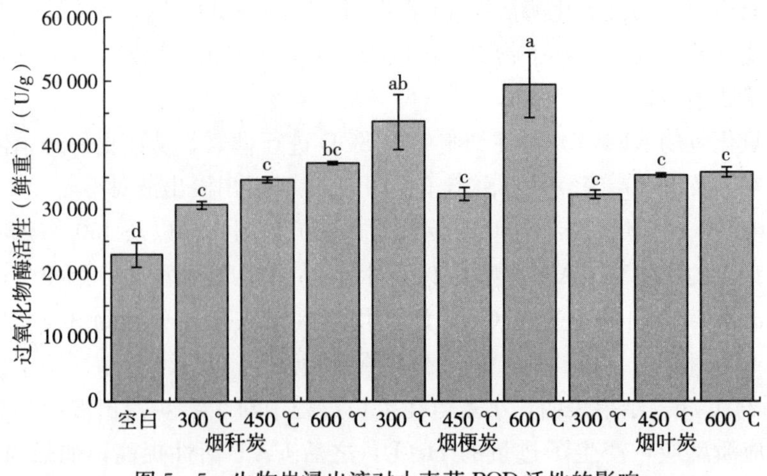

图 5-5　生物炭浸出液对小麦芽 POD 活性的影响

在 300～600 ℃时，随温度升高，POD 活性呈先降低后升高的趋势。整体上看，烟草废弃物生物炭对胁迫性酶活性的影响表现为烟梗炭>烟秆炭>烟叶炭。300 ℃和 600 ℃的烟梗炭浸出液处理的 POD 活性最高，表明这两种浸出液中污染物对促进小麦苗产生应激反应的作用最强。

过氧化物歧化酶（SOD）对减轻活性氧、抑制丙二醛积累具有重要作用，当植物受污染物影响处于胁迫状态时，SOD 可将 O_2^- 转化为 H_2O_2。通过图 5-6可以看出，生物炭浸出液培育的小麦芽 SOD 整体活性呈上升趋势，酶活性整体均高于对照组，且 600 ℃烟梗炭浸出液处理的 SOD 活性处于最大值，为 670.58 U/g。结果表明，小麦芽在不同生物炭浸出液的胁迫作用下，均产生了不同程度的应激反应。

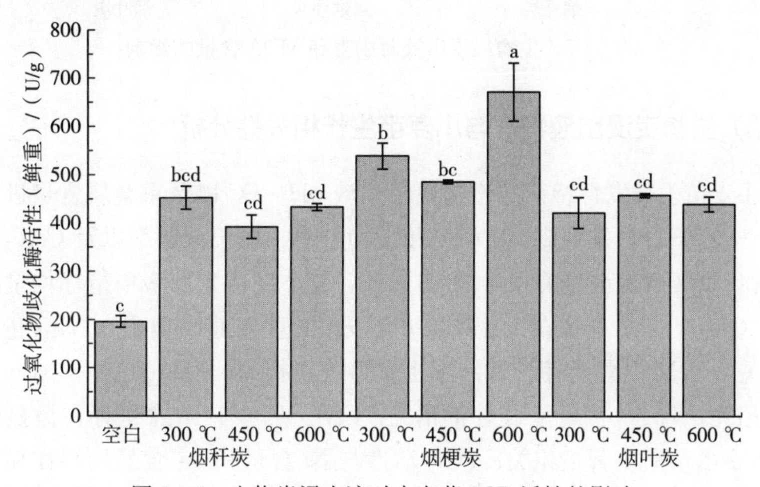

图 5-6　生物炭浸出液对小麦芽 SOD 活性的影响

从图 5-7 可以看出，小麦芽中 MDA 含量随烟秆和烟叶生物炭热解温度升高而升高，600 ℃烟秆炭、烟梗炭以及烟叶炭浸出液培育的小麦苗的 MDA 含量均达到最大值，分别为 13.93 nmol/g、18.98 nmol/g 和 18.75 nmol/g，且相较于对照组的 MDA 含量分别提高了 5.29 nmol/g、10.35 nmol/g、10.11 nmol/g。过高的 MDA 含量表明生物炭浸出液对小麦苗造成了明显的生理损伤，300 ℃和 600 ℃烟梗炭浸出液处理以及 600 ℃烟叶炭浸出液处理的 MDA 均相对较高，表明其生态毒性偏高。

烟梗生物炭相较于其他两种生物炭对小麦苗中 3 种酶活性影响最大。热解温度是主要影响因素之一，整体上看，热解温度越高，生物炭对作物毒性越高。

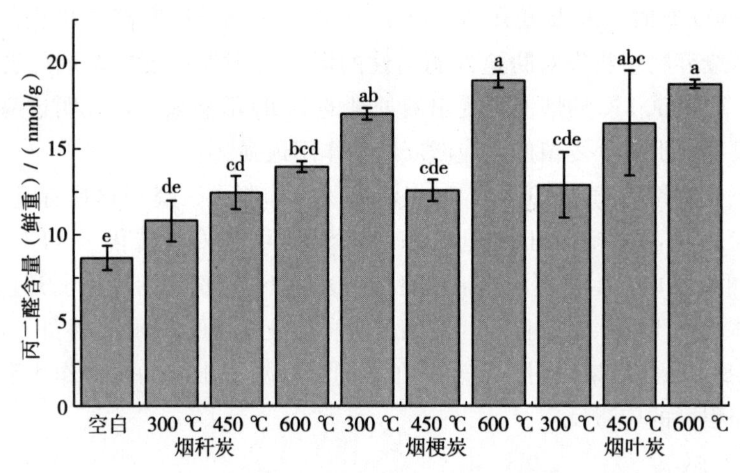

图 5-7 生物炭浸出液对小麦芽 MDA 含量的影响

(四) 生物炭浸出液特征与小麦苗生长相关性分析

将小麦苗生长发育特征与生物炭浸出液 pH、EC 以及重金属含量进行相关性比较（表 5-2），发现 pH 与小麦芽长抑制率、根长抑制率以及 CAT 活性和 MDA 含量呈极显著正相关（$p<0.01$）；EC 与小麦苗生长多项指标均呈极显著正相关（$p<0.01$）；小麦苗发芽抑制率与浸出液重金属 Ni 含量、As 含量呈极显著正相关，且 Ni 含量与芽长抑制率也呈显著正相关；根长抑制率与 Cu 含量呈显著负相关，与 As 含量呈显著正相关；CAT 活性与 Cu 含量存在极显著负相关，与 As 含量呈显著正相关；POD 活性与 Ni 含量和 As 含量均存在显著正相关；SOD 活性与 Ni 含量和 As 含量分别存在显著正相关和极显著正相关。

表 5-2 生物炭浸出液与小麦苗生长之间的相关性

	发芽抑制率	芽长抑制率	根长抑制率	CAT	POD	SOD	MDA
pH	0.352	0.569**	0.642**	0.555**	0.316	0.246	0.513**
EC	0.846**	0.703**	0.743**	0.649**	0.614**	0.760**	0.420*
Cr	0.367	0.319	0.288	0.255	0.238	0.125	0.065
Ni	0.613**	0.419*	0.345	0.265	0.440*	0.467*	0.214
Cu	−0.238	−0.350	−0.399*	−0.554**	−0.183	−0.304	−0.269
Zn	0.217	0.046	0.097	−0.036	0.037	0.058	−0.312
As	0.640**	0.360	0.447*	0.450*	0.386*	0.544**	0.058

（续）

	发芽抑制率	芽长抑制率	根长抑制率	CAT	POD	SOD	MDA
Cd	−0.027	0.036	0.023	−0.231	−0.032	−0.125	0.116
Pb	0.252	0.135	0.035	0.056	0.243	0.284	0.176

注：* 代表 $P<0.05$，具有显著相关性；** 代表 $P<0.01$，具有极显著相关性。

（五）生物炭浸出液对蚯蚓急性死亡率的影响

蚯蚓死亡率结果如图 5－8 所示，在 24h 时，300 ℃烟秆炭处理和 450 ℃烟秆炭处理在稀释比例为 1∶50 时死亡率最低，均为 0；600 ℃烟梗炭处理在

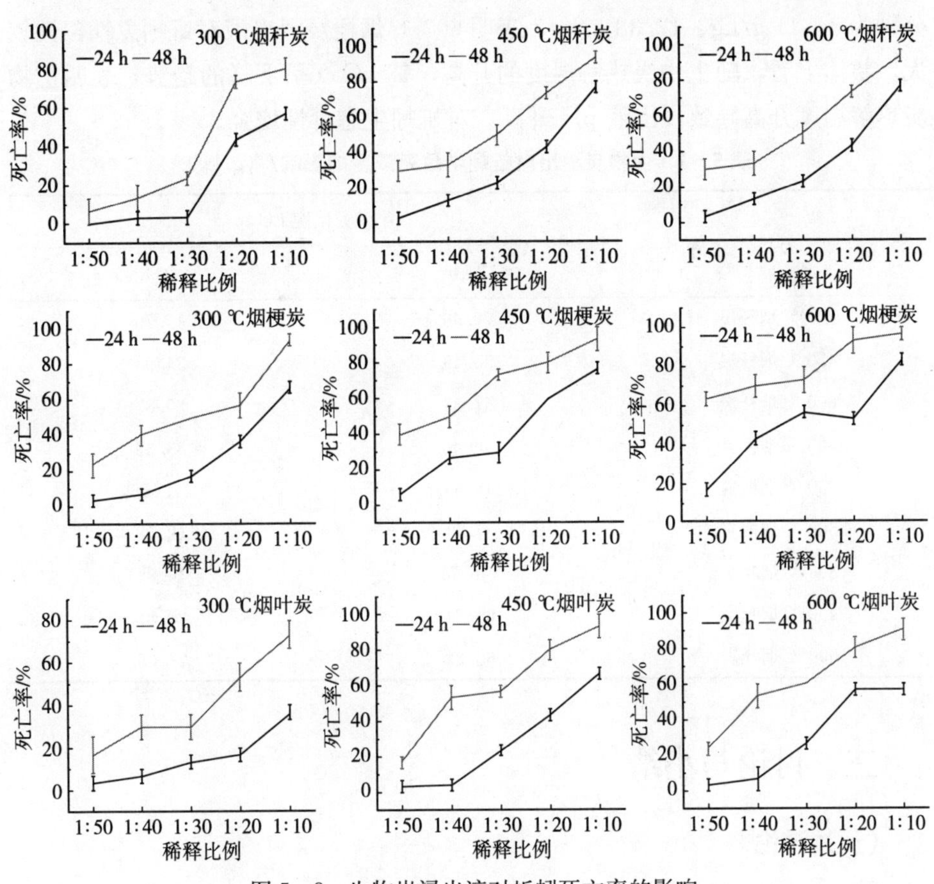

图 5－8 生物炭浸出液对蚯蚓死亡率的影响

稀释比例为1∶10时死亡率达到最大值，为83.33%；300 ℃烟秆炭浸出液稀释比例为1∶50至1∶30时对蚯蚓死亡率影响不大。当时间到48 h时，死亡率最低的是稀释比例1∶10的300 ℃烟秆炭，而死亡率最高的依然为稀释比例1∶10的600 ℃烟梗炭，达到96.67 %。对照组蚯蚓整体活性较好，而浸出液处理组中，随浸出液稀释比例增加，部分蚯蚓环带出现局部肿大和糜烂，并伴随恶臭味。整体上看，除24h的300 ℃烟秆炭、600 ℃烟梗炭以及600 ℃烟叶炭的个别浸出比例对蚯蚓死亡率影响趋势不同外，其他生物炭浸出液浓度升高会提高蚯蚓死亡率。

从表5-3可知，不同类型生物炭浸出液处理中，蚯蚓的半致死浓度（LC50）均不同，600 ℃烟梗炭浸出液处理的24 h及48 h LC50均处于最低，分别为37.11 g/kg、12.38 g/kg，表明600 ℃烟梗炭浸出液对蚯蚓急性毒性较大。整体上看，随生物炭热解温度的升高，其LC50呈下降的趋势，表明生物炭热解温度升高导致浸出液pH升高，对蚯蚓生态毒性增强。

表5-3 生物炭浸出对蚯蚓半致死浓度的影响/（g/kg）

材料	半致死浓度 LC 50	
	24 h	48 h
300 ℃烟秆炭	77.66	45.70
450 ℃烟秆炭	58.49	34.94
600 ℃烟秆炭	57.83	30.87
300 ℃烟梗炭	69.5	33.33
450 ℃烟梗炭	48.64	22.066
600 ℃烟梗炭	37.11	12.38
300 ℃烟叶炭	148.71	46.88
450 ℃烟叶炭	65.51	28.81
600 ℃烟叶炭	66.22	27.05

三、讨论与小结

（一）讨论

对3种烟草生物炭浸出液进行初步生理毒性评估，从研究结果可以看出，生物炭浸出液对小麦苗生长以及酶活性均产生了影响，且生物炭热解原材料不同，其浸出液对小麦苗生态毒性影响也不同。随热解温度提高，烟秆炭和烟叶炭浸出液处理的小麦苗发芽率、芽长以及根长的抑制率逐渐提高，相关抗氧化物酶水平以及丙二醛含量升高。在浸出液培育试验中存在类似趋势，随生物炭热解温度升高，其自身浸出液对西红柿幼苗生长的抑制性也升高。这表明随生物炭热解温度升高，其高 pH 和高 EC 对小麦苗生长产生了胁迫作用，其中烟梗炭浸出液对小麦苗生长的抑制影响最为明显。300 ℃烟秆炭浸出液对小麦根生长出现了促进作用，可能由于 300 ℃烟秆炭相较于其他几种生物炭的 pH、EC 较低，且对小麦根系生长有促进作用的物质在较低热解温度下未被分解。

小麦苗的酶活性整体呈增长趋势，这与小麦苗发芽抑制率以及根长、芽长抑制率增长趋势相似，随热解温度升高，烟秆炭和烟叶炭处理中小麦芽酶活性和丙二醛含量均呈上升趋势，表明小麦芽受胁迫效应增强。随生物炭热解温度的提高，其浸出液培育的小麦、番茄的超氧化物歧化酶（SOD）活性也呈现升高的趋势。整体上看，浸出液重金属含量与小麦苗发芽抑制率、芽长和根长抑制率以及芽抗氧化酶活性呈正相关，表明重金属含量对小麦苗生长有抑制影响，但需注意其生物炭 pH 和 EC 对小麦苗生长也有一定的胁迫影响。蚯蚓急性死亡率也表明在高温热解（600 ℃）下的生物炭生理毒害性较强。

（二）小结

第一，烟秆炭、烟梗炭以及烟叶炭浸出液对小麦苗发芽率、芽长和根长均有一定抑制效果，总体上，随热解温度升高，烟草废弃物生物炭浸出液对小麦苗抑制性增强。

第二，烟草生物炭浸出液对小麦苗产生胁迫作用，使得小麦苗酶活性和丙二醛含量有所提高，且升高趋势与小麦苗芽长抑制率增长趋势相似。

第三，烟梗炭浸出液对蚯蚓急性死亡率影响最大，在 24 h 时，其 LC50 处于最低值，且生物炭热解温度越高，其浸出液对蚯蚓的半致死浓度越低，600 ℃烟梗炭浸出液对蚯蚓毒害性最大。

第二节　生物炭施用对土壤养分有效性的影响

构成生物炭的元素主要有 C、H、O 等，其中，碳含量最为丰富。除此之外，生物炭还含有一定数量的 N、P、K、Mg 等植物生长发育所必需的营养元素。生物炭本身蕴含的大量养分进入土壤中会对土壤本身养分及其有效性会产生重要影响。为进一步明确生物炭对不同土壤中养分有效性的效果，本节通过生物炭施用的长期定位大田试验，调查在不同生物炭用量条件下，土壤理化性状的动态变化，探究不同生物炭用量对土壤养分有效性的影响。

一、材料与方法

（一）试验材料

采用大田试验，开展长期定位试验，研究不同生物炭用量对土壤养分有效性的影响。供试生物炭由贵州金叶丰农业科技有限公司提供，为烟草废弃物来源的生物炭。试验在贵州省毕节市威宁彝族回族苗族自治县黑石科技园和黔西市林泉科技园同步进行。

（二）试验方法

供试烤烟品种为云烟 87。试验采用单因子 5 水平 3 重复随机区组设计，每个区组 5 个小区，共 15 个小区。将生物炭在起垄前均匀撒施在土壤中，并与耕层土壤迅速旋耕混匀。该田间试验计划实施 5 年以上，每年种植烤烟，生物碳施用 1 次，5 年内不再施用。其中，各处理的生物炭添加量如下。

处理	生物炭添加量
常规对照	0 t/hm^2
T1	5 t/hm^2
T2	15 t/hm^2
T3	20 t/hm^2
T4	40 t/hm^2

生物炭在起垄前均匀撒施并与耕层土壤迅速旋耕混匀。烤烟移栽株距为 0.55 m、行距 1.10 m，除生物炭用量不同外，各处理施肥均为商品有机肥亩用量 120 kg，常规复混肥［m（N）∶m（P_2O_5）∶m（KO_2）＝9∶13∶22］亩用量 39 kg，提苗肥［m（N）∶m（P_2O_5）∶m（KO_2）＝15∶8∶7］亩用量 2.5 kg，追肥［m（N）∶m（P_2O_5）∶m（KO_2）＝13∶0∶26］亩用量 20 kg，其他栽培管理技术按当地优质烟叶生产规范进行。

（三）分析方法

采取耕层（0～20 cm）根际土样，每个小区 1 kg，风干过筛处理后，测定 pH、速效养分等指标。土壤及烟叶各项检测指标测量参照《土壤农化分析》中的分析方法。

（四）数据处理

分别采用 SAS 9.3 和 Excel 软件对所有试验数据进行统计分析和作图。

二、结果与分析

（一）黔西林泉试验点

施用生物炭能增加土壤 pH，15 t/hm^2 用量效果最佳（图 5－9）。施用生物炭能显著提高土壤活性有机碳含量，当生物炭用量为 15 t/hm^2 时，增加效果非常明显，但这种效应会随着时间的变化逐渐减弱。施用生物炭能降低土壤中铵态氮，增加土壤中硝态氮，当生物炭用量为 15～20 t/hm^2 时效果最佳。施用生物炭，能显著提高土壤中的速效磷含量，生物炭用量为 15～20 t/hm^2 时效果最佳。施用生物炭，能显著提高土壤中的速效钾含量，生物炭用量为 15～40 t/hm^2 时效果最佳。施用生物炭，能显著提高土壤中交互性 Ca、Mg 含量，生物炭施用量为 5 ～20 t/hm^2 时，其对土壤养分有效性的效果最佳。

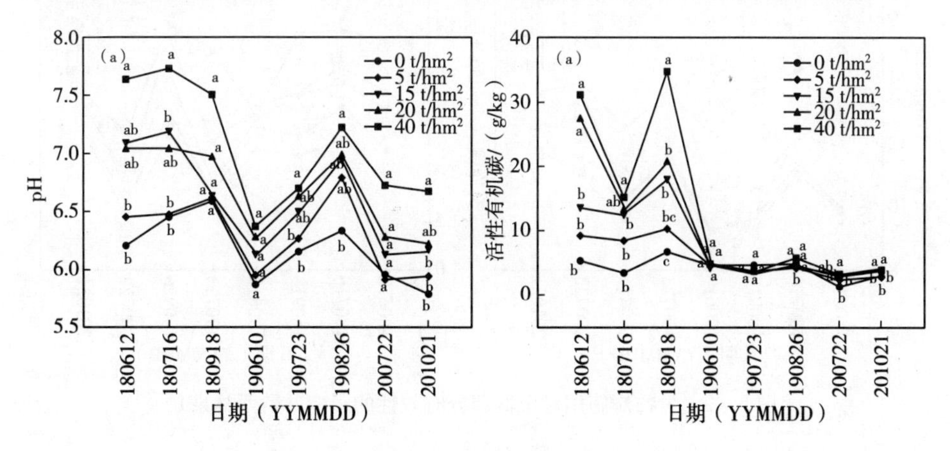

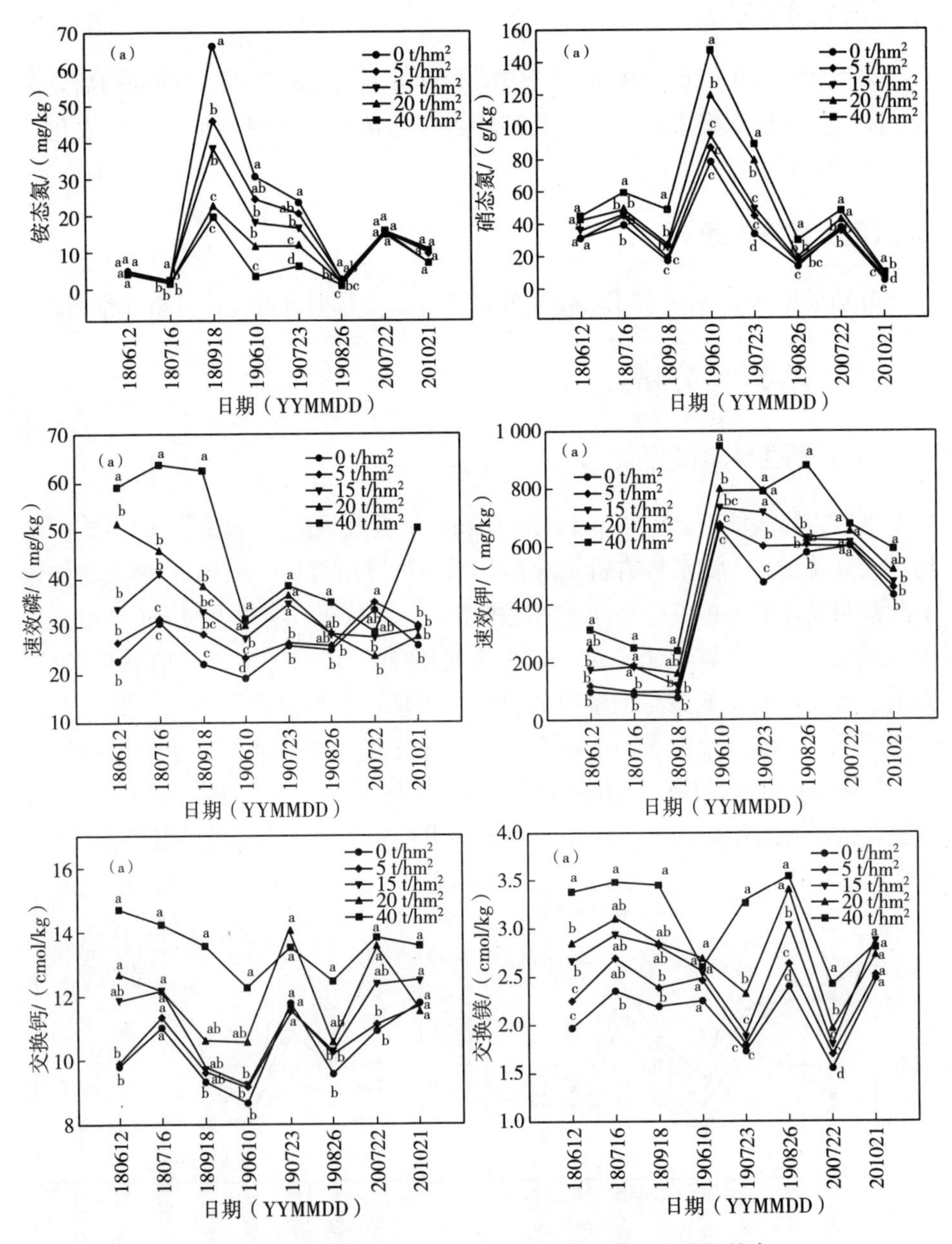

图 5-9　生物炭施用对土壤养分有效性的影响（黔西林泉）

（二）威宁黑石试验点

施用生物炭能增加土壤 pH，用量 20 t/hm² 足够。施用生物炭能显著提高

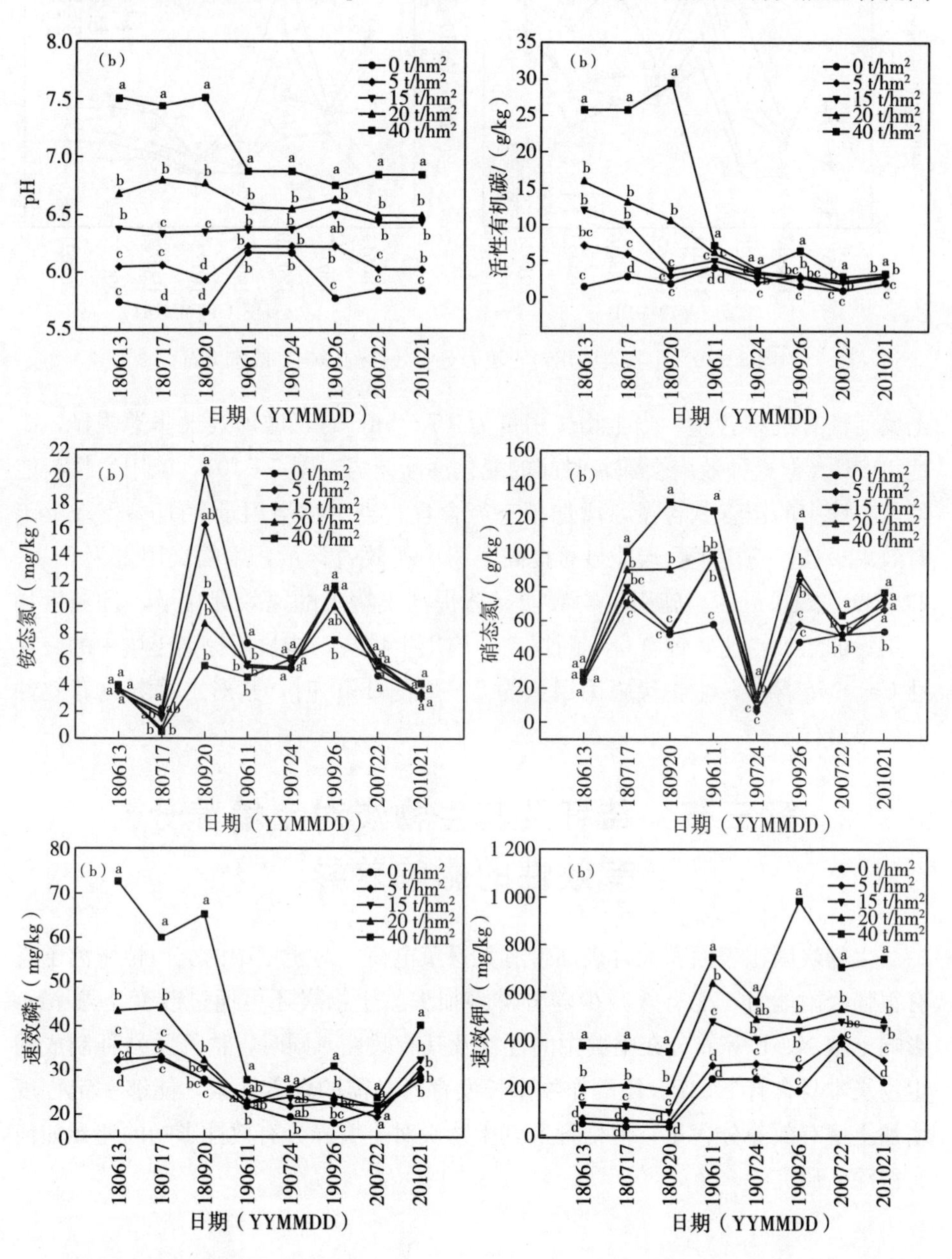

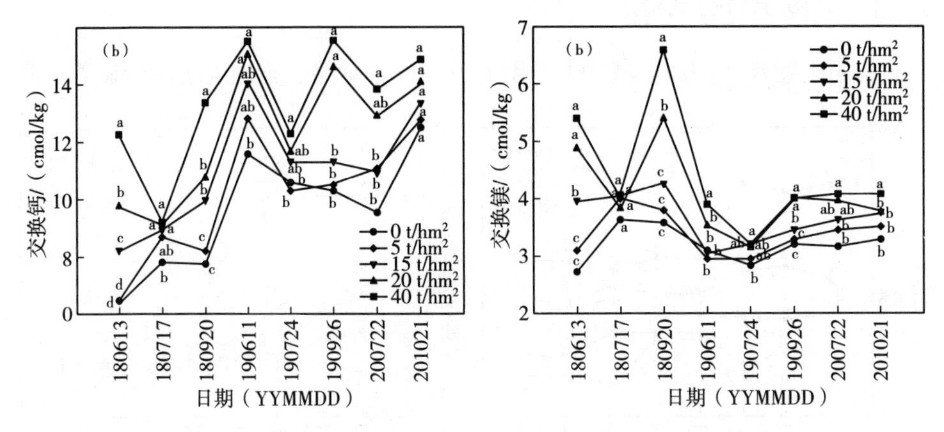

图 5-10 生物炭施用对土壤养分有效性的影响(威宁黑石)

土壤活性有机 C 含量，当生物炭用量为 15 t/hm^2 时，增加效果非常明显，高达 138%。但这种效应会随着时间的变化逐渐减弱(图 5-10)。施用生物炭能降低土壤中的铵态氮含量，增加硝态氮含量，当生物炭用量为 15～20 t/hm^2 时效果最佳。施用生物炭能显著提高土壤中速效磷含量，生物炭用量为 15 ～20 t/hm^2 效果最佳。施用生物炭能显著提高土壤中的速效钾含量，且随生物炭用量的增加，速效钾含量不断提高。施用生物炭，能显著提高土壤中的交互性 Ca、Mg 含量，生物炭施用用量为 5 ～20 t/hm^2 时，其对土壤养分有效性的效果最佳。

第三节 秸秆及其生物炭对土壤养分有效性的影响差异

生物炭因比表面积大且表面带有大量负电荷，对土壤中的交换性阳离子具有很强吸附能力，能有效减少养分淋溶损失。生物炭还可通过改变土壤 pH，影响土壤 N、P 等养分在土壤中的迁移及其有效性。同时，秸秆及秸秆制成的生物炭本身含有 N、P、K 等作物生长发育所必需的营养元素，能够一定程度增加土壤有效养分含量，但秸秆及其生物炭对土壤养分有效性影响的差异如何有待深入研究。

一、材料与方法

（一）试验材料

本试验在潍坊烟草试验站进行（N36°1′17.22″，E119°6′45.46″），试验区地处鲁东丘陵区的诸城市贾悦镇，属温带季风气候区，年均日照时数为2 578.4 h，气温12.3 ℃，降雨量773 mm，无霜期232 d。土壤类型为潮褐土，砂质壤土，常年种植烤烟。试验区耕层土壤（0～20cm）的主要理化性状为pH 7.82，有机质含量8.58 g/kg，碱解氮含量91.0 mg/kg，有效磷含量20.6 mg/kg，有效钾含量213.59 mg/kg。供试小麦秸秆为试验区自产，小麦秸秆生物炭为当地自制（400～500℃，热解1h），小麦秸秆生物炭的转化率约为33%。小麦秸秆和麦秸生物炭的主要养分含量见表5-4。

表5-4　小麦秸秆及其生物炭的养分情况

试验材料	pH	全碳/(g/kg)	全氮/(g/kg)	全磷/(g/kg)	全钾/(g/kg)	全钙/(g/kg)	全镁/(g/kg)
小麦秸秆	7.62	264.40	11.60	0.98	10.8	3.57	2.32
麦秸生物炭	10.60	369.80	12.00	1.85	44.7	8.46	5.61

（二）试验设计

本试验于2016年开始，固定连续开展2年，根据小麦秸秆的还田方式及用量，共设置4个处理，设置如下。

处理	施肥方式
CK	当地常规施肥，施纯氮76.5 kg/hm^2，m（N）：m（P_2O_5）：m（K_2O）=1：1.1：2.5，无还田措施
WS	常规施肥+小麦秸秆6.75 t/hm^2
FB1	常规施肥+麦秆生物炭2.25 t/hm^2（6.75 t/hm^2的小麦秸秆烧制）
FB2	常规施肥+麦秆生物炭4.5 t/hm^2

每个处理3次重复，随机排列，每个重复小区面积为48 m^2。每年在烟田起垄前地表撒施小麦秸秆及其生物炭，经翻耕混匀后，再施肥、起垄，各施肥种类及用量情况为烟草专用复合肥（N 10%、P_2O_5 10%、K_2O 20%）亩施用量40 kg，硫酸钾（K_2O 50%）亩施用量7.0 kg，磷酸二铵（N 16.5%、P_2O_5 44.5%）亩施用量4.0 kg，硝酸钾（N 13.5%、K_2O 44.5%）亩施用量3.0 kg。供试烤烟品种为NC55，每年5月10日左右移栽，烤烟的行、株距为1.2 m×0.5 m，每亩大约移栽1 100株，其他大田管理参考当地优质烟叶生产技术规范进行。

（三）样品采集与分析

在每年烟叶采收结束后，在每个试验小区用土钻以S法采集0～20 cm和20～40 cm两个土层的样品，充分混匀后采用四分法留取1.5 kg土壤带回实验室。土样经去杂后，风干，过2 mm筛及0.25 mm筛，用于测定土壤C、N及其他养分指标，具体指标为：容重和质量含水量采用环刀法，总有机碳（TOC）采用重铬酸钾氧化-分光光度法，pH采用电位计法（水土比2.5∶1），阳离子交换量（CEC）采用中性乙酸胺交换法，全氮（TN）采用半微量开氏法，有效磷（AP）采用钼锑抗比色法，速效钾（AK）采用火焰光度计法。

（四）数据处理与分析

采用Excel 2013进行数据计算并进行绘图；用IBM Statistics SPSS 19.0软件进行单因素方差分析、相关性分析，用LSD法进行差异显著性检验。

二、结果与分析

（一）秸秆及秸秆生物炭施用后土壤总有机碳（TOC）变化

由图5-11可知，在0～20 cm土层，2016年当年施用秸秆及其生物炭后，土壤TOC含量以FB2处理最高，与其他处理相比差异显著，而WS、FB1处理与CK相比TOC含量无显著差异。连续施用2年后，各处理TOC含量以FB2最高，其次是FB1，显著高于CK和WS处理，与CK相比，FB1和FB2处理TOC含量增幅分别为74.9%和115.8%；WS处理TOC含量较CK增加了20.7%，但差异不显著。结果表明，短期内施用秸秆生物炭能够增加土壤 TOC 含量，而秸秆还田对土壤 TOC 含量影响较小。从年度变化看，CK、WS 和 FB2 处理 TOC 含量年度间差异较小，仅 FB1 处理年度间存在显著差异。在 20～40 cm 土层，各处理土壤 TOC 含量均低于 0～20 cm 土层 TOC 含量，且处理间差异较小，这表明施用秸秆或其生物炭对土壤 TOC 含量的影响主要集中在 0～20 cm 的表层土壤。此外，连续两年单施化肥，即 CK 处理的 TOC 含量明显降低，这表明，单纯施用化肥，加剧了亚表层土壤 TOC 的耗竭。其他处理年度间 TOC 含量变化较小。

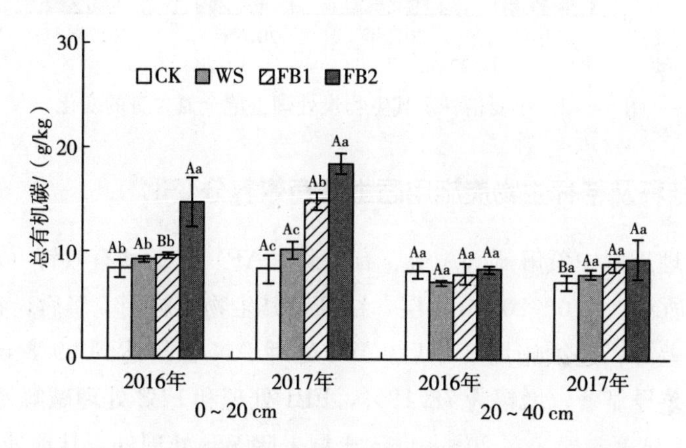

图 5-11　小麦秸秆及其生物炭处理土壤总有机碳含量变化

注：不同小写字母表示同年度同土层处理间显著差异（$P<0.05$）；不同大写字母表示同土层同处理年度间显著差异，本节余图同。

（二）秸秆及秸秆生物炭施用后土壤全氮（TN）的动态变化

如图 5-12 所示，在 0～20 cm 土层，秸秆及其生物炭施用 1 年后，处理间差异不显著。秸秆及秸秆生物炭施用 2 年后，与 CK 相比，WS 处理 TN 含量较 CK 增加了 27.66%，但无统计学差异，FB1 和 FB2 与 CK 相比也无显著差异。在 20～40 cm 土层，各处理土壤 TN 含量较 0～20 cm 土层略低。2017 年，CK 处理 TN 含量较 2016 年显著降低了 10.25%，其他处理年度间差异较小；与 CK 相比，WS 处理 TN 含量显著增加了 28.65%，FB1 和 FB2 处理较 CK 差异不显著。

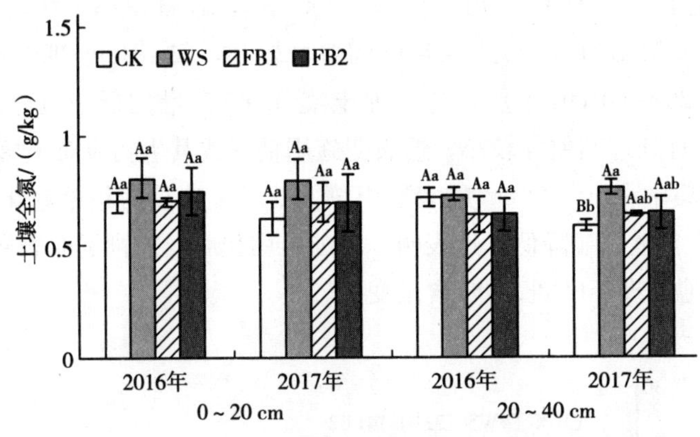

图 5-12　小麦秸秆及其生物炭处理土壤全氮含量的变化

（三）秸秆及秸秆生物炭施用后土壤有效养分变化

不同处理土壤中碱解氮（AN）、有效磷（AP）含量和有效钾（AK）含量如图 5-13 所示。在 0～20 cm 土层，秸秆及其生物炭施用 1 年后，各处理 AN 含量无显著差异；连续施用 2 年后，WS 处理 AN 含量达到 99.8 mg/kg，且与 CK 相比差异显著，增幅为 78.12%，FB1 处理和 FB2 处理碱解氮含量略高于 CK，但无显著差异。在 20～40 cm 土层，除 WS 处理外，其他处理 2016 年 AN 含量均显著高于 2017 年度，且处理间 AN 含量变化趋势与 0～20 cm 土层类似。秸秆及其生物炭连续施用 2 年后，虽然 WS 处理 AN 含量较 CK 有增加趋势，但差异并不显著。

各处理土壤有效磷（AP）含量的变化情况显示，在 0～20 cm 土层，处理年度间 AP 含量无显著差异；秸秆及其生物炭施用 1 年后，各处理 AP 含量以 WS 处理最高，且与其他处理差异显著；秸秆及其生物炭施用 2 年后，WS 处理和 FB2 处理 AP 含量分别为 41.7 mg/kg 和 37.4 mg/kg，与 CK 相比差异显著，增幅分别为 85.58%和 66.44%。在 20～40 cm 土层，各处理土壤 AP 含量低于 0～20 cm 土层，各处理 AP 含量之间均无显著差异；WS 处理 2017 年度 AP 含量显著高于 2016 年度，说明持续输入秸秆有利于该土层 AP 含量的积累。

各处理土壤有效钾含量的变化情况显示，在 0～20 cm 土层，2017 年 FB2 处理 AK 含量显著高于 2016 年，增幅达 36.65%；其他处理年度间差异不显著，表明连续施用 4.5 t/hm² 生物炭，有利于耕层土壤有效钾含量的持续增加。秸秆及其生物炭施用 1 年后，各处理的 AK 含量在两个之间差异不显著。秸秆及其生物炭连续施用 2 年后，仅 FB2 处理 AK 含量显著高于 CK，增幅达 34.22%。在20～40 cm 土层，FB1、FB2 处理的 AK 含量在两个年度间差异显著，2017 年 FB1 处理 AK 含量较 2016 年增加了 28.83%，FB2 处理 AK 含量增加了 78.10%，这说明连续施用较高量生物炭有利于各层土壤中 AK 的积累。

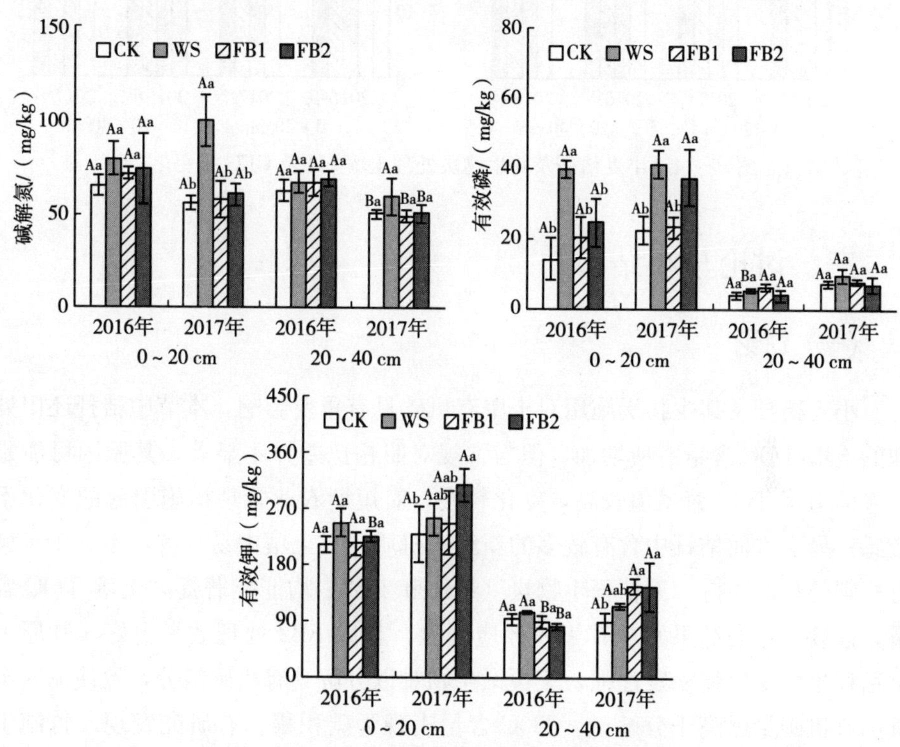

图 5-13　小麦秸秆及其生物炭处理土壤碱解氮、有效磷及有效钾含量的变化

（四）秸秆及秸秆生物炭施用后，土壤 pH 及 CEC 变化

由图 5-14 可见，秸秆生物炭施用第 1 年及连续施用 2 年，各处理年度间 pH 差异较小；此外，在 0～20 cm 和 20～40 cm 土层，秸秆及秸秆生物炭施用 1 年和施用 2 年后，各处理间 pH 均无显著差异。烟田土壤 CEC 的变化结果表明，秸秆或其生物炭施用 2 年后，在 0～20 cm 土层，相比常规施肥，秸秆和生物炭处理 CEC 值均有增加的趋势，但差异不显著；在 20～40 cm 土层，

各处理 CEC 也无显著差异。

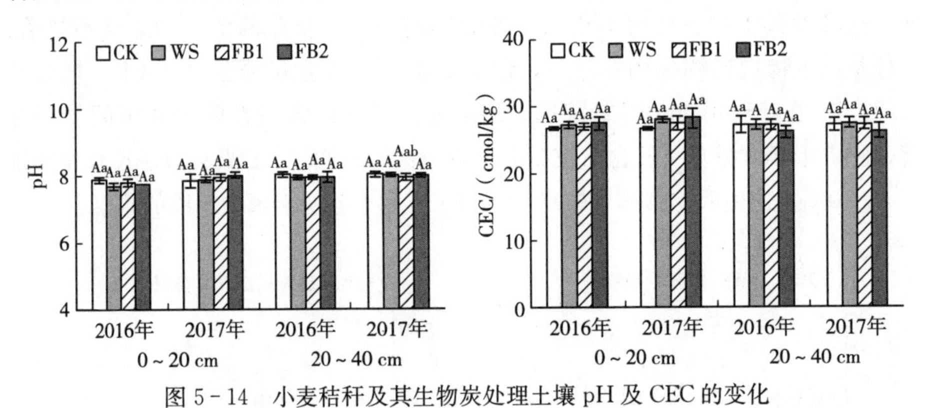

图 5－14　小麦秸秆及其生物炭处理土壤 pH 及 CEC 的变化

三、讨论与小结

（一）讨论

小麦秸秆及其生物炭施用对土壤有机碳具有重要影响。本节中秸秆还田处理的土壤 TOC 含量有所增加，但与常规对照相比差异不显著，其原因可能是一方面土壤 TOC 背景值较高，变化较慢，对短期农业管理措施引起的变化不敏感；另一方面秸秆中含有较多的新鲜有机质，在土壤中易分解，不利于土壤有机碳的长期固持。而秸秆生物炭（FB1 和 FB2）均能显著提高土壤 TOC 含量，连续 2 年的结果发现其累积效应明显，且以 FB2 处理效果更好。其原因是秸秆生物炭生物稳定性强，土壤微生物难以分解其有机碳组分，致使输入土壤的有机碳量远高于分解量，TOC 含量表现为碳积累。有研究发现，竹制生物炭和水稻秸秆炭均能显著提升灰漠土 TOC 含量，这与本节的研究结果一致，同时也有研究发现不同用量玉米芯生物炭处理间土壤 TOC 含量并无显著差异。造成这种差异的原因可能与供试土壤 TOC 本底值、碳库容量等因素有关。

一般认为，在严重退化的土壤中添加生物炭后，大部分土壤速效养分含量明显提升。但是向贫瘠的土壤添加生物炭，会因碳/氮比的增加而降低作物对氮素的利用率。此外不同来源的生物炭对土壤养分的吸附能力和效果存在较大差异。部分生物炭能够降低渗滤液中硝酸盐、铵态氮和磷酸盐的总量，但其他生物炭对硝酸盐和磷酸盐的吸附能力较差。本节中与常规对照相比，秸秆还田处理下，0～20 cm 土层 AN、AP 含量均明显增加，AK 含量也呈增加趋势。其主要原因是秸秆还田后能够被土壤微生物迅速降解，释放大量养分到土壤中，因而会增加土壤中养分的积累。不同用量生物炭处理也能够增加烟田表层土壤中有效磷和有效钾含量，且以 4.5 t/hm^{2}生物炭处理增幅较大。这是因为生物炭除了电荷密度较高，能够强烈吸附土壤中的养分，有效减少土壤中养分的淋失和流失外，还可以提高土壤中磷酸酶等酶活性，释放土壤中的无效态磷，从而提高有效磷含量及其有效性。

土壤阳离子交换量是土壤胶体所能吸附的阳离子总量，直接反映了土壤保肥、供肥性能和缓冲能力。有研究结果表明，向淡黑钙土中添加秸秆能够增加土壤中有机胶体和有机-无机复合胶体含量，并提高土壤的 CEC。因生物炭本身具有较高的 CEC，少量施用生物炭即可显著增加土壤 CEC。在本节试验中，与常规施肥相比，小麦秸秆及其生物炭处理的土壤 CEC 均未明显增加，这可能与试验开展时间短及 CEC 响应滞后等因素有关。

（二）小结

等量秸秆转化为生物炭（2.25 t/hm^2）施用与秸秆直接还田相比，更有利于增加烟田土壤有机碳含量，起固碳作用，其对土壤养分有效性，特别是碱解氮及有效磷的增加效果有限。

高量生物炭（4.5 t/hm^2）施用处理除了显著增加土壤总有机碳外，还能明显增加土壤中有效磷和有效钾含量，显示出较高量生物炭施用对烟田土壤养分有效性的增加及保持作用。

第六章 生物炭对烟田土壤碳氮循环与利用的影响

第一节　秸秆生物炭对土壤碳氮矿化的影响

一、材料与方法

（一）试验设计

试验采用S形多点混合的方法，采集0～25 cm耕层土壤带回实验室，剔除石块和根系，过2 mm筛，并充分混匀。选用烟秆经粉碎后在400 ℃下制成的烟秆生物炭用于试验。选取上述土壤和烟秆生物炭样品于2015年4月15日在恒温培养室内进行培养试验。参考前人研究内容，本试验设置4个处理：0.0%处理（对照，即不添加烟秆生物炭），0.5%处理（即添加质量分数为0.5%的烟秆生物炭），1.0%处理（即添加质量分数为1.0%的烟秆生物炭），2.0%处理（即添加质量分数为2.0%的烟秆生物炭），其中质量分数均以干土计。

（二）实验方法

1. 土壤有机碳矿化特征试验

第一步：称取相当于50 g干土的鲜土装入100 mL的塑料瓶，添加不同处理后，根据土壤含水量及田间持水量计算60%田间持水量时的需水量，然后均匀地加入瓶底的土壤中。再分别置于1 000 mL培养瓶中，在瓶底部加入30 mL蒸馏水，每个处理3次重复。同时将装有10 mL 0.2 mol/L NaOH溶液的25 mL小烧杯放置在培养瓶中（另设不加土壤和生物炭的空白），将培养瓶加盖密封，定期称重补充土壤水分，在25 ℃的培养箱中培养，测定CO_2的释放量。在第0、1、3、7、14、21、28、42、56、84天随机取样，取出NaOH溶液后再重新装入新配制的 NaOH 溶液，转移出的 NaOH 溶液用于分析土壤释放的 CO_2。

第二步：称取相当于 100 g 干土的鲜土装入 200 mL 塑料瓶，添加不同处理后，根据土壤含水量及田间持水量计算出 60%田间持水量时的需水量，然后均匀地加入瓶底的土壤中，瓶口加盖密封后扎两个小孔，保持通气条件。将样品放在 25 ℃恒温箱内培养，定期称重补充土壤水分。在第 0、7、14、21、28、42、56、84 天随机取样，用于测定土壤有机碳含量。

2. 土壤氮矿化特征试验

称取相当于 10 g 干土的鲜土装入 100 mL 塑料瓶，添加不同处理后，根据土壤含水量及田间持水量计算出 60%田间持水量时的需水量，然后均匀地加入瓶底的土壤中，瓶口加盖密封后扎两个小孔，保持通气条件。将样品放在 25℃恒温箱内培养，定期称重补充土壤水分。在第 0、1、3、7、14、21、28、42、56、84 天随机取样，向塑料瓶中加入 50 mL 2 mol/L 的 KCl 溶液，室温下振荡 1 h 后过滤，滤液用于测定土壤 NH_4^+－N 和 NO_3^-－N 含量。

二、结果与分析

（一）土壤总有机碳矿化速率的动态变化

不同烟秆生物炭添加量处理的土壤总有机碳矿化速率随时间的变化如图 6－1所示。从图 6－1 可以看出，不同处理之间，土壤总有机碳矿化速率随时

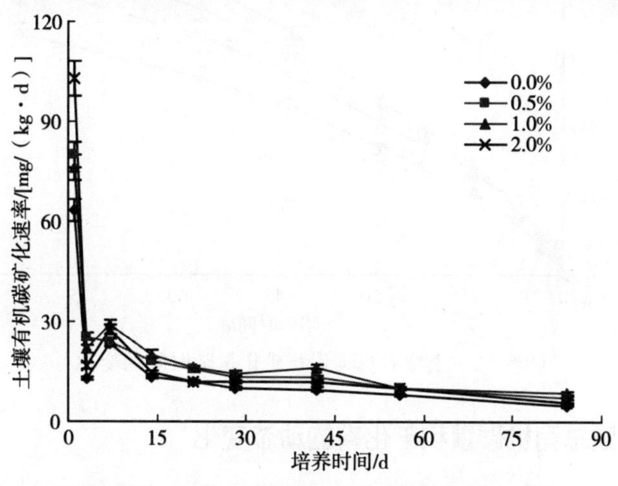

图 6－1　土壤总有机碳矿化速率随时间的变化

间的变化呈现出基本一致的趋势，0.5%处理、1.0%处理和2.0%处理的总有机碳矿化速率要略高于对照，从第1天到第21天，各处理的土壤有机碳矿化速率急剧下降，下降范围在79.01%～88.46%；在第21天之后，各处理的土壤有机碳矿化速率逐渐趋于平稳，至培养结束时各处理与对照之间几乎无差别。从而可以得出结论：添加烟秆生物炭能够提高土壤的有机碳矿化速率，但对有机碳矿化的变化趋势没有影响。

（二）土壤有机碳累积矿化量的动态变化

从图6-2可以看出，不同处理之间，土壤有机碳累积矿化量随时间的变化同样表现出基本一致的趋势。随着矿化培养时间的延长，添加0.5%、1.0%和2.0%烟秆生物炭处理的有机碳累积矿化量显著高于对照，且在矿化培养的第14天之后，1.0%处理的有机碳累积矿化量最大，其次为0.5%处理和2.0%处理。由此可以知道，添加烟秆生物炭虽然对土壤有机碳矿化速率的影响不是非常显著，但由于矿化速率与累积矿化量之间存在数量关系，随着矿化培养时间的延长，施炭处理与对照之间的有机碳累积矿化量差异逐渐增大。

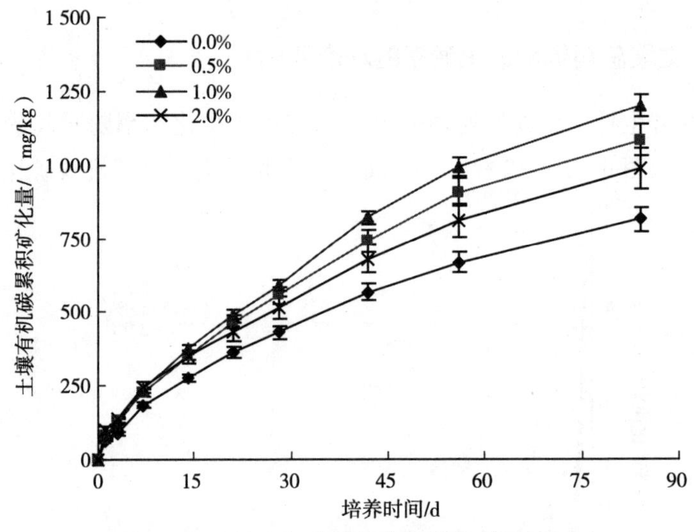

图6-2　土壤有机碳累积矿化量随时间的变化

（三）土壤总有机碳累积矿化率的动态变化

如图6-3所示，土壤的总有机碳累积矿化率是指整个培养期内的有机碳累积矿化量占土壤初始（第0天）有机碳含量的百分比。各处理的土壤初始有机碳含量分别为14.30 g/kg、18.05 g/kg、20.81 g/kg和23.86 g/kg，经过84 d培养之后各处理留存的有机碳含量分别为13.49 g/kg、16.97 g/kg、19.61 g/kg和22.87 g/kg。由图6－3可以看出，在土壤中添加不同量烟秆生物炭培养84 d后，其土壤总有机碳累积矿化率分别为5.70%、5.99%、5.76%和4.13%，其中2.0%处理的总有机碳累积矿化率显著低于另外3个处理。综合以上可以得出，施用烟秆生物炭显著增加了土壤中有机碳含量，且2.0%处理增加土壤有机碳含量的效果最明显。

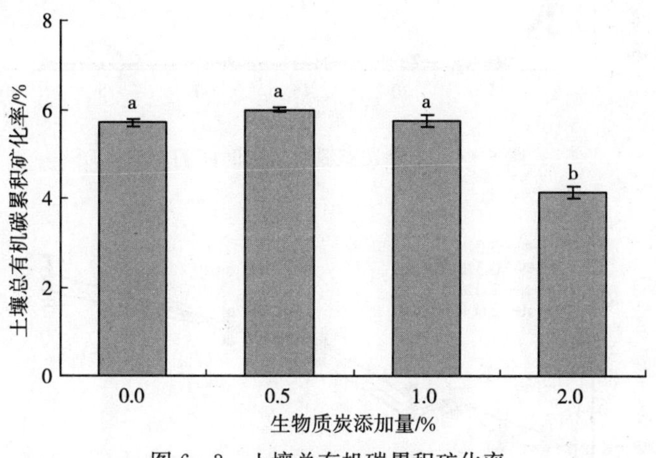

图6－3　土壤总有机碳累积矿化率

（四）土壤铵态氮、硝态氮含量动态变化

从图6－4和图6－5可以看出，土壤中添加不同质量分数的烟秆生物炭后，各处理土壤的NH_4^+－N和NO_3^-－N含量随时间变化均呈现出与对照基本一致的变化趋势。从图6－4中可以得到，从第0天到第14天，NH_4^+－N含量急剧下降，各处理的土壤NH_4^+－N含量下降了96.65%～98.67%；第14天之后，NH_4^+－N含量逐渐趋于稳定，维持在较低水平。而在图6－5中，从第0天到第3天，各处理的土壤NO_3^-－N含量迅速下降，降低了40.70%～41.70%；第3天之后，土壤的NO_3^-－N含量逐渐升高，并且在培养的第56天左右，NO_3^-－N含量再次达到初始水平。

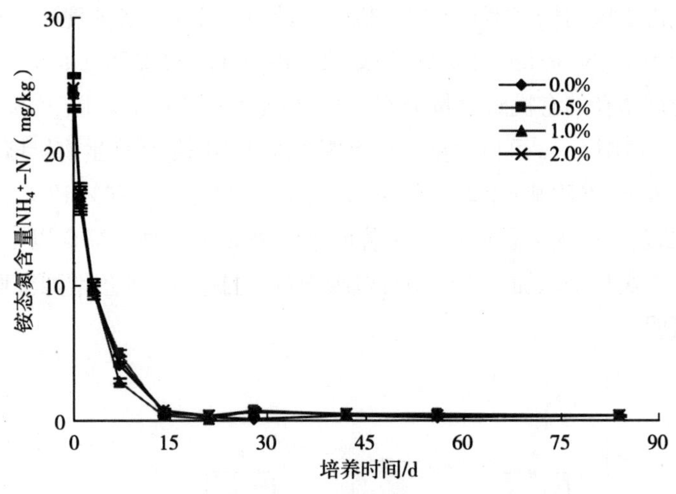

图 6-4　土壤铵态氮含量随时间的变化

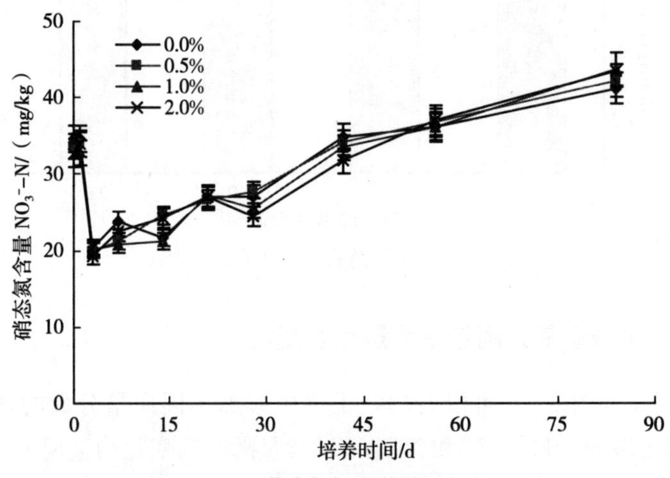

图 6-5　土壤硝态氮含量随时间的变化

（五）土壤硝化速率动态变化

在土壤中添加不同量的烟秆生物炭后，土壤硝化速率随时间变化呈现出基本一致的趋势（图 6-6）。从第 0 天到第 28 天，各处理的硝化速率波动较大，但总的趋势都是先迅速减少后逐渐增大，即一开始反硝化作用主导使得 NO_3^- - N含量迅速减少，后硝化作用增强使得 NO_3^- - N 含量增加；在第 28 天之后，各处理的硝化速率逐渐稳定在 0 以上，表示硝化作用继续占据主导位

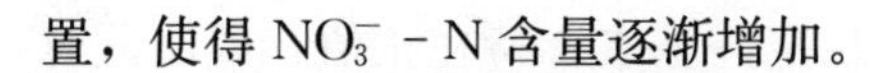

置，使得 NO_3^- －N 含量逐渐增加。

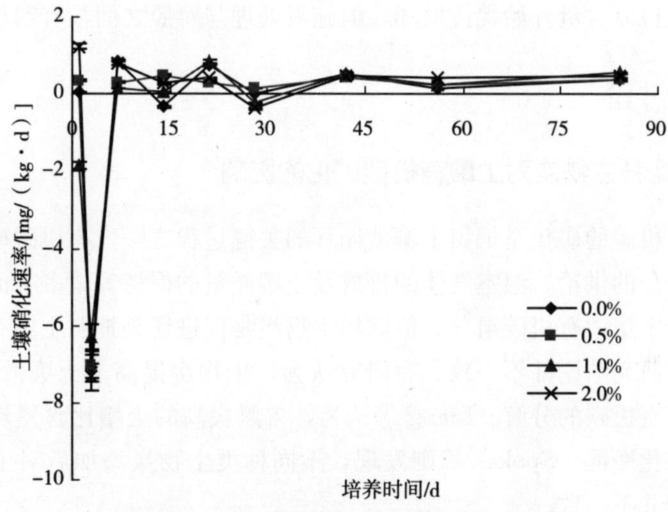

图 6－6　土壤硝化速率随时间的变化

（六）土壤氮矿化速率动态变化

在土壤中添加不同量的烟秆生物炭后，土壤氮矿化速率随时间变化呈现出先减小后增大之后趋于稳定的趋势（图 6－7）。从第 1 天到第 14 天，各处理的氮矿化速率先减小后逐渐增大且均为负值，说明土壤中无机氮含量逐渐降低；

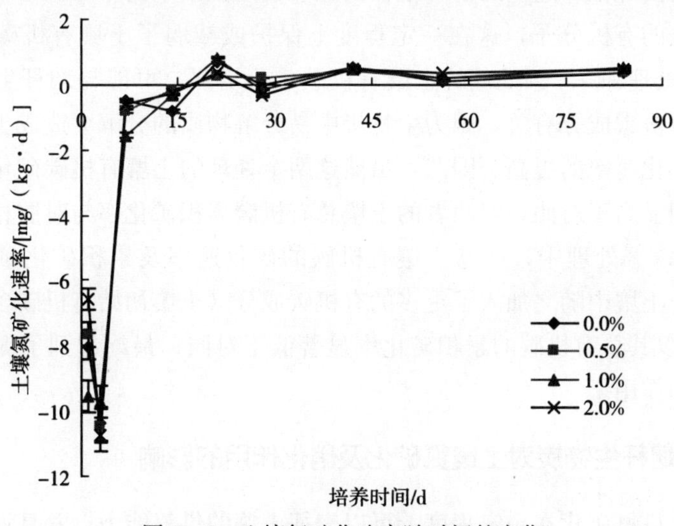

图 6－7　土壤氮矿化速率随时间的变化

在第21天之后，各处理的氮矿化速率逐渐稳定并基本维持在正值，说明此时土壤中的无机氮含量开始缓慢增加，但施炭处理与对照之间没有明显差异。

三、讨论

（一）烟秆生物炭对土壤有机碳矿化的影响

土壤有机碳的矿化是烟田土壤碳循环的关键过程之一，有机碳矿化直接关系土壤中养分的供给、温室气体的排放及土壤质量的保持等诸多方面。添加生物炭能改变土壤中有机碳组分。但添加生物炭是促进还是抑制土壤有机碳的矿化，目前的研究结论并不一致。有研究认为，生物炭提高了土壤微生物活性，从而促进了有机碳的分解。Liang 等认为，含黑炭高的土壤比含黑炭低的土壤的有机碳矿化率低。Spokas 等则发现，不同种类生物炭添加后对土壤有机碳矿化的影响并不一致。

本研究结果表明，添加0.5%、1.0%和2.0%烟秆生物炭能够一定程度促进土壤有机碳的矿化，但添加量与促进效果之间不呈正相关，当添加量达到2.0%时，土壤有机碳的矿化反而降低。由此可见，烟秆生物炭对土壤有机碳矿化作用的影响是双重的，即在一定范围内，随着烟秆生物炭量的增加，其促进土壤有机碳矿化的作用更加明显，但超过某一阈值后，其促进土壤有机碳矿化的效果反而降低。过多的烟秆生物炭能够吸附土壤中简单有机分子，使其聚合成更复杂的有机分子，这在一定程度上保护或减弱了土壤有机碳的矿化作用。0.5%处理和1.0%处理的土壤有机碳矿化增强，可能与烟秆生物炭本身含有较多有机碳成分有关，因为生物炭中易分解物质的分解会造成土壤有机碳矿化量和矿化速率的提高。因此，虽然这两个处理的土壤有机碳矿化速率及累积矿化量明显高于对照，但两者的土壤总有机碳累积矿化率与对照相比无显著差异；在2.0%处理中，虽然土壤有机碳的矿化速率及累积矿化量均高于对照，但由于土壤中随之加入了更多的有机碳成分（土壤初始有机碳含量远高于对照），所以其总有机碳的累积矿化率显著低于对照，最终起到了促进土壤有机碳积累的作用。

（二）烟秆生物炭对土壤氮矿化及硝化作用的影响

土壤有机氮矿化在一定程度上可以表征土壤的供氮能力，并且氮矿化过程受外源物质、温度、湿度、土壤质地、pH 及耕作方式等多种因素及其交互作用的综合影响。目前，研究者们在外源生物炭对土壤氮素转化的影响上依然存在分歧。赵明等的研究认为，生物炭能够提高土壤有机氮的矿化量；Dempster 等则发现，生物炭与氮肥配施能够降低土壤有机氮的矿化作用；Nelissen 等认为，生物炭能够促进 NH_4^+-N 向 NO_3^--N 的转化，即促进土壤硝化作用；而 Clough 等的研究则发现，生物炭能够降低土壤的硝化速率。生物质炭对土壤氮转化的影响主要与生物炭的结构、土壤类型及性质、酚类物质含量、氮转化微生物种群结构及活性等多因素的不同作用有关。

本研究中，添加烟秆生物炭对土壤无机氮动态、有机氮矿化和硝化作用均无显著影响。在培养前期，NH_4^+-N 和 NO_3^--N 含量大量减少；在培养中后期，NH_4^+-N 含量基本不变，而 NO_3^--N 含量却逐渐升高。这可能是因为在培养前期，有机氮的矿化作用弱，微生物进行氮固持以及部分氮素通过反硝化作用以气体形式挥发等，这些原因导致了土壤中的无机氮含量逐渐降低；在培养中后期，有机氮的矿化作用增强，同时微生物固持的无机氮得到释放，土壤硝化作用逐渐占主导地位，从而造成了土壤 NO_3^--N 含量升高。但不同添加量的烟秆生物炭的作用差异并未显现。DeLuca 等的研究也表明，在农田和草地两种土壤中添加生物炭后，对土壤矿化作用及硝化作用均无明显影响，但是由于生物炭对 NH_4^+ 的吸附或固定，土壤氨化作用略有下降。目前，关于生物炭添加到土壤后，究竟如何影响土壤氮素矿化及硝化作用的，尚未得到明确的科学解释。下一步，研究者们需要从生物炭的制备工艺、结构特性、土壤性质的影响及敏感微生物种群结构与功能的响应等多个方面深入探讨其内在机制。

四、结论

本研究结果表明，添加烟秆生物炭能一定程度提高土壤有机碳的矿化速率，其有机碳的累积矿化量以 1.0%生物炭添加量处理最高，其次为 0.5%和 2.0%添加量处理；此外，2.0%生物炭添加处理的土壤有机碳增加最明显，同时显著降低土壤总有机碳的累积矿化率，固碳效果最佳。添加不同量的烟秆生物炭对土壤无机氮、土壤有机氮矿化及硝化速率均无显著影响，因此烟秆生物炭添加到土壤中具有一定的固氮效果。

第二节 烟秆生物炭对土壤主要温室气体排放的影响

一、材料与方法

试验于 2015 年 4 月 30 日进行，供试烤烟品种为云烟 87。生物炭来源于水稻秸秆，由中国科学院南京土壤研究所制作。其理化性质为 pH 9.20、总碳含量 630 g/kg、总氮含量 13.5 g/kg、灰分含量 140 g/kg、全磷含量 4.50 g/kg、全钾含量 21.5 g/kg。秸秆生物炭粉碎过 2 mm 筛，备用。

在翻地之前，将上述烟秆生物炭均匀撒施到各小区，用旋耕机翻耕，然后整地、起垄并埋入水槽装置。每个处理 4 行，每行植烟 20 株，行株距为1.2 m×0.55 m，重复 3 次，随机区组设计。常规施肥，每亩施纯氮 6.5 kg，m（N）∶m（P_2O_5）∶m（K_2O）=1∶1.5∶3，其他管理措施与当地栽培措施保持一致。

试验设置 4 个处理：0.0%处理（对照，施肥），0.5%处理（施肥，添加质量分数为 0.5%的烟秆生物炭），1.0%处理（施肥，添加质量分数为 1.0%的烟秆生物炭），2.0%处理（施肥，添加质量分数为 2.0%的烟秆生物炭），其中质量分数均以干土计。

二、样品采集与测定

烟苗移栽后每隔 15 d 采样一次，采样时间控制在上午 9：00—11：00。每次采样前将气体采样箱罩在水槽上方，在水槽内加水以确保密封。用注射器分别在关箱后的 0、10、20、30 min 采样，之后将气体导入预先抽真空的气体采样袋中，采样结束后移走静态箱，所采气体样品用于 CO_2、CH_4 和 N_2O 等气体含量的测定。

对不同生育期烟草采用抖根法采集土壤根际土样品，风干后过筛测定理化指标。常规理化指标参考《土壤农化分析》进行。CO_2、CH_4 和 N_2O 等气体含量参照相关文献进行。

三、结果与分析

(一) 土壤主要养分状况

1. 土壤有机质含量变化特征

从图 6-8 可以看出，随着烟秆生物炭添加量的增加，土壤有机质含量也随之增大，并且在整个烤烟生育期内均维持在较高含量水平。在烤烟生长前期(20～40 d)，1.0%处理和 2.0%处理的根际土有机质含量显著或极显著高于对照；而在烤烟生长中后期（60～100 d），2.0%处理的根际土有机质含量显著或极显著高于对照。由此可以得出，2.0%处理对土壤有机质含量的提升最为明显。

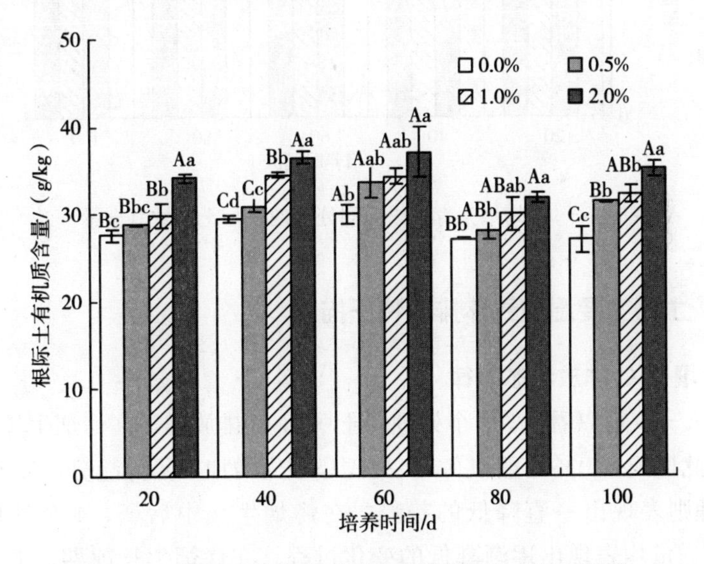

图 6-8　烤烟生育期内不同处理的根际土有机质含量

2. 土壤速效氮含量变化特征

从图 6-9 可以看出，在烤烟生长前期的第 20 天，0.5%处理、1.0%处理和 2.0%处理的根际土速效氮含量均极显著低于对照，且随着添加量的增加土壤速效氮含量呈下降趋势；在烤烟生长中后期（60～100 d），添加烟秆生物炭的各处理的土壤速效氮含量与对照之间差异并不显著。由此可以得出，添加烟秆生物炭能够使烤烟生长前期的土壤速效氮急剧减少，但从整个烤烟生育期来看，其对土壤速效氮的总消耗量没有影响，即添加烟秆生物炭提高了速效氮的消耗速率。

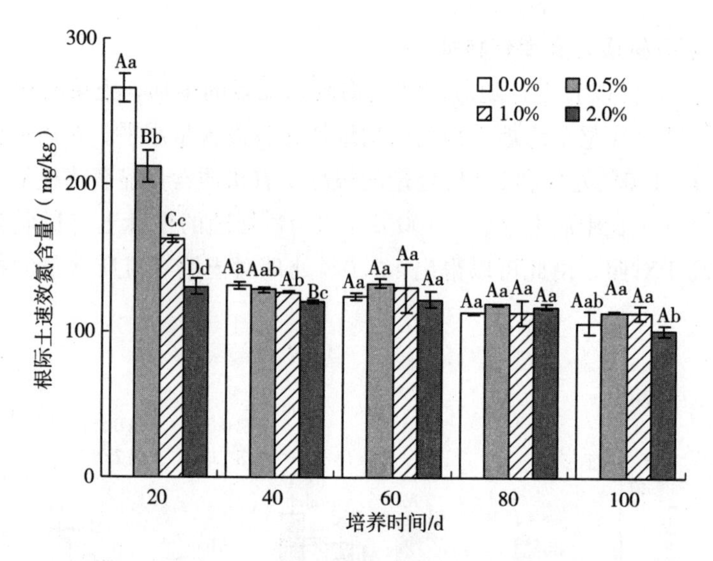

图 6-9　烤烟生育期内不同处理的根际土速效氮含量

（二）土壤主要温室气体排放特征描述

1. 土壤 N_2O 排放动态规律

从图 6-10 可以看出，4 个处理的土壤 N_2O 排放通量在烤烟生长前期出现高峰，在此期间 0.0%处理和 0.5%处理呈现先增加后降低趋势，1.0%处理和 2.0%处理则表现出一直降低的趋势；在烤烟生长中后期，4 个处理的土壤 N_2O 排放通量均表现出逐渐降低的变化过程。在烤烟生长前期，不同处理之间 N_2O 排放规律存在差异的原因可能在于当施加的烟秆炭达到一定量（即图中的 1.0%处理和 2.0%处理）之后，土壤的孔隙度和比表面积明显增加，土壤的透气性显著增强，从而土壤 N_2O 的排放量增大。但同时从图 6-10 也可以看出，虽然前期不同处理之间的 N_2O 排放通量存在差别，但最终的 N_2O 排放总量（即曲线下方面积）之间差异不显著。

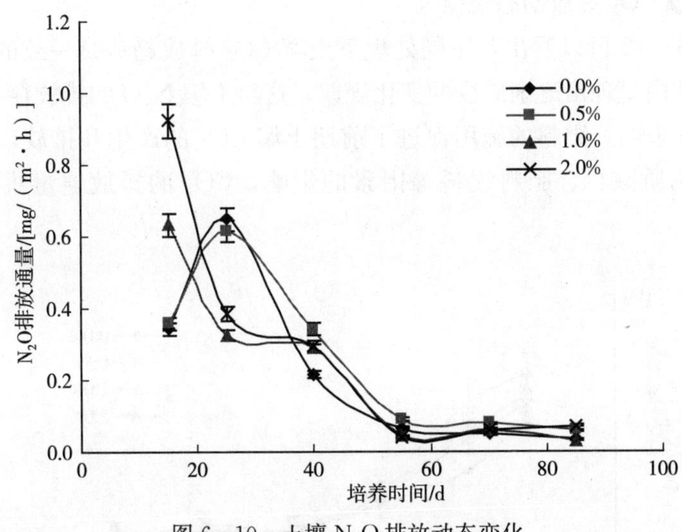

图 6－10　土壤 N_2O 排放动态变化

2. 土壤 CH_4 排放动态规律

从图 6－11 可以看出，不同处理下土壤 CH_4 排放通量表现出相同的变化规律，即烤烟生长前期为 CH_4 排放高峰，主要由于这一时期该地区雨水多，烟垄多形成较普遍的淹水环境，土壤中 CH_4 大量排放。烤烟生长中期，雨水逐渐减少，失去了厌氧环境，因此 CH_4 的排放量减少。

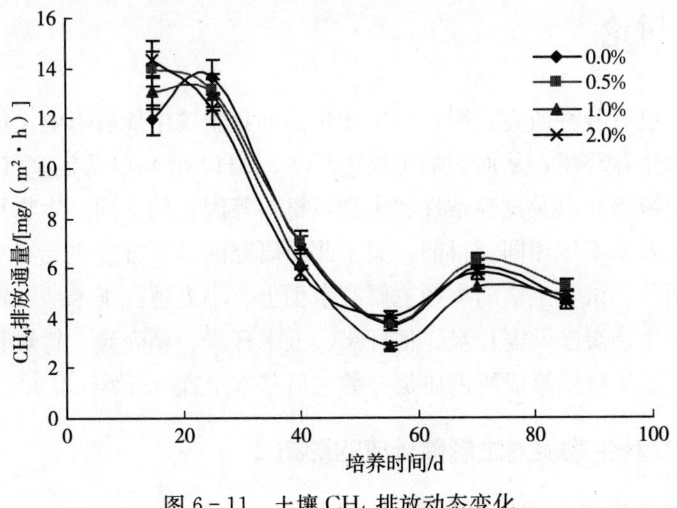

图 6－11　土壤 CH_4 排放动态变化

3. 土壤 CO_2 排放动态规律

从图 6-12 可以看出，不同处理下土壤 CO_2 排放趋势是一致的，在整个烤烟生长期内呈现出逐渐减少的变化规律，这与土壤 N_2O 的排放存在相似性。此动态变化表明，肥料的施用促进了前期土壤 CO_2 的产生和排放，后期由于易分解有机质减少、肥料损耗等因素的影响，CO_2 的排放通量维持在较低水平。

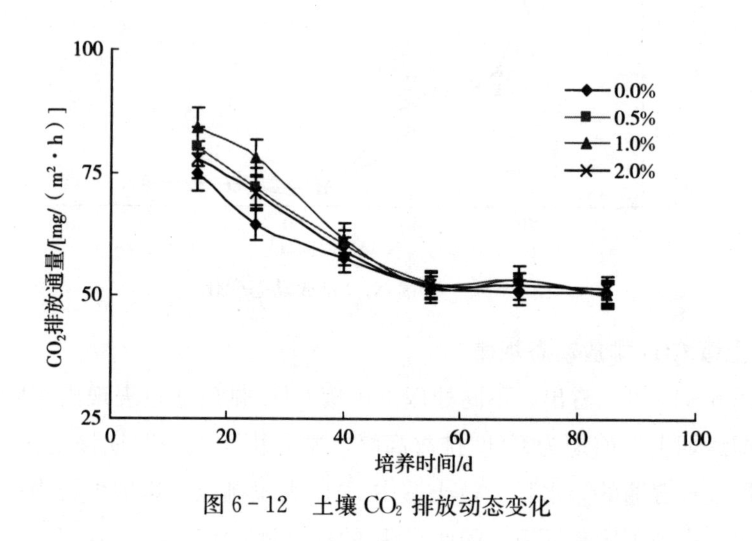

图 6-12　土壤 CO_2 排放动态变化

四、讨论

目前，已有各种研究表明，将生物炭添加到土壤中能够影响土壤的理化性状和微生物生存环境，从而影响土壤中 CO_2、CH_4 和 N_2O 等温室气体的排放。然而由于地域差异以及试验条件和生物炭材料等因素的不同，生物炭对于温室气体排放的效果不尽相同。目前，关于此项研究的试验方式主要有室内培养和田间试验两种，试验土壤的类型主要有水稻土、小麦地、玉米地、轮作土壤等不同种类，生物炭涉及麦秆炭、稻秆炭、玉米秆炭、稻壳炭、竹炭和木质炭等多种类型，施炭量换算成所占质量分数之后基本上在 0.5%～5.0%。

（一）烟秆生物炭对土壤碳排放的影响

在施用氮肥情况下，添加麦秆生物炭的土壤 CH_4 和 CO_2 排放量增加，而且不施氮肥情况下 CH_4 排放得更多。在稻田中添加竹炭和稻秆炭之后，土壤 CH_4 和 CO_2 排放量降低。有研究通过添加 2%～60%质量分数的木质炭证明其能降低土壤中 CH_4 和 CO_2 的产生。也有研究通过向小麦地中添加木质炭发现其对土壤 CH_4 和 CO_2 排放没有显著影响。添加稻壳炭对土壤 CH_4 和 CO_2 排放没有显著影响。土壤有机碳矿化是由土壤呼吸造成的，由土壤有机质的分解、土壤动物呼吸、土壤微生物呼吸、植物根呼吸以及含碳物质的化学氧化作用等多方面共同影响产生。试验发现，在生物炭施用初期，有机碳会产生流失，原因可能是生物炭表面被氧化，可挥发物被土壤中的微生物分解。由于生物炭表面存在大量的表面负电荷和非常高的电荷密度，可能会引起土壤腐殖质的结构高度芳香化，稳定土壤有机碳库，吸附无机离子，减少养分淋失。

本研究结果显示，添加烟秆生物炭能够提高土壤有机质含量，且与添加量之间呈正相关。这是由于烟秆生物炭本身含有大量的有机质，如经热解生成的各种芳香族和脂肪族化合物。这些有机化合物施到土壤中之后短时间内不易被分解，所以造成了土壤有机质含量的提高。添加 2.0%烟秆炭能显著降低土壤的总有机碳累积矿化率。0.5%处理和 1.0%处理，因为添加的烟秆生物炭本身含有较多有机碳成分（远远高于培养期间的有机碳累积矿化量），所以虽然在有机碳矿化速率和有机碳累积矿化量上显著高于对照，但两者的总有机碳累积矿化率与对照之间并没有显著差异；2.0%处理，虽然在有机碳矿化速率和有机碳累积矿化量上高于对照，但由于添加的烟秆生物炭本身含有更多的有机碳成分（土壤初始有机碳含量远大于对照），其有机碳累积矿化率显著低于对照，即促进了土壤有机碳的积累，这与前人研究中生物炭能够增加土壤碳贮存的观点一致。

单独添加烟秆生物炭能够显著促进土壤有机碳的矿化，即促进土壤中 CO_2 的排放，但随着培养时间的延长促进效果逐渐减弱，可能是土壤中微生物可分解的有机质减少造成的。在施肥情况下添加烟秆生物炭同样能够促进施肥前期土壤中 CO_2 的产生和排放，施肥能够改善微生物矿化过程中的氮素营养、促进微生物繁殖，从而提高土壤的有机碳矿化；在中后期，可能由于土壤中易分解的有机质减少、肥料损耗等因素的影响，促进效果不再明显。另外，添加量与促进效果之间不呈正相关，当施炭量达到 2.0%时，有机碳矿化反而减弱，因此可以推测烟秆生物炭对土壤有机碳矿化作用的影响是双重的，即在一定范围内，随着烟秆生物炭添加量的增加，土壤有机碳矿化促进效果愈显著，但当超过某一值后促进效果反而降低，此时过多的烟秆生物炭吸附土壤简单有机分子，使其聚合成更复杂的有机分子，从而在一定程度减弱了土壤有机碳的矿化作用。添加烟秆生物炭对土壤 CH_4 排放没有显著影响，烤烟生长前期为 CH_4 排放高峰，这一时期试验地降雨非常多，烟垄多形成较普遍的淹水环境，导致土壤中 CH_4 的大量排放。烤烟生长中后期降水逐渐减少，土壤因此失去了厌氧环境，CH_4 的排放量减少。

（二）烟秆生物炭对土壤氮排放的影响

添加木质炭能够降低土壤中 N_2O 的产生和排放。在施用氮肥情况下，添加麦秆生物炭的土壤 N_2O 排放量降低。在稻田中添加竹炭和稻秆炭之后，土壤 N_2O 排放量下降，且稻秆炭的抑制作用要好于竹炭。向小麦地添加木质炭的研究发现，其同样能抑制土壤 N_2O 的排放。但也有研究表明，单施生物炭对土壤 N_2O 排放无显著影响。

本研究结果表明，添加烟秆生物炭能够降低前期土壤中速效氮的含量，且与添加量之间负相关。虽然与施肥土壤相比烟秆生物炭本身含有较少的速效氮，但添加比例很小，对土壤速效氮含量影响较小，因此可以推测，施炭处理的烤烟生长较快，速效氮被大量吸收用于有机物质的合成，从而造成了前期速效氮含量的迅速降低。单独添加烟秆生物炭对土壤的有机氮矿化和硝化作用没有显著影响。在培养前期，NH_4^+-N 含量和 NO_3^--N 含量大量减少；在培养中后期，NH_4^+-N 含量基本不变，而 NO_3^--N 含量却逐渐升高。由此可以判断，在培养前期，由于有机氮矿化作用弱、微生物的氮固持作用以及部分氮素通过反硝化作用以气体形式挥发等原因，所以土壤中的无机氮含量逐渐降低；在培养中后期，有机氮矿化作用增强，有机氮逐渐转化为无机氮，微生物固持的无机氮得到释放，新增加的 NH_4^+-N 通过硝化作用生成 NO_3^--N，一系列因素造成 NO_3^--N 含量升高。在肥料施用前期，添加1.0%或2.0%烟秆生物炭能促进土壤 N_2O 的排放，而0.5%处理与对照之间没有显著差异；在肥料施用中后期，添加烟秆生物炭对土壤 N_2O 排放的影响并不显著。添加一定量的烟秆生物炭提高了前期土壤 N_2O 的排放速率，但对排放总量没有显著影响。

由此可以看出，生物炭单施、与肥料配施两种情况对 N_2O 排放的影响存在差异，结果出现不一致的原因可能在于氮肥施用、试验地气候条件和烟田特有的垄作方式等多种因素。已有研究表明，N_2O 的产生和排放主要来自硝化作用和反硝化作用，施加氮肥后能够很大程度上促进土壤 N_2O 的排放，因此土壤 N_2O 的排放高峰集中出现在施肥之后的烤烟生长前期。同时这两种方式对于 N_2O 产生的重要性在很大程度上取决于环境条件，当土壤含水量在饱和含水量以下时，N_2O 主要由硝化作用产生，占总量的 61%～98%，且排放量与土壤含水量成正相关。土壤起垄之后松土层变厚，当施加一定量烟秆生物炭和肥料到土壤中后，土壤的孔隙度增加、保水性能增强，硝化作用成为 N_2O 的主要产生方式，从而使得土壤 N_2O 的排放量增大。同时，由于土壤的通气性增强，可得性氧气增多，硝化作用的酶活性增大，反硝化作用的酶活性受抑制，造成 N_2O/N_2 的比例增加，也对土壤 N_2O 的排放具有促进作用。另外，经统计发现，试验地在烤烟生长前期降雨非常多，土壤含水量在 80%以上的时间里处于 90%的田间持水量（含水量在 22%左右）水平，这也促进了 N_2O 的排放。但随着烤烟的生长，土壤中氮素被吸收利用、雨水淋溶以及后期雨水减少等因素，烟秆生物炭对 N_2O 排放的促进效果减弱，与对照之间的差异变得不再显著。

（三）烟秆生物炭固碳减排效果及最适施用量的探讨

生物炭削减 CO_2 气体的模型可以描述为，若将植物光合作用固定的 CO_2 量计为 1 个单位，那么将有 0.5 个单位通过呼吸作用返回大气，若再将植物残体经热裂解制成生物炭，将有 0.25 个单位变成生物能通过消耗回到大气，剩余的 0.25 个单位通过生物炭形式回到土壤后将有 0.05 个单位矿化、分解、释放，最终会有 0.2 个单位的碳以生物炭的形式封存在土壤中，起到碳汇效果。

本研究结果表明，添加烟秆生物炭在促进土壤有机碳矿化的同时，也提高了土壤有机碳含量。但是在去除有机碳累积矿化量之后，经过 84 d 的培养，0.5%处理、1.0%处理和 2.0%处理中土壤存留的有机碳含量相较对照分别增加了 3.48 g/kg、6.12 g/kg 和 9.38 g/kg，分别提高了 25.81%、45.40%和 69.56%，这就说明烟秆生物炭的添加起到了明显的碳汇效果。此外，本研究发现，添加烟秆生物炭对土壤 CH_4 排放没有显著影响，其虽然提高了施肥前期土壤 N_2O 的排放速率，但对其整个生育期的排放总量并没有显著影响。而且由于生物炭性质非常稳定，仅有极少量的易氧化成分在微生物作用下生成CO_2回到大气，不需要经常性地施用，因此添加烟秆生物炭可以作为一种有效的固碳减排途径。

近几年来，诸多研究人员对各种固碳减排项目的计量方法学进行了详细研究，主要涉及养鸡场、养猪场、农村户用沼气、测土配方施肥、再造林等项目。固碳减排计量是实施碳交易机制的基础性工作，而适合特定项目的计量方法学是实现碳交易的有效工具。目前生物炭的热裂解转化生产技术已经逐渐成熟，烟秆生物炭的农田施用作为一种有效的固碳减排项目，如何对其进行计量方法学层面的效果分析进而得出烟秆生物炭农业应用的净碳汇效应变得至关重要，如项目基线的确定、项目边界的认定和项目泄露的界定等项目内容，都需要进行进一步的探讨和研究。

五、结论

从本研究结果可以看出，添加烟秆生物炭能够显著促进烤烟的生长和干物质的积累，2.0%处理虽然在土壤碳汇方面的促进效果最为明显，但其对烤烟生长的促进效果不如1.0%处理，而与0.5%处理的效果相近，另外考虑到烟秆生物炭的生产成本以及在施用过程中的劳动成本，1.0%处理的综合效果是最好的。

第三节　施用生物炭对烟田氮素淋失的影响

烤烟作为中国一种重要的经济作物，土壤中氮素的供应状况直接影响其产量、产值和质量。由于硝态氮不易被土壤吸附，施肥后，会随水分的移动而淋失。土壤类型、降雨、施肥、耕作均是影响土壤氮淋失的重要因素。相关研究表明，由于保肥性能不同，不同类型土壤的氮素淋失速率及淋失量存在明显差异。化肥减量能够减少氮、磷等重要元素的淋失，同时保证作物的产量降低幅度不明显。

生物炭是作物秸秆等生物质在缺氧条件下通过热化学转化得到的固态富碳产物，具有改善土壤结构和微环境、保持土壤肥力等诸多作用。化肥减量与生物炭结合可以进一步改善土壤环境，增加土壤养分持有量。烟田土壤中氮素淋失现象普遍存在，但关于影响烟田氮素淋失的因素及减缓烟田氮素淋失的措施却鲜有报道。本节拟通过室内土柱模拟实验，以褐土、红壤、紫色土等典型植烟土壤为材料，探究土壤类型、化肥减量及配施生物炭对植烟土壤氮素淋失的影响，为烟区合理施肥、减少氮素面源污染及提高氮素利用率提供参考。

一、材料与方法

（一）试验设计

试验于 2020 年 6—12 月在中国农业科学院烟草研究所即墨试验基地进行。采用二因子随机区组试验设计，3 次重复，因子 1 为土壤类型（褐土、红壤、紫色土），因子 2 为施肥处理：N1，常规施肥（每亩施 N 7kg）；N2，化肥减量 30%；N3，化肥减量 30%+5%生物炭；N4，不施肥（CK）。

采用上述土壤填充土柱，按照处理要求施肥，以蒸馏水模拟降雨进行淋洗，收集并分析淋失液中氮的含量。

（二）试验材料

1. 供试土壤

褐土、红壤、紫色土分别取自山东省诸城市、云南省曲靖市、四川省西昌市。在烟田采用 S 形法采集 0～40 cm 的耕层土样，带回实验室风干后，剔除大石块和植物根茎等杂质，过 2 mm 筛，充分混合后备用。3 种土壤的基本理化性状见表 6-1。

表 6-1　供试土壤的基本理化性状

土壤类型	pH	土壤粒级分布/%			全氮/(g/kg)	速效钾/(mg/kg)	速效磷/(mg/kg)	硝态氮/(mg/kg)	铵态氮/(mg/kg)	容重/(g/cm³)	田间持水量/%	有机质/(g/kg)
		砂粒	粉粒	黏粒								
褐土	7.69	28.31	69.21	2.55	0.78	297	29.4	43.78	3.83	1.33	25	17.2
红壤	5.70	25.21	35.32	39.47	2.11	598	86.1	16.53	10.17	1.19	15	16.4
紫色土	5.70	20.51	38.42	39.87	1.81	420	26.4	9.58	6.17	1.54	18	6.5

2. 肥料

所施化肥为烟草专用复合肥，其 N、P_2O_5、K_2O 质量含量分别为 15%、15%、15%，无机氮中硝态氮占 35%，铵态氮占 65%。生物炭由贵州省毕节市公司提供，热解温度为 450 ℃，热解时间为 2 h，pH 9.3、全氮含量 2.1 %、全碳含量 59.88 %。

（三）试验方法

1. 土柱的制备

首先，根据 0～40 cm 土壤容重，分别按照每土柱褐土 4.17 kg、红壤 3.75 kg、紫色土 4.83 kg 的填充量称量土壤。然后，将肥料溶于 200 mL 水中，均匀喷洒到称好的土壤表面，风干。相应地，将生物炭与土壤混合均匀。按照每亩施氮量 7 kg 计算，每个土柱的常规施氮量为 82 mg，添加生物炭处理的生物炭量为土壤填充量的 5%。

采用高 50 cm、内径 10 cm 的圆柱形 PVC 管为材料。装柱前，先将经酸和蒸馏水洗净并干燥后的石英砂装填于土柱底部（厚约 1 cm），上下各铺一层玻璃丝网，防止土壤颗粒撒漏。然后，将准备好的土壤均匀装入柱内并压实，形成 40 cm 的土柱。最后，在土柱的上部再铺一层玻璃丝网—石英砂（厚约 1 cm），用来降低蒸馏水加入对表层土的扰动（图 6 - 13）。

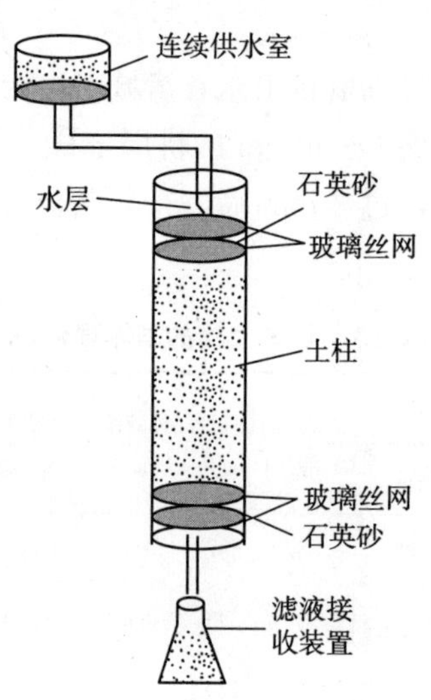

图 6 - 13　淋失装置简易图

2. 淋洗及淋失液收集

试验开始后，将蒸馏水装入悬放于土柱上方的玻璃瓶中，并用医用输液器控制流速。每次加入的水量为 392.5 mL，持续 113.6 min，流速控制在

3.46 mL/min，按照降雨强度 0.44 mm/min、降雨量 50 mm/d 进行模拟。待淋失液渗出时开始收集，收集完淋失液后，间隔12 h进行下一次淋洗，共进行 12 次淋洗。收集淋失液并测定每次的体积，混匀后取 50 mL 放入－18 ℃冰箱保存待测。

（四）测定项目及方法

土壤样品的测定项目包括 pH、铵态氮、硝态氮、全氮、速效磷、速效钾、有机质、机械组成、田间持水量、容重等指标。淋失液的测定项目包括可溶性总氮、硝态氮、铵态氮 3 个指标。

土壤 pH 按照土水比 1∶2.5（*m*/*V*）混匀后，采用电位法测定。土壤铵态氮和硝态氮采用连续流动分析仪测定。土壤全氮采用凯氏定氮法，速效磷采用钼锑抗比色法，速效钾采用火焰光度法测定。土壤粒级分布采用激光粒度分析仪（Bettersize3000Plus，中国）测定。土壤田间持水量采用环刀法测定。有机质测定采用重铬酸钾容量法。淋失液中可溶性总氮（TSN）采用过硫酸钾氧化、紫外光分光光度法测定，硝态氮和铵态氮采用连续流动分析仪（德国 SEAI－AA3）测定。

（五）数据处理

试验数据的统计分析采用 SPSS 25.0，图 6－14～图 6－16 中的数据，每个土壤类型单独按单因素（不同施肥方法）随机区组设计进行方差分析和多重比较。表 6－2 中的数据按二因素（不同施肥方法、土壤类型）随机区组设计进行方差分析和多重比较，并考察交互作用。

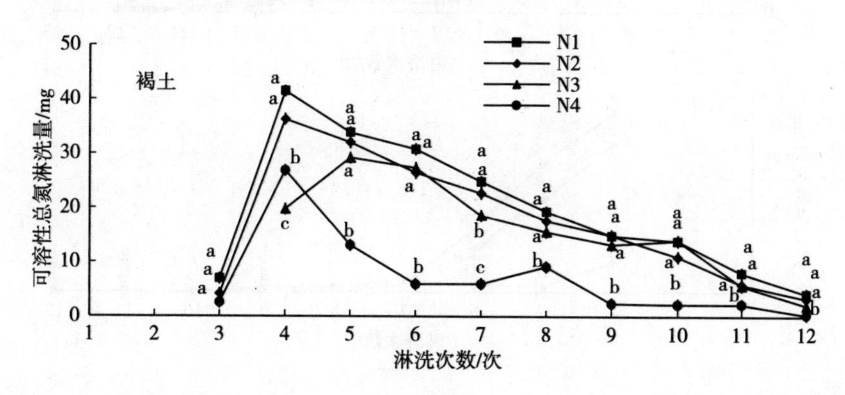

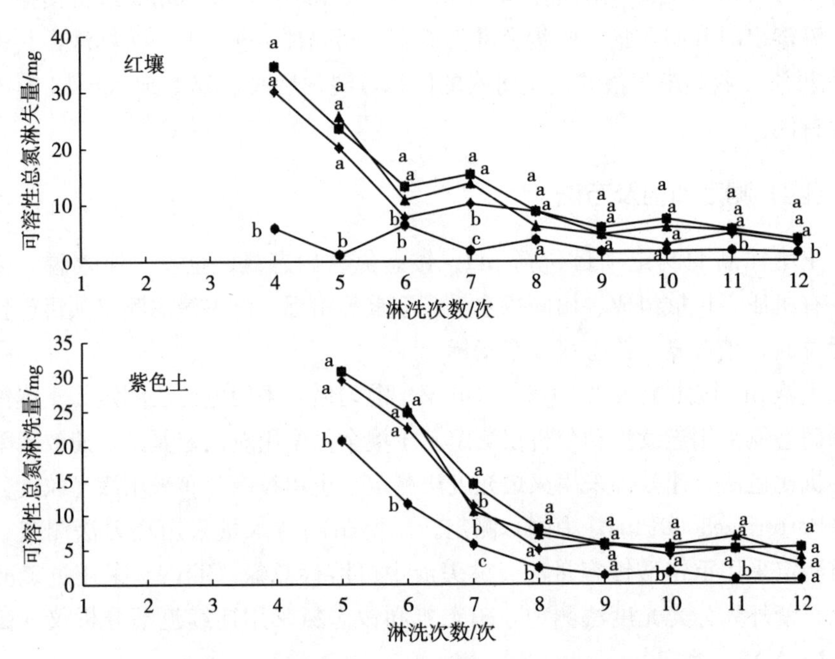

图6-14　不同施肥处理下可溶性总氮淋洗量的变化

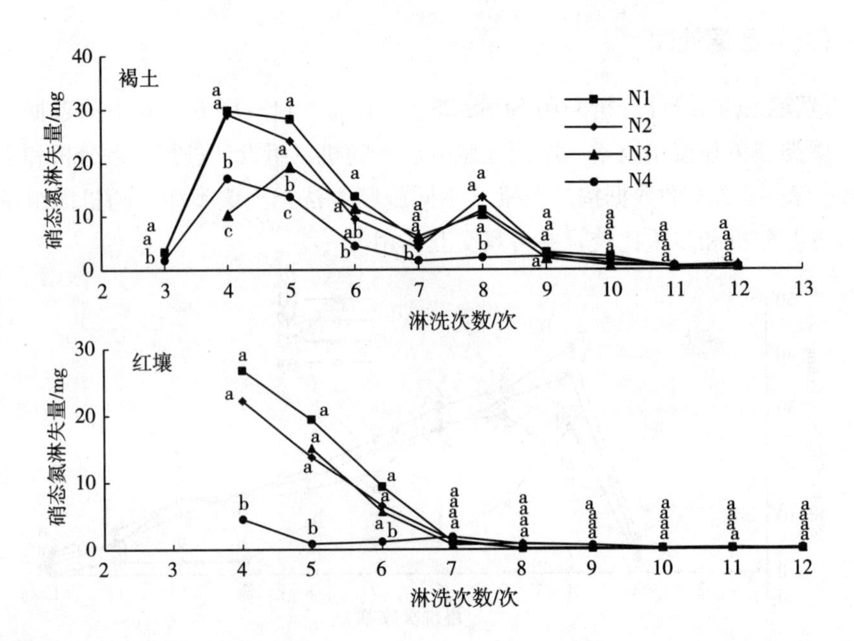

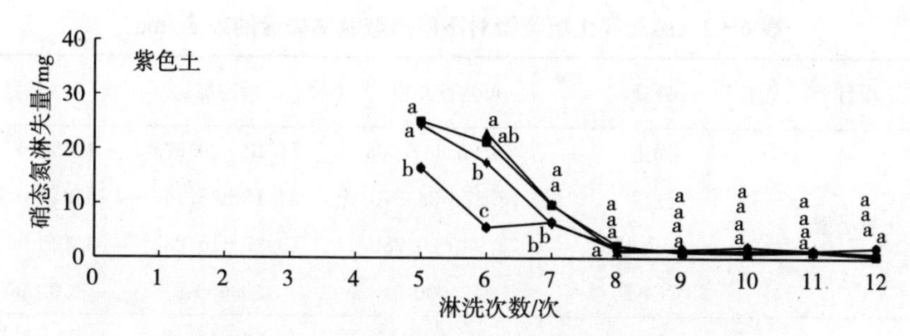

图 6-15　不同施肥处理下硝态氮淋洗量的变化

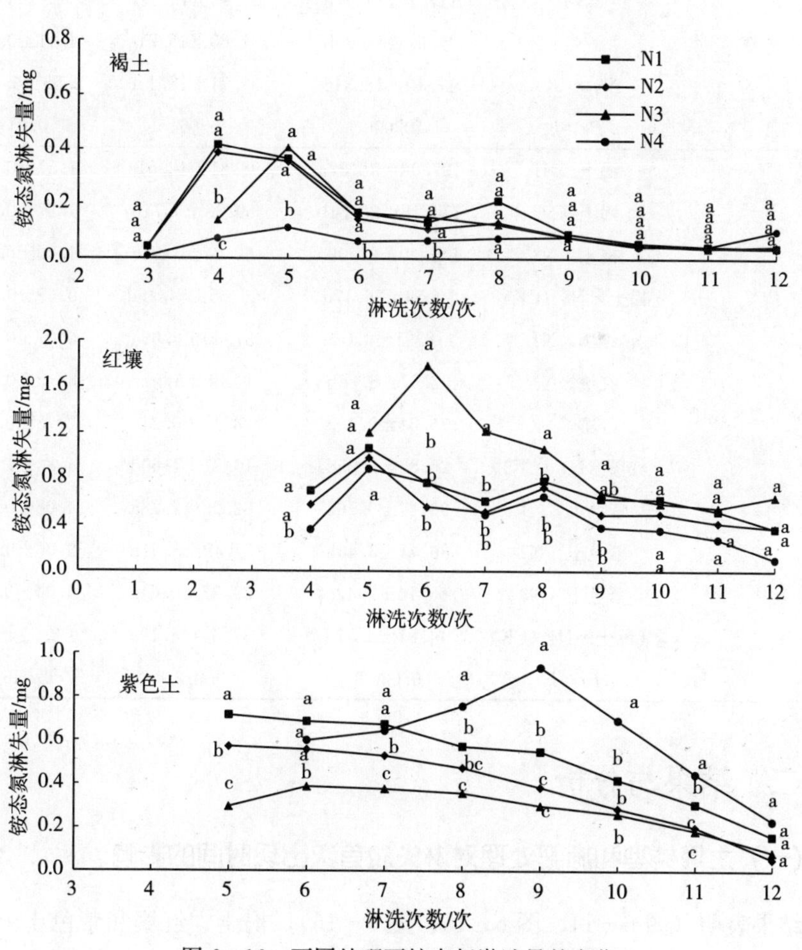

图 6-16　不同处理下铵态氮淋洗量的变化

表 6-2 减肥和土壤类型对不同形态氮淋失量的效应/mg

项目	处理	可溶性总氮	硝态氮	铵态氮
土壤类型	褐土	146.98±47.90a	74.12±20.67a	1.20±0.08c
	红壤	78.37±33.84b	34.15±18.14c	5.94±0.72a
	紫色土	73.98±20.78b	48.37±10.28b	3.42±0.67b
	Pr>*F*	<0.000 1	<0.000 1	<0.000 1
施肥	N1	138.65±42.65a	72.63±18.18a	3.90±0.77ab
	N2	117.7±39.97b	62.82±19.14b	3.19±0.41ab
	N3	95.61±35.36b	41.69±15.91c	4.41±0.39a
	N4（CK）	47.10±18.34c	31.71±15.15c	2.58±0.43ab
	Pr>*F*	<0.000 1	0.064	0.017
土壤类型×施肥	褐土×N1	197.98±38.27a	98.21±12.51a	1.57±0.52a
	褐土×N2	174.18±29.34b	89.38±9.74b	1.37±0.21a
	褐土×N3	145.20±21.09c	62.24±5.24c	1.20±0.27a
	褐土×N4（CK）	70.59±36.17d	46.65±54.19d	0.67±0.33b
	红壤×N1	118.51±4.03a	57.60±6.06a	6.07±0.26a
	红壤×N2	92.67±6.26b	44.60±1.97b	5.15±0.22b
	红壤×N3	76.51±9.49c	23.47±9.21c	7.73±0.26a
	红壤×N4（CK）	25.82±2.85d	10.94±1.60d	4.84±1.03b
	紫色土×N1	99.47±9.76a	62.08±2.78a	4.08±0.47a
	紫色土×N2	86.41±3.46b	54.49±5.61b	3.06±0.49b
	紫色土×N3	65.14±2.42c	39.37±0.61c	4.30±0.26a
	紫色土×N4（CK）	44.91±6.51d	37.55±5.19c	2.25±0b
	Pr>*F*	0.030 9	0.012 7	0.046 7

二、结果与分析

（一）土壤类型和施肥处理对淋失液首次出现时间的影响

结果表明（图 6-14、图 6-15、图 6-16），褐土、红壤和紫色土分别在第 3 次、第 4 次和第 5 次淋洗时开始收集到淋失液，即出现淋失的时间上，褐土早于红壤，红壤早于紫色土，这说明紫色土保肥效果最好。总体上，从收集到淋失液开始，淋洗前期各形态氮素的淋失强度较高，随时间推移逐渐减弱，后期淋失量较低且平稳。

就不同施肥处理而言，3 个土壤类型中，N3 处理开始出现淋失的时间晚于常规及化肥减量处理，说明生物炭可以延缓土壤中氮素的淋失。

（二）化肥减量及配施生物炭对不同形态氮素淋失量的影响

1. 可溶性总氮

由表 6－2 可以看出，与 N1 处理相比，N2 处理下褐土中可溶性总氮淋失总量降低了 12.0％、红壤和降低了 21.8％、紫色土中降低了 13.1％；N3 处理下褐土中可溶性总氮淋失总量降低了 26.7％、红壤中降低了 35.4％、紫色土中降低了 34.5％，说明化肥减量和化肥减量＋5％生物炭这 2 种处理均能降低土壤中可溶性总氮的淋失，且化肥减量＋5％生物炭的处理效果更佳。

由图 6－14 可知，与 N1 处理相比，褐土中 N2 处理在第 4～6 次淋洗中可溶性总氮淋失量大幅度降低，N3 处理在第 4～7 次淋洗中淋失量大幅度且显著地降低；红壤中 N2 处理在第 4～7 次淋洗中淋失量大幅度降低，N3 处理在第 5～7 次淋洗中淋失量降低；紫色土中 N2 处理在第 6～8 次淋洗中淋失量降低，N3 处理在第 7 次淋失量显著降低。可以看出，化肥减量处理及化肥减量＋5％生物炭处理淋失量降低均集中在淋洗前期，后期效果减弱。

2. 硝态氮

由表 6－2 可以看出，褐土、红壤、紫色土中 N2 处理、N3 处理的硝态氮淋失总量显著低于 N1 处理。与 N1 处理相比，N2 处理下褐土中硝态氮淋失总量降低了 9.0％、红壤中降低了 22.6％、紫色土中降低了 12.2％；N3 处理下褐土中硝态氮淋失总量降低了 36.6％、红壤中降低了 59.3％、紫色土中降低了 36.6％，说明化肥减量处理和化肥减量＋5％生物炭处理均能够降低土壤中硝态氮的淋失，且化肥减量＋5％生物炭的处理效果更佳。

由图 6－15 可知，褐土中 N2 处理在第 5～6 次淋洗中出现了淋失量大幅度降低的现象，N3 处理在第 4～5 次淋洗中淋失量降低效果显著；红壤中 N2 处理、N3 处理在第 4～6 次淋洗中淋失量大幅度降低；紫色土中 N2 处理在第 6～7 次淋洗中淋失量显著降低。可以看出，化肥减量处理及化肥减量＋5％生物炭处理淋失量降低均集中在淋洗前期，且化肥减量＋5％生物炭处理首次淋失量远低于常规施肥处理。

3. 铵态氮

由表 6-2 看出，与 N1 处理相比，N2 处理下，褐土中铵态氮淋失总量降低了 12.7%，红壤中降低了 15.2%，紫色土中降低了 25.0%；N3 处理下，褐土中铵态氮淋失总量降低了 23.6%，红壤及紫色土中淋失量高于 N1 处理，说明化肥减量处理可以降低土壤中铵态氮的淋失，化肥减量+5%生物炭处理增加了红壤及紫色土中铵态氮淋失总量。

由图 6-16 可知，与 N1 处理相比，N3 处理在褐土中第 4 次淋洗时铵态氮淋失量显著降低，之后与 N1 处理差异均不显著；在红壤中第 6～8 次淋洗的淋失量均显著高于 N1；在紫色土中第 8～11 次淋洗的淋失量均显著高于 N1、N2。3 种土壤中，N2 处理在整个淋洗过程中淋失量均低于 N1。可以看出，淋洗过程中，化肥减量处理下铵态氮淋失均低于常规施肥处理，红壤及紫色土中化肥减量+5%生物炭处理在淋洗前、中期的铵态氮淋失量显著增加。

（三）化肥减量和土壤类型对不同形态氮淋失量的效应分析

施肥方式与土壤类型的主效应及交互作用均对氮素淋失量影响显著。对其交互作用的影响进行分析，可以得出，褐土中，铵态氮、硝态氮及可溶性总氮淋失量在不施肥处理下最低，添加生物炭处理次之；红壤及紫色土中，铵态氮淋失量在不施肥处理下最低，化肥减量处理次之；硝态氮及可溶性总氮淋失量在不施肥处理下最低，添加生物炭处理次之。综上可以得出，施肥前提下，褐土中，化肥减量+5%生物炭处理下氮素淋失量最低；红壤及紫色土中，铵态氮在化肥减量处理下淋失量最低，可溶性总氮及硝态氮在化肥减量+5%生物炭处理下淋失量最低。

三、讨论

氮肥用量直接影响农田氮素淋失量和淋失强度，同等管理条件下，氮肥用量是制约农田氮素渗漏损失的主要因素，同时不同类型土壤氮素淋失规律也有差别。因此，针对不同类型土壤控制氮肥用量，不仅能降低生产投入，还能减少肥料流失对环境污染。

本试验结果表明，红壤及紫色土对可溶性全氮及硝态氮的保肥性能要高于褐土，该结果与岳殷萍等的研究结果相符，此与土壤质地有关（表 6-1）。黏粒含量较高的土壤，发生淋洗时养分的渗透速率会大大降低。然而，红壤及紫色土质地中黏粒含量较高，对铵态氮吸附及解吸能力均比较强，当降雨发生时解吸量显著增加，导致了铵态氮淋失量略高于褐土。3 种土壤淋失的无机氮主要形态为硝态氮，占可溶性总氮的 43.5%～65.3%，曾招兵等的土柱模拟试验也表明，土壤氮素淋失的形式绝大部分以硝态氮的淋失的形式呈现。土壤胶体大多带负电荷，容易吸附土壤中带正电的铵态氮，对带负电的硝态氮的吸附较弱。因此，在灌溉或降雨条件下，硝态氮容易淋失，而铵态氮的淋失量相对较少。施用氮肥时，应针对土壤质地，调整氮素的形态。褐土应优先使用铵态氮含量较高的氮肥，而红壤及紫色土优先使用硝态氮含量较高的氮肥。

与常规施肥相比，化肥减量处理下，褐土中可溶性总氮淋失量、硝态氮淋失量、铵态氮淋失量分别降低了 12.0%、9.0%、12.7%，红壤中分别降低了 21.8%、22.6%、15.2%，紫色土中分别降低了 13.1%、12.2%、25.0%。这是因为，化肥减量有效降低了氮素在土壤表层的积累，减少了淋失风险，说明在植烟土壤中也可通过化肥减量的方式降低氮素淋失量，增加养分有效性。

化肥减量+5%生物炭的处理，显著延缓了土壤中氮素淋失出现的时间。这可能是由于生物炭施入土壤后，较易形成大团聚体，增加了土壤吸附氮素和水分的能力，使水分向下移动滞后，致使氮素在短时间内被淋洗的速度减缓，风险降低。与常规施肥相比，化肥减量+5%生物炭的处理显著降低了 3 种土壤中可溶性总氮的淋失量和硝态氮的淋失量，且效果要优于单独化肥减量处理。生物炭本身具有孔隙多、比表面积大等特性，与土壤混合之后，增加了土壤中的氮素吸附位点，使得氮素被更多地保留在土壤当中。但化肥减量+5%生物炭处理下红壤、紫色土中铵态氮的淋失均显著高于化肥减量处理。

从淋失时间来看，各种形态氮素淋失基本发生在前期。氮肥施入土壤之后，土壤中氮素累积量较大，随着模拟降雨量不断增加，土壤中未被吸附或转化的氮素会随着水分大量向下移动从而被淋洗掉。而化肥减量及添加生物炭能明显延缓淋失出现的时间，在生产中可以在氮素淋洗发生的前期采取相应的措施来减小淋失风险。

四、结论

试验结果表明，土壤氮素淋失主要发生在淋洗前期，淋失的氮素形态主要为可溶性总氮及硝态氮。通过化肥减量或施用5%的生物炭，均可降低褐土、红壤和紫色土氮素淋失量。化肥减量，减少了氮素在土壤表层的积累，有效降低了土壤中氮素的淋失总量。添加生物炭后，土壤中形成大团聚体，延缓了氮素的淋失，同时增加了土壤中的氮素吸附位点，使得氮素淋失总量进一步降低。因此，整体来看，在褐土、红壤、紫色土中，通过化肥减量和施用5%生物炭来降低土壤可溶性总氮和硝态氮淋失量有一定潜力，可在大田验证后在生产上推广应用。

第七章 生物炭对烟田土壤重金属污染的治理效果

第一节 生物炭对烟田 Cd 复合污染土壤的改良效果研究

一、材料与方法

（一）药品与试剂

农药甲霜灵（30%可湿性粉剂，江苏宝灵化工股份有限公司）；重金属 Cd [分析纯 Cd（$CH_3COO)_2 \cdot 2H_2O$，国药集团]；乙腈、甲醇（色谱纯，Fisher 科技公司）；无水硫酸钠（分析纯，国药集团化学试剂有限公司）；QuEChERS 净化包（PSA、C_{18}、$MgSO_4$）；浓硝酸（电子纯，赛默飞世尔科技有限公司）；氢氟酸（电子纯，上海麦克林生物科技有限公司），超纯水，内标溶液：Rc 单元素标准溶液（GSB 04－1745－2004），调谐液 1 μg/L 含 Be、Ce、Fe、In、Li、Mg、Pb、U 元素的混合标准溶液（美国 Perkinelmer 公司）。

供试烟草品种为中烟 100。

（二）主要仪器与设备

QTRAP 4500 质谱仪（美国 AB SCIEX 公司）；ACQUITY 超高效液相色谱仪（美国 waters 公司）；色谱柱 Cellulose－2（150 mm×4.6 mm×3 μm，广州菲罗门科学仪器有限公司）；ICP－Mass 电感耦合等离子体质谱仪（NexION300D，美国 PerkinElmer 公司）；WR/BP－3TC 型变频控温微波样品处理系统（北京盈安美诚科学仪器有限公司）；BS224S 电子天平（0.000 1 g，德国 Sartorius 公司）；CF－16RN 高速冷冻离心机（日本日立公司）。

（三）试验方法

采用盆栽试验于2016年在山东诸城烟草公司洛庄试验站温室大棚内进行。供试土壤类型为典型褐土，采自当地烟田0～20 cm的耕层土壤。

根据甲霜灵的田间推荐施用量和前期预备实验结果，设定甲霜灵与Cd的添加浓度均为20 mg/kg。该试验共设置4个不同污染胁迫处理和1个空白对照，分别为T4（每千克干土中甲霜灵和Cd添加量均为20 mg，并添加生物炭20 g)；T5（每千克干土中甲霜灵和Cd添加量均为20 mg，并添加海泡石20 g)，T6（每千克干土中甲霜灵和Cd添加量均为20 mg，并添加10 g生物炭和10 mg海泡石)，CK（零添加的空白对照)。每个处理设30次重复（30盆)。

处理采集的耕层土壤样品，挑出侵入体和新生体，经自然风干后碾碎过5 mm筛。同时，按照当地烟田施肥标准，将土壤与肥料及海泡石、生物炭等充分混匀。并在盆底加入少量石砾等排水填充物。每盆装风干土15 kg，然后灌以足够水分使土壤沉实。每盆移栽生长一致的健康无病烟苗1株。待移栽的烟株生长到小团棵时，将每个处理对应的甲霜灵及乙酸镉溶解于1 000 mL蒸馏水中，一次性均匀浇入各盆中，对照只浇等量蒸馏水。试验期间，每间隔3～5 d称盆重并等量补水，使土壤含水量保持在60 %最大田间持水量水平。

（四）样品检测与分析

在烟株的整个生育期分别进行8次取样，即在添加污染胁迫后的第1、3、7、14、28、56、84、112天进行。每个处理分别取有代表性的烟株3株，采取破坏性取样方法，将根系完整取出，用自来水冲洗干净后，观测烟草发育状况。

1. 用TTC法测定根系活力

称取根样品0.5 g，放入小培养皿（空白试验先加硫酸再加入根样品，其他操作相同)，加入0.4%氯化三苯基四氮唑（TTC）溶液和磷酸缓冲液的等量混合液10 mL。把根充分浸没在溶液内，在37 ℃下暗处保温1 h，此后加入1 mol/L硫酸2 mL，以停止反应。把根取出，吸干水分后与3～4 mL乙酸乙酯和少量石英砂一起磨碎，以提出三苯基甲臜（TTF)。把红色提出液移入试管，用少量乙酸乙酯把残渣洗涤2～3次，皆移入试管，最后加乙酸乙酯使总量为10 mL，用分光光度计在485 nm下比色，以空白作参比读出光密度，查标准曲线，求出四氮唑还原量。

$$四氮唑还原强度=\frac{四氮唑还原量（\mu g）}{根重（g）\times 时间（h）}$$

2. 烟叶中叶绿素含量的测定

每个处理每次取样时，选取第4片功能叶0.2 g，剪碎置于25 mL容量瓶中，加95%乙醇定容至25 mL，摇匀并置于避光处提取24 h，摇动3～4次。次日待叶片组织全部变白时，置于665 nm、649 nm和470 nm测定吸光值。按以下公式计算叶绿素含量：

$$Chl\,a（mg/gFW）=\frac{(13.95A_{665}-6.88A_{649})\times 25}{1\,000\times W}$$

$$Chl\,b（mg/gFW）=\frac{(24.96A_{649}-7.32A_{665})\times 25}{1\,000\times W}$$

$$Car（mg/gFW）=\frac{(1\,000A_{470}-2.05Chla-114.8Chlb)\times 25}{245\times 1\,000\times W}$$

式中，*Chl a* 为叶绿素a，*Chl b* 为叶绿素b，*Car* 为类胡萝卜素，*W* 为样品鲜重（g）。

3. 烟草光合作用的测定

在烟草不同生育时期（团棵期、旺长期、现蕾期、平顶期和成熟期），选择晴天上午的9：00—11：00，用LI-6400（LI-COR，Gene Company Limited）便携式光合仪，在25 ℃、1 200 μmol/（m^2·s）红蓝光源、开放环境下，分别测定各处理植株中部叶片的净光合速率（Pn）、气孔导度（Gs）、胞间CO_2浓度（Ci）和蒸腾速率（Tr）等参数。光合仪叶室在24～26 ℃条件下至少平衡15 min，在测量前达到稳定状态。

用截线法测定主根长，用排水法测定根体积，烟株分根、茎、叶3个部位分别取样并于105 ℃条件下杀青30 min，后80 ℃烘干至恒重后，测量各部位干物质质量。

4. 烟草不同部位中甲霜灵含量测定

（1）提取

称取不同部位烟草干物质样品2 g（精确到0.000 1 g，根据实际样品中甲霜灵浓度适当减少称样量），置入50 mL具盖离心管中，依次加入5 g无水硫酸钠、20 mL乙腈和QuEChERS净化包，置于涡旋混匀器上以2 000 r/min速率涡旋10 min，4 000 r/min离心10 min。

(2) 净化

吸取离心后上清液 2 mL 于 QuEChERS 净化柱内，置于涡旋混匀器上以 2 000 r/min 速率涡旋 5 min，静置，取上清液过 0.45 μm 有机相滤膜，待测。

(3) 仪器条件

液相色谱条件：柱温 25 ℃，进样量 3 μL，流动相为乙腈—水，流速0.5 mL/min。

质谱条件：电喷雾离子源 ESI+，多重反应监测（MRM）模式，定量离子对 280.2/220.1，定性离子对 280.2/248.1、280.2/192.2。该方法测得的甲霜灵回收率为 95.31%～103.63%，相对标准偏差为 3.8%～5.2%，最低检出浓度为 0.02 mg/kg。

5. 烟草不同部位中 Cd 含量测定

准确称取 0.500 0 g 样品于消解罐中，加入 5.0 mL 硝酸、1 mL 过氧化氢，静置 1 h 后进行微波消解，冷却后以超纯水定容至 50 mL 待测。

（五）数据处理

采用 SPSS20.0 软件对烟草根系发育指标进行方差分析（ANOVA）和多重比较（Duncan 法），采用 Excel 2010 软件对所有试验数据进行统计整理并作图。

二、结果与分析

（一）添加改良剂对复合污染下烟草干物质质量的影响

添加改良剂对复合污染下烟草不同部位生物量的影响如图 7 - 1 所示，随着烟草生长发育，各处理烟草的根、茎、叶干物质质量均明显增加。在添加污染第 3 天取样中，茎和叶的干物质质量开始出现显著差异，大小顺序均为 T6＞T4＞T5＞T3，且 T3 处理的茎和叶干物质质量显著低于其他各处理。在第 14d 取样中，4 个处理茎和叶干物质质量与 CK 无显著差异，但 T4 处理、T5 处理、T6 处理显著高于 T3 处理。在添加污染第 56 天取样中，T6 处理的根干物质质量显著高于其他各处理，T3 处理根干物质质量则显著小于其他各处理，T4 处理、T5 处理的干物质质量与 CK 无显著差异。后期第 84、112 天取样中，各处理根干物质质量仍有相同规律，特别是第 112 天时 T6 处理根干物质质量最大，与 T3 处理相比增加了 43%，茎和叶干物质质量则无显著差异。因此，添加海泡石和生物炭改良剂对甲霜灵与 Cd 复合污染下烟草干物质质量产生一定促进作用，一定程度上改善了复合污染。

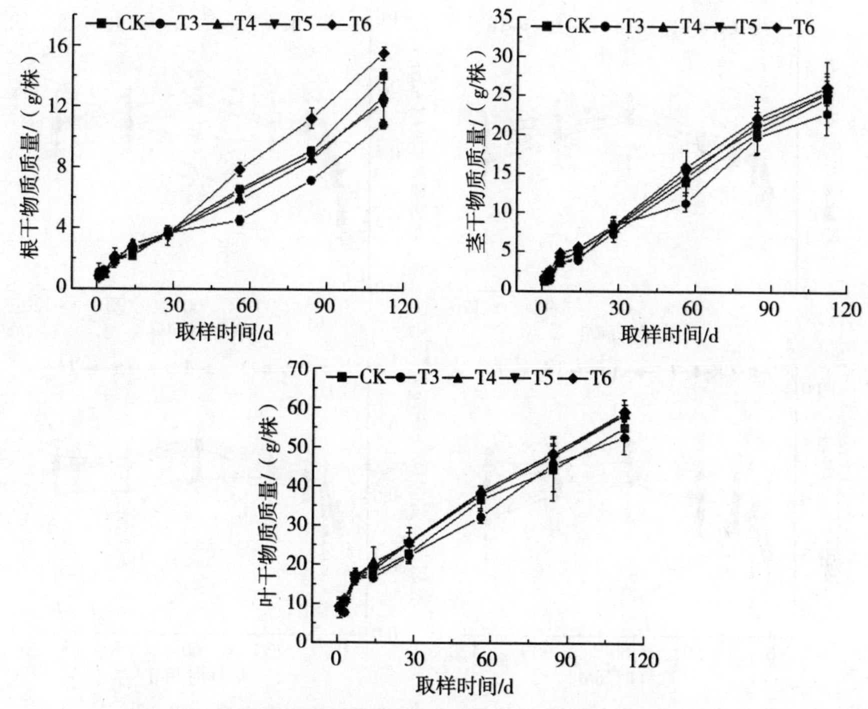

图 7-1　添加改良剂对复合污染下烟草不同部位生物量的影响

（二）添加改良剂对复合污染下烟草叶绿素含量的影响

添加改良剂对甲霜灵与 Cd 复合污染下烟草叶绿素含量的影响如图 7-2 所示，各处理烟草的叶绿素含量均随烟草生育进程而变化，总体呈现先增长后下降的趋势，且 T4 处理、T5 处理、T6 处理的趋势与 CK 相似，均在第 56 天叶绿素含量及类胡萝卜素含量达到最大值，而 T3 处理则在第 84 天达到最大值。在添加污染第 7 天取样中，各处理叶绿素含量及类胡萝卜素含量开始出现显著差异，各处理的叶绿素含量呈现出 T6＞T5＝T4＝CK＞T3 的趋势，尤其在第 56 天取样中，T3 处理的叶绿素 a 含量、叶绿素 b 含量显著低于 CK 及其他各处理。因此，添加海泡石及生物炭改良剂对重金属与农药复合污染下烟叶中叶绿素及类胡萝卜素含量均有改良作用，且在叶绿素 b 含量及叶绿素总含量方面，海泡石和生物炭混合添加的改良作用更强，显著促进了复合污染下叶绿素的含量。

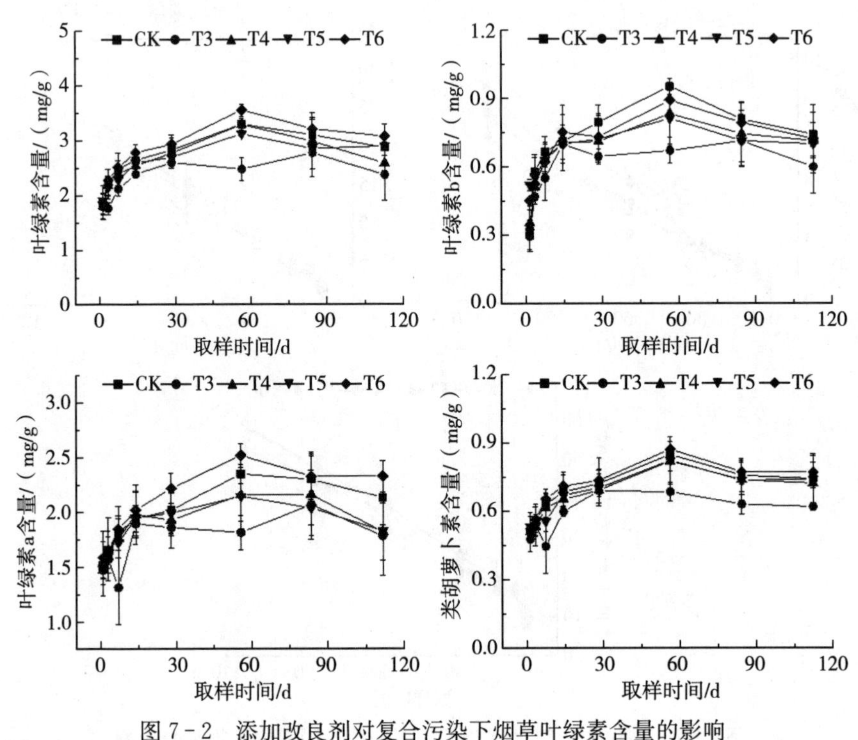

图 7-2 添加改良剂对复合污染下烟草叶绿素含量的影响

（三）添加改良剂对复合污染下烟草光合性能的影响

添加改良剂对甲霜灵与 Cd 复合污染下烟草光合性能的影响如图 7-3 所示。各处理的光合作用随烟草不同生育期而改变，其中净光合速率和气孔导度呈现先增长后降低的趋势，均在旺长期达到最大值，各个时期 T3 处理的净光合速率和气孔导度均小于其他各处理，T6 处理的气孔导度显著大于 CK，T4 处理、T5 处理则与 CK 无显著差异，表明 T6 处理对净光合速率和气孔导度的促进作用更大。旺长期及成熟期 T4 处理、T5 处理、T6 处理的蒸腾速率均显著大于 T3 处理，成熟期的胞间 CO_2 浓度有相同的规律，表明两种改良剂均能促进甲霜灵与 Cd 复合污染条件下烟草光合性能，对复合污染下烟草生长发育有一定改良作用。

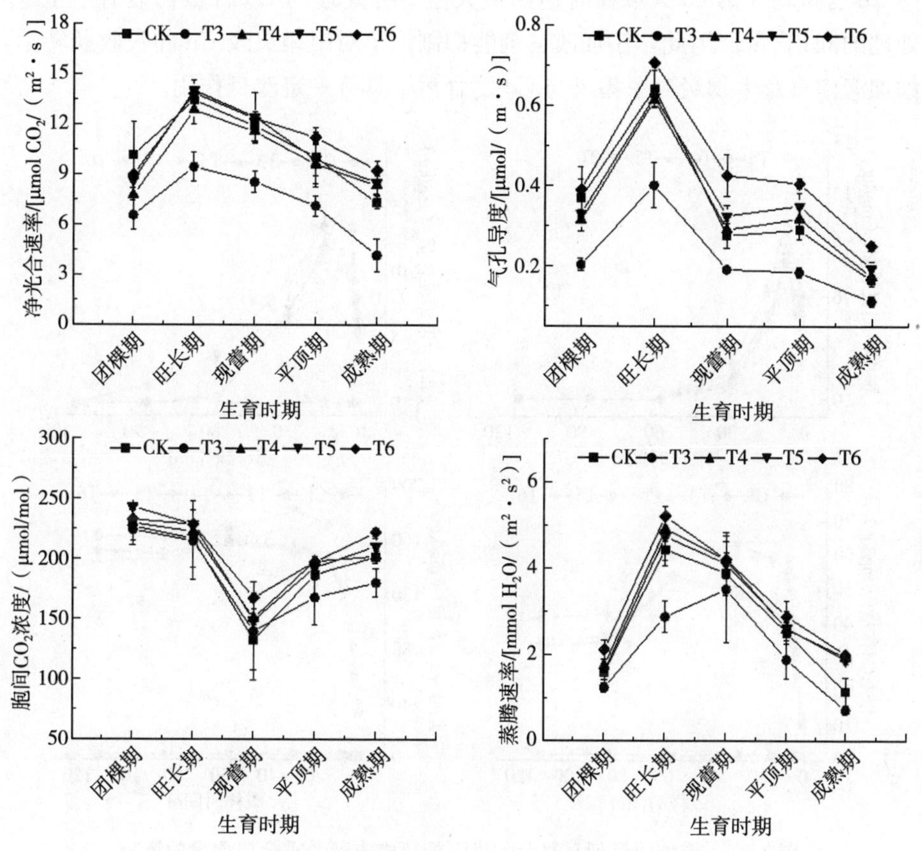

图 7-3　添加改良剂对复合污染下烟草光合性能的影响

（四）添加改良剂对复合污染下烟草吸收甲霜灵及 Cd 的影响

添加改良剂对复合污染下烟草吸收甲霜灵及 Cd 的影响见图 7-4。烟草根系及叶片中农药含量表现为先增加后降低的趋势，在第 14 天取样中，各处理根及叶中甲霜灵含量达到最大值。T3 处理根及叶中甲霜灵含量均显著高于其他各处理，但 T4 处理、T5 处理、T6 处理甲霜灵含量之间无显著差异，表明添加改良剂能够抑制烟草对甲霜灵的吸收。在各处理及各部位 Cd 含量方面，Cd 含量同样呈现出先增加后缓慢降低的趋势，烟草叶片中 Cd 含量显著高于根系中 Cd 含量。在第 28 天取样中，T3 处理烟草根系及叶中 Cd 含量达到最大值，分别为 63.54 mg/kg、182.12 mg/kg，而 T4 处理、T5 处理、T6 处理中 Cd 含量均在第 28 天取样时达到最大值，各处理的 Cd 含量仍显著小于 T3 处理的 Cd 含量。因此，添加改良剂能抑制烟草对甲霜灵及 Cd 的吸收及转运，添加海泡石及生物炭对甲霜灵与 Cd 复合污染具有一定改良作用。

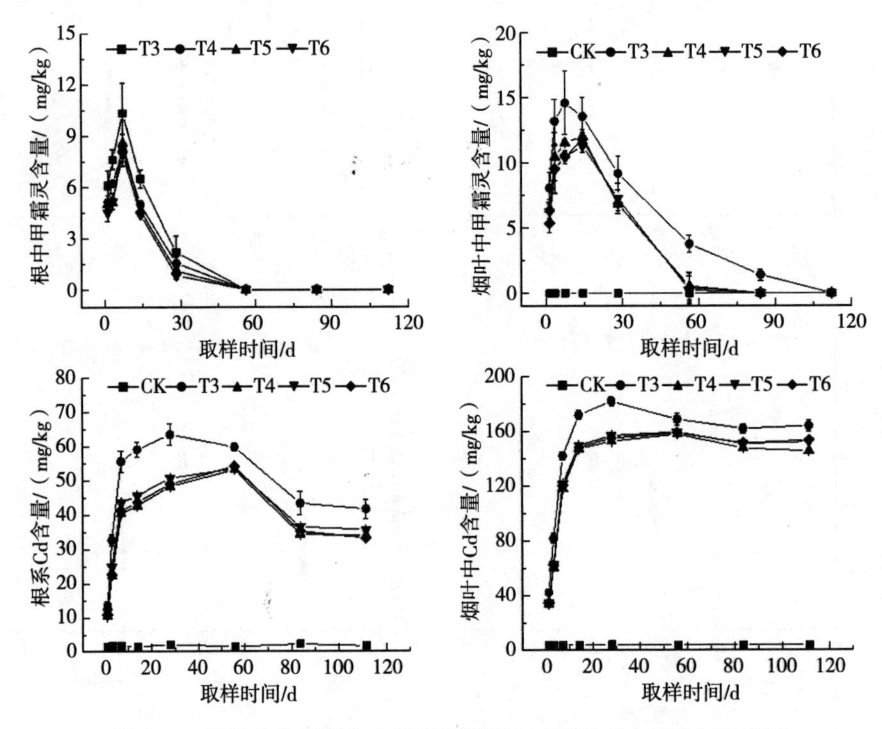

图 7-4　添加改良剂对复合污染下烟草中农药及重金属含量的影响

三、小结

在复合污染改良方面，本试验发现添加海泡石和生物炭对甲霜灵及 Cd 复合污染下烟草干物质质量及光合性能具有一定促进作用，同时抑制了烟草对甲霜灵和 Cd 的吸收，减轻了复合污染对于烟草的毒害作用。针对复合污染的改良，前人已经做了大量研究，原位钝化修复通过向污染土壤中添加有机、无机或者其他材料来调节土壤的理化性质，从而改变土壤中重金属及农药的化学形态及生物有效性，以降低其对农作物的危害，具有成本低、见效快、操作方便等优点，在土壤治理中得到大量利用。在土壤中施用海泡石后，土壤中真菌数量增加了2.4%～28.6%，放线菌数量增加了0.3%～7.5%，土壤过氧化氢酶活性提高了3.0%～26.3%，实现了对土壤环境的改良。研究发现，添加海泡石使土壤Cd－Pb复合污染中Cd和Pb由可提取态转化为活性低的有机结合态、铁锰氧化物结合态以及残渣态等，进而降低了水稻中重金属含量，生物炭对水稻根际土壤中Cd有效性及水稻中Cd含量具有同样的作用，这表明添加海泡石及生物炭能够通过降低土壤中重金属及农药的有效性来降低复合污染的毒性效应。

通过盆栽试验模拟烟田杀菌剂甲霜灵和重金属Cd的复合污染条件，试验添加不同改良剂（海泡石和生物炭）后烟草的生长发育及其光合性能的响应，结果表明：添加海泡石和生物炭对甲霜灵与Cd复合污染条件下烟草生长及光合性能具有一定改良作用，能够抑制烟草根系及叶片对甲霜灵及Cd的吸收与转运。

第二节　生物炭用量对不同土壤中重金属钝化的影响

一、材料与方法

通过盆栽试验研究生物炭用量对不同土壤中重金属钝化的影响。土壤类型为黄壤、黄棕壤和石灰土，生物炭来源为烟秆生物炭，生物炭施用量为0、0.1%、1%、2.5%和5%（w/w，相当于0、1.25、12.5、31.3和62.5 mg/hm^2大田用量），盆栽试验时长为一个烟草生长季，并在烟叶移栽后的120 d进行破坏性取样，采集根区土壤样品，测定有效态重金属含量，评价其对不同土壤的钝化效果。

二、结果与分析

经一个烟草生长季的重金属钝化试验，研究结果表明，对于毕节烟区3种典型的土壤（黄壤、黄棕壤和石灰土），3种土壤pH随生物炭用量的增加而提高，增加幅度上，土壤不同类型间存在差异，其中初始pH较低的土壤类型增加幅度最大（图7－5）。

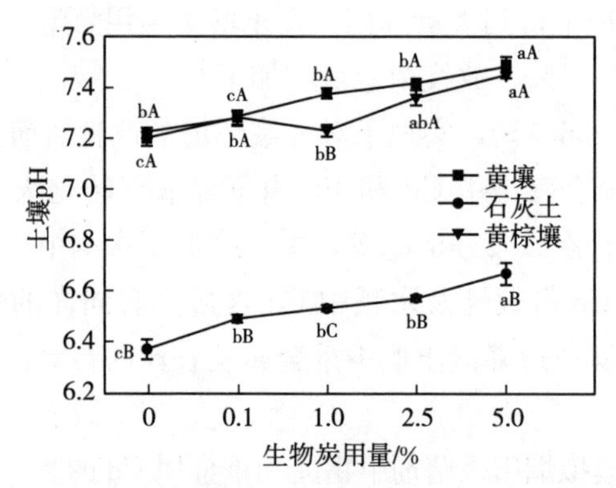

图 7-5 生物炭用量对不同土壤类型下土壤 pH 的影响

生物炭施用对各土壤中有效态重金属的钝化效果好，而且随着生物炭用量的增加，各有效态重金属含量均降低（生物炭用量 5%条件下 Cd 除外）（图 7-6）。土壤中有效态 Ni、Cr、As 的含量，在 3 种土壤中均随生物炭用量的

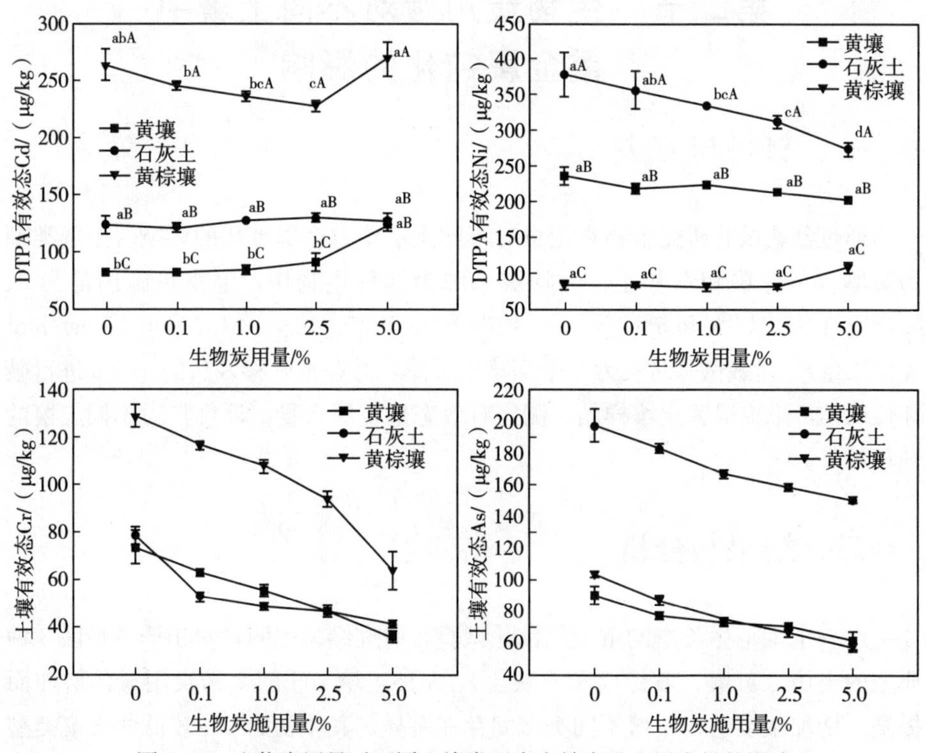

图 7-6 生物炭用量对不同土壤类型中有效态重金属含量的影响

增加而显著降低。生物炭对土壤二乙烯三胺五乙酸-镉（DTPA-Cd）含量的影响取决于土壤 pH 和 Cd 的初始含量。如果土壤中的初始含量较高，生物炭的施用会显著降低其含量的效果更甚。土壤中有效态 Ni 含量随生物炭用量的增加而显著降低，其中，黄壤中有效 Ni 含量降幅最高为 25%。生物炭能显著降低土壤中有效态 Cr 含量，当生物炭用量为 5%时，降幅高达 50%。并且，随着生物炭用量的增加，土壤中活性 As 含量也逐渐降低，当生物炭用量为 5%时，降幅最高可达 45%。

这说明生物炭的施用会明显降低各种土壤中有效态重金属的含量，并且随着生物炭添加量的增加，生物炭对土壤有效态重金属含量的钝化（降低）效果越明显（高生物炭用量下，Cd 除外）。

三、小结

用毕节烟区 3 种典型土壤（黄壤、石灰土、黄棕壤）进行生物炭用量盆栽钝化试验发现，3 种典型土壤中 Ni、Cr、As 的活性重金属含量随生物炭用量的增加而显著降低，最高降幅分别为 25%、50%及 45%。生物炭对土壤 DTPA-Cd 含量的影响取决于土壤 Cd 的初始含量。如果土壤中初始含量较高，施用生物炭能显著降低 Cd 含量。此外，还要关注作为钝化剂的生物炭本身含有的重金属 Cd 含量，特别是较高施用量条件下对土壤重金属有效性的影响。

第三节　生物炭用量与土壤重金属活性和烤烟吸收的关系

一、材料与方法

供试生物炭由毕节公司提供，以烟秆为原材料，在 450 ℃下热解制得（表 7-1）。

表 7-1　生物炭基本理化性质

pH	EC/（ms/cm）	全碳/%	灰分/%	全钾/（g/kg）	全氮（g/kg）	有效磷（mg/kg）
10.4	6.09	54.03	13	61.2	16.12	1 540

试验于黔西林泉和威宁黑石试验基地同时进行。

二、试验设计

林泉和黑石试验基地的生物炭用量试验具有一致的设置，具体试验设计如表7-2所示，采用单因子5水平3重复随机区组设计，每个区组5个小区，共15个小区，小区面积67 m^2（长8.7 m，宽7.7 m，起7条单垄，垄距1.1 m，株距0.55 m，每垄种15株烟，可种烟105株），小区面积共1 005 m^2。试验于2018年开始实施，种植模式为烟草连作，各处理的生物炭均为一次性投入，将生物炭在起垄前均匀撒施在土壤中，并与耕层土壤迅速旋耕混匀。烤烟采用单垄移栽，株距0.55 m，行距1.10 m。试验田施氮量为112.5 kg/hm^2，m（N）∶m（P_2O_5）∶m（KO_2）=1∶2∶3，其他田间管理措施均按当地优质烟叶生产技术规范进行。供试烤烟品种为云烟87。

表7-2 试验设计

处理	生物炭用量（干重）/（t/hm^2）	每小区生物炭用量/kg
CK	0	0
T1	5	33.5
T2	15	100.1
T3	20	133.9
T4	40	267.9

田间试验自2018年开始，实行烤烟与其他作物连作制，每年种植烤烟。烤烟管理按照当地常规管理措施进行。

三、结果与分析

（一）林泉试验点

如图7-7所示，在黔西黄壤中施用生物炭，增加了土壤Cr、Cd的活性，宜将生物炭用量控制在最少。施用生物炭，能降低土壤Ni、Pb、As的活性，当生物炭用量大于15 t/hm^2 时，对Ni、Pb的降低效果更好；当生物炭用量大于20 t/hm^2 时，对As的降低效果更好。

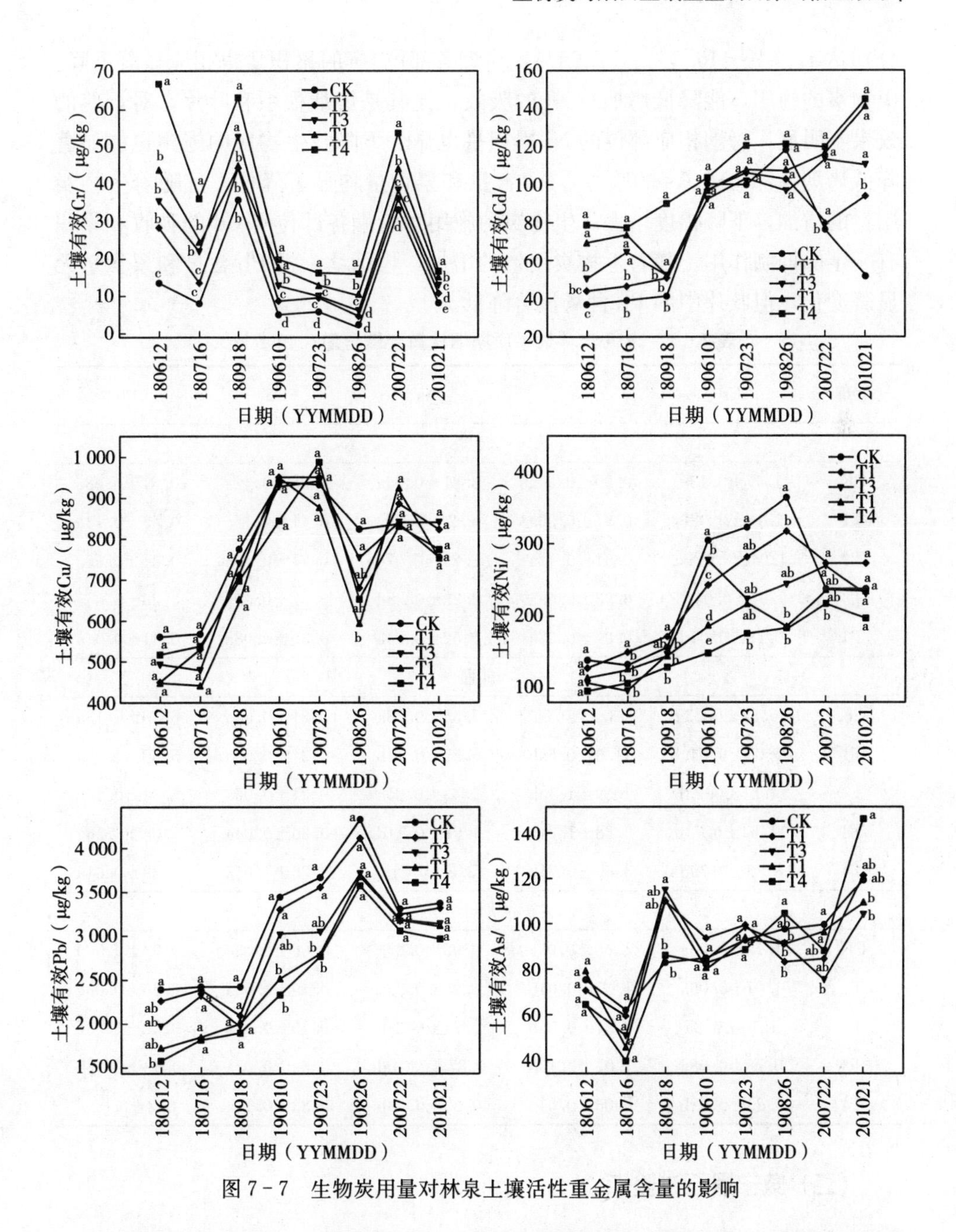

图 7-7　生物炭用量对林泉土壤活性重金属含量的影响

如表 7-3 所示，生物炭的施用，能降低烤烟对 Cr 的吸收，当生物炭用量大于或等于 20 t/hm^2 时，烤烟根、茎、叶中的 Cr 含量均显著降低，最大幅度分别达47.5%、46.3%、77.68%，烤烟各部位Cr的累积量也相应显著下降。生物炭的施用，能降低烤烟对Ni的吸收，尤其是烤烟根系和叶片，对烟茎的效果不明显，烤烟相应部位的Ni累积量也显著下降。生物炭的施用也能显著降低烤烟各部位对As的吸收，As含量和累积量均显著降低，且随着生物炭用量的增加，下降幅度增大。生物炭的施用对烤烟各部位对Cd的吸收和累积有一定的抑制作用。随着生物炭用量的增加，烤烟茎、根Pb含量和累积量无显著变化，但叶片中的Pb含量显著降低。

表7-3　2019年林泉平顶期烟株重金属含量/（mg/kg）

处理	Cr	Ni	As	Cd	Pb
烟茎					
CK	1.47±0.13a	0.90±0.20a	3.21±0.25a	0.38±0.12a	0.31±0.08a
T1	1.13±0.02b	0.97±0.30a	2.2±0.16b	0.41±0.11a	0.45±0.14a
T2	1.04±0.02bc	0.61±0.12a	2.29±0.07c	0.27±0.09a	0.21±0.06a
T3	0.91±0.04cd	0.93±0.09a	2.22±0.28d	0.37±0.09a	0.29±0.04a
T4	0.79±0.01d	0.97±0.32a	2.52±0.24e	0.30±0.08a	0.41±0.04a
烟根					
CK	15.87±0.23a	13.1±0.6a	7.35±0.28a	0.21±0.04a	6.10±0.13a
T1	15.05±0.04ab	11.3±0.6ab	6.25±0.17b	0.31±0.06a	5.60±0.47a
T2	14.21±0.23b	10.9±1.1ab	5.43±0.05c	0.21±0.06a	5.34±0.44a
T3	11.64±0.71c	9.88±1.21b	4.98±0.11d	0.26±0.04a	5.04±0.56a
T4	8.33±0.79d	8.69±0.71b	3.8±0.21e	0.26±0.06a	4.39±0.61a
烟叶					
CK	1.12±0.03a	1.60±0.09c	0.98±0.27a	0.66±0.03a	0.92±0.03d
T1	1.01±0.06a	1.07±0.04b	0.95±0.22a	0.49±0.05a	0.66±0.03c
T2	1.16±0.2a	0.94±0.05b	0.71±0.2ab	0.55±0.07a	0.52±0.03c
T3	0.78±0.08a	1.01±0.13b	0.87±0.04ab	0.62±0.04a	0.43±0.02b
T4	0.25±0.02b	0.05±0.01a	0.25±0.08b	0.33±0.11a	0.2±0.02a

（二）威宁黑石试验点

如图7-8所示，施用生物炭，会显著增加土壤Cr、Cd的活性，宜将生物炭用量控制在最少；能降低土壤Ni的活性，当生物炭用量大于15 t/hm^2

时，效果更好；能降低土壤 Pb 的活性，当生物炭用量大于 20 t/hm² 时，效果更好。当生物炭用量为 40 t/hm² 时，土壤 As 含量会增加，因此，应将施用量控制在 20 t/hm² 以内。

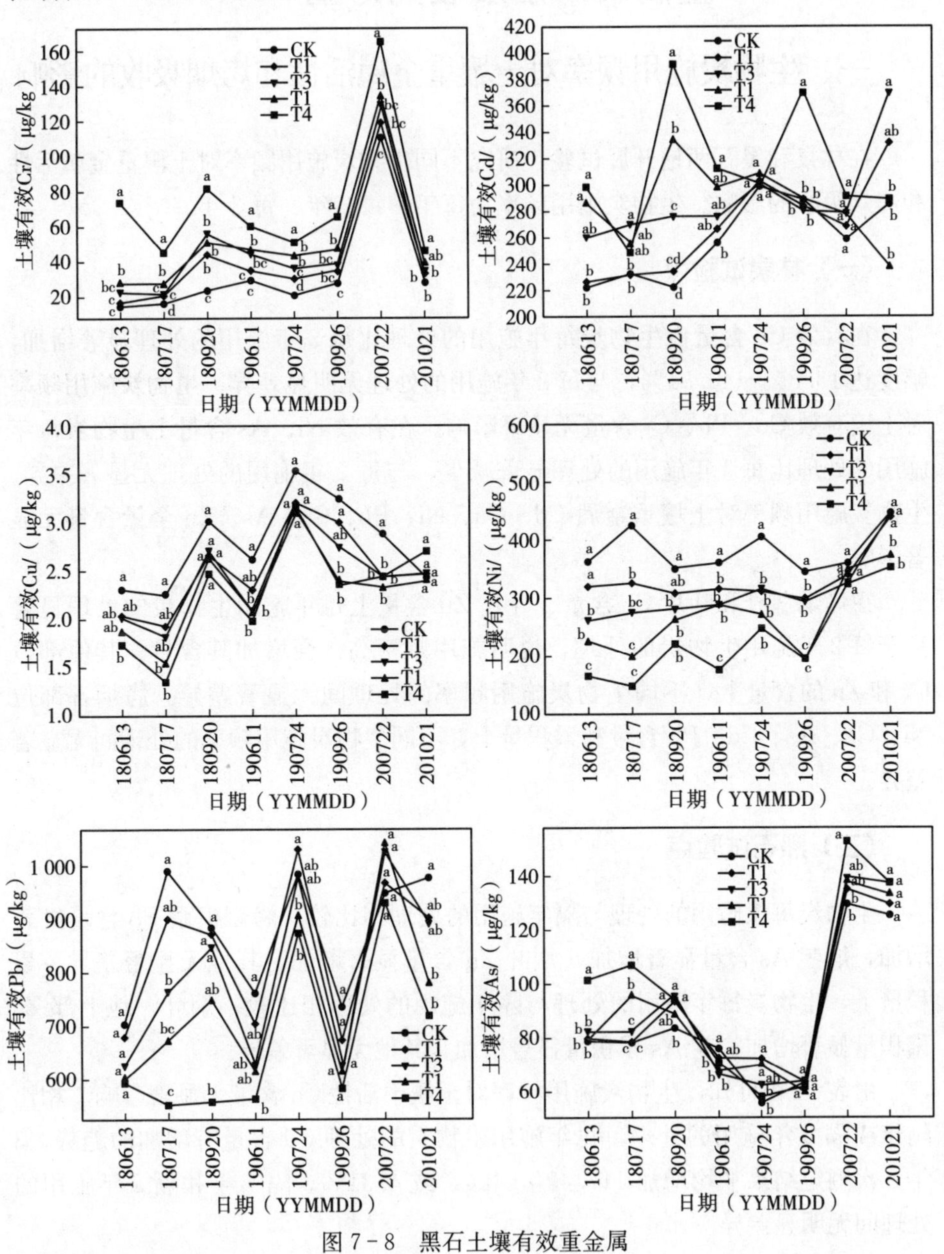

图 7-8　黑石土壤有效重金属

第四节 生物炭施用频率及方式对土壤有效重金属及烤烟吸收的影响

一、生物炭施用频率对土壤重金属活性和烤烟吸收的影响

在林泉和黑石两地开展试验，研究不同生物炭施用频率对土壤重金属活性和烤烟吸收的影响。生物炭施用频率为每年、每2年、每3年。

（一）林泉试验点

在有效Cd含量占生物炭每年施用的处理比每3年施用的处理显著增加，幅度达13.8%～40.31%，与每2年施用的处理无明显差异。生物炭施用频率对土壤有效Cu、Pb、Cr含量无显著影响。在有效Ni、As含量上生物炭每年施用的处理比每3年施用的处理显著减少，与每2年施用的处理无显著差异。生物炭施用频率对土壤重金属Cd、Cu、Ni、Pb、Cr、As、Zn全量含量无显著影响。

在烤烟茎秆和叶片Cr含量、叶片Zn含量上每年施用生物炭的处理显著高于每2年施用生物炭的处理，说明施用频率高，会增加其含量。其他部位Cr和Zn的含量上，不同生物炭施用频率的处理间无显著差异。烤烟各部位Ni、Cu、As、Cd、Pb含量和累积量上，不同生物炭施用频率的处理间无显著差异。

（二）黑石试验点

生物炭每年施用的处理与隔年施用的处理相比较，烤烟根系Pb含量显著增加，烟茎As含量显著增加，烟叶Zn含量显著增加，其他无显著差异。累积量上，生物炭每年施用的处理与隔年施用的处理相比较，烟叶、地上部Zn累积量显著增加，茎As累积量显著增加，其他无显著差异。

由表7-4可知，生物炭施用频率对土壤中活性Cd含量无显著影响。相比隔年或隔2年施用的处理，每年施用生物炭的处理Cd含量有增加的趋势，3年8次测定结果平均增加117.43 μg/kg，或4.31%。隔1年和隔2年施用的处理间无明显差异。

表 7-4　黑石土壤有效重金属含量/（μg/kg）

处理	Cd	Ni	Pb	Cr	As
每年	354.0±7.4a	274.6±14.2a	440.3±5.9a	136.1±5.3	132.9±5.18
每 2 年	318.9±11.4a	305.0±33.0a	452.9±0.7a	118.7±3.1	131.0±1.58
每 3 年	312.9±13.3a	280.5±5.4a	453.4±10.4a	119.3±7.6	124.6±1.24

生物炭施用频率对土壤中活性 Cu、Ni 含量无明显影响。相比隔年或隔 2 年施用的处理，每年施用生物炭的处理 Ni 含量有减少的趋势，3 年 8 次测定结果平均减少 27.26 μg/kg，或 9.63%。隔 1 年和隔 2 年施用的处理间无明显差异。生物炭施用频率对土壤中活性 Pb 含量无明显影响。与隔年或隔 2 年施用的处理相比，每年施用生物炭的处理 Pb 含量有减少趋势，3 年 8 次测定结果平均相差 1.11 μg/kg，或 0.18%。隔 1 年和隔 2 年施用的处理间无明显差异。生物炭施用频率对土壤中活性 Cr 含量无显著影响。相比隔年或隔 2 年施用的处理，每年施用生物炭的处理 Cr 含量有增加的趋势，3 年 8 次测定结果平均增加 6.8 μg/kg，或 13.56%。隔 1 年和隔 2 年施用的处理间无明显差异。生物炭施用频率对土壤中活性 As 含量无明显影响。与隔年或隔 2 年施用的处理相比，每年施用生物炭的处理 As 含量有增加趋势，3 年 8 次测定结果平均相差 2.61 μg/kg，或 2.8%。隔 1 年和隔 2 年施用的处理间无明显差异。除了 Cr 含量有显著变化外，其余重金属全量各处理间无显著变化。

二、生物炭和炭基肥施用方式与土壤重金属活性和烤烟吸收的关系

开展试验研究生物炭和炭基肥施用方式对土壤重金属活性和烤烟吸收的影响，结果（表 7-5）显示，条施处理的土壤有效 Cr 和 As 含量显著地比撒施的低。与常规施肥相比，添加生物炭导致土壤有效 Cd 和 Cr 显著升高，有效 As 显著降低；施用炭基肥导致有效 Cr 和 As 显著下降。撒施时添加生物炭或施用炭基肥都引起土壤有效 Ni 含量显著升高，而条施时都显著下降。因此，为了降低重金属风险，建议采用撒施。

在烟根、茎 Cr 含量和根、整株 Cr 累积量上，施肥方式（条施、撒施）与肥料种类（常规、常规+生物炭、炭基肥）交互作用显著。撒施时，添加生物

炭或施用炭基肥后，烟根 Cr 含量和累积量显著降低，烟茎显著升高；条施时，趋势相反。同样是施用生物炭，相比撒施，条施烟根 Cr 含量和累积量明显要高，因此，从控制 Cr 的角度考虑，建议撒施。施肥方式对烟叶 Cr 含量和茎秆、叶 Cr 累积量无显著影响。添加生物炭或施用炭基肥导致烟叶 Cr 含量和累积量升高。

在烟根、茎 Ni 含量和累积量上，施肥方式与肥料种类交互作用显著。撒施时，添加生物炭或施用炭基肥对烟根 Ni 含量和累积量无显著影响，添加生物炭导致烟茎 Ni 含量和累积量显著升高，炭基肥对其无显著影响。条施时，生物炭和炭基肥对烟根 Ni 含量和累积量无显著影响，生物炭的施用导致烟茎 Ni 含量升高，炭基肥对其无影响。同样是施用生物炭，相比撒施，条施烟根 Ni 含量和累积量明显要高，因此，从控制 Ni 的角度考虑，建议撒施。施肥方式对烟叶 Ni 含量和累积量无显著影响，添加生物炭或施用炭基肥导致烟叶 Ni 含量和累积量升高。

表 7-5　土壤活性重金属含量（取样日期：20190826）/（mg/kg）

项目	处理	Cd	Ni	Pb	Cr
施肥方式	撒施	0.09a	0.37a	2.66a	0.022a
	条施	0.10a	0.30a	2.59a	0.016b
	Pr>*F*	0.240 9	0.096 0	0.795 4	0.021 5
肥料种类	常规	0.09b	0.39a	2.62a	0.021b
	常规+生物炭	0.12a	0.26b	2.74a	0.030a
	炭基肥	0.09b	0.35ab	2.52a	0.005c
	Pr>*F*	0.007 2	0.034 0	0.752 4	<0.000 1
施肥方式×肥料种类	撒施×常规	0.09±0.01	0.34±0.04	2.57±0.06	0.03±0.00
	撒施×（常规+生物炭）	0.11±0.00	0.37±0.07	3.09±0.24	0.03±0.00
	撒施×炭基肥	0.09±0.01	0.4±0.03	2.32±0.16	0.01±0.00
	Pr>*F*	0.182 2	0.034 0	0.200 5	0.000 7
	条施×常规	0.10±0.00	0.44±0.05	2.67±0.27	0.02±0.00
	条施×（常规+生物炭）	0.14±0.01	0.16±0.01	2.39±0.10	0.03±0.00

（续）

项目	处理	Cd	Ni	Pb	Cr
	条施×炭基肥	0.09±0.00	0.32±0.02	2.73±0.33	0.00±0.00
施肥方式×肥料种类	$Pr>F$	0.010 0	0.096 0	0.686 9	<0.000 1
	$Pr_{交互}$	0.344 4	0.013 7	0.186 9	0.125 3

在烟茎、叶 As 含量和累积量上，施肥方式与肥料种类交互作用显著。撒施时，添加生物炭或施用炭基肥对烟茎 As 含量和累积量无显著影响，但导致烟叶 As 含量和累积量显著升高。条施时，添加生物炭和施用炭基肥导致烟茎 As 含量和累积量显著下降，但引起叶片 As 含量显著升高。施肥方式对烟根 As 含量和累积量无显著影响，添加生物炭或施用炭基肥导致烟根 As 含量显著下降。

施肥方式对烟株 Cd 含量和累积量无显著影响，在根、茎、整株 Cd 含量和累积量上，撒施的处理与条施的处理基本相同。添加生物炭或施用炭基肥的处理中，根、叶 Cd 含量和根、茎、叶、整株 Cd 累积量显著升高。

施肥方式对烟株 Pb 含量和累积量无显著影响，在根、茎、整株 Pb 含量和累积量上，撒施的处理与条施的处理基本相同。添加生物炭或施用炭基肥后，叶片 Pb 含量和累积量显著升高，根、茎 Pb 含量和累积量无显著变化。

三、炭基肥替代常规肥的土壤重金属风险评估

由表 7-6、表 7-7 可知，在偏碱性的黔西林泉黄壤上，常规施肥对土壤有效 Cd 含量无明显影响，减量后有效 Cd 含量有下降趋势；炭基肥并减量的处理中，平顶期有效 Cd 含量有增加的趋势，采收后有效 Cd 含量明显降低。在偏酸性的黑石土壤上，各处理间土壤有效 Cd 含量无显著差异。

在偏碱性的林泉土壤上，常规施肥、减量、施用炭基肥并减量，均导致土壤有效 Ni 含量有增加的趋势。在烤烟平顶期，在偏酸性的黑石土壤上，常规施肥、减量、施用炭基肥并减量导致土壤有效 Ni 含量降低；采收后趋势相反。

在偏碱性的林泉土壤上，常规施肥、减量、施用炭基肥并减量均导致土壤有效 Pb 含量有增加的趋势，但与常规施肥相比，炭基肥的增加量不明显。在偏酸性的黑石土壤上，反应趋势与林泉土壤基本相同。

在偏碱性的林泉土壤上，常规施肥、减量、施用炭基肥并减量能显著降低土壤有效Cr的含量。在偏酸性的黑石土壤上，常规施肥会增加土壤有效Cr含量，减量后有效Cr含量降低，施用炭基肥并减量处理的土壤有效Cr含量比常规施肥要低。

在偏碱性的林泉土壤上，常规施肥、减量、施用炭基肥并减量导致土壤有效As含量明显下降。在偏酸性的黑石土壤上，在平顶期，常规施肥、减量、施用炭基肥并减量对土壤有效As含量无明显影响；采收后，常规施肥减量30%的处理、施用炭基肥并减量的处理土壤有效As含量明显低于不施肥和常规施肥的处理。

总之，在黔西黄壤上，用炭基肥替代常规肥，土壤活性重金属Cd、Ni、Pb、As含量无显著变化，Cr显著增加；在威宁黄棕壤上，土壤活性重金属Cd、Ni、Pb、As、Cr含量均无显著变化。

表7-6　林泉土壤活性重金属含量

处理	Cd/（μg/kg）	Ni/（μg/kg）	Pb /（mg/kg）	Cr/（μg/kg）	As/（μg/kg）
2020年平顶期					
CK1	107.9±5.5	221.7±3.2	2.7±0.28	70.76±3.96a	157.9±23.3
CK2	102.0±1.2	264.5±7.7	3.05±0.2	39.84±6.27bc	119.6±10.8
T1	104.4±1.4	241.8±44.2	3.59±0.22	48.07±2.01bc	133.8±5.6
T2	110.3±4.2	270.1±54.7	3.52±0.1	34.82±4.8c	115.2±6.9
T3	146.9±1.8	204.5±27.5	3.25±0.11	52.55±5.17b	143.4±12.0
T4	124±6.9	284.2±24.2	3.33±0.12	47.73±14.69bc	128.9±8.4
显著性	—	—	—	0.01	—
2020年采收后					
CK1	215.5±36.8	202.2±42.9	2.94±0.14	10.38±1.94b	145.6±22.9
CK2	203.4±30.1	245.8±8.6	3.47±0.3	6.23±1.96cd	112.7±7.6
T1	177.0±21.1	196.4±42.3	3.02±0.22	4.84±1.83d	126.2±13.7
T2	140.2±3.8	281.8±30.4	3.66±0.33	4.73±1.53d	118.8±8.3
T3	148.5±15.6	266.1±35.8	3.32±0.31	9.61±0.05bc	128.7±9.1
T4	145.5±8.1	274.9±15.8	3.63±0.42	15.45±3.29a	143.8±11.6
显著性	—	—	—	0.01	—

表 7-7　黑石土壤活性重金属含量

处理	Cd/（μg/kg）	Ni/（μg/kg）	Pb/（mg/kg）	Cr/（μg/kg）	As/（μg/kg）
2020年平顶期					
CK1	335.8±15.23	370.11±18.06a	0.86±0.13	76.01±5.49	126.3±2.8
CK2	331.15±18.22	334.01±15.84ab	0.99±0.07	100.48±32.69	145.9±9.3
T1	303.32±17.42	292.51±35.87bc	0.86±0.11	84.82±10.88	142.3±13.7
T2	302.46±8.89	273.8±27.18c	1.03±0.1	73.17±3.81	131.2±3.1
T3	311.96±40.66	274.36±37.37c	0.97±0.08	96.31±17.13	134.9±8.3
T4	305.29±21.97	280.01±13.51bc	0.97±0.08	91.26±29.03	130.8±6.1
显著性	—	0.05	—	—	—
2020年采收后					
CK1	254.72±39.7	313.64±85.57	0.74±0.18	13.13±4.38	117.5±4.5a
CK2	307.93±24.31	325.55±10.52	1.05±0.17	19.73±9.95	117.6±9.7a
T1	310.18±10.15	447.15±15.91	1.14±0.1	13.51±4.05	116.4±27.2ab
T2	303.36±10.18	429±45.46	1.06±0.07	9.55±0.84	84.7±6.1c
T3	321.46±22.75	377.46±129.88	1.02±0.15	14.51±2.64	90.9±2.2bc
T4	292.53±12.99	381.61±61.23	1.08±0.11	14.2±4.83	93.7±1.8abc
显著性	—	—	—	—	0.05

第八章

生物炭对烟田土壤农药残留的治理修复效果

第一节　生物炭施用后土壤及烟叶农药残留风险分析

一、材料与方法

试验用生物炭由毕节公司提供，以烟秆为原材料热解制得，其基本性质为pH10.4、EC6.09 ms/cm、全碳含量 54.03%、灰分含量 13%、全氮含量 16.12 g/kg、有效磷含量 1.54 g/kg、全钾含量 61.2 g/kg。试验于黔西林泉和威宁黑石试验基地同时进行。

二、试验设计

林泉和黑石试验基地的生物炭用量试验具有一致的设置，具体实验设计采用生物炭用量单因子 5 水平 3 重复随机区组设计，用量水平分别为 0、5、15、20 和 40 t /hm^2。每个区组 5 个小区，共 15 个小区，小区面积 67 m^2（长 8.7 m，宽 7.7 m，起 7 条单垄，垄距 1.1 m、株距 0.55 m，每垄种 15 株烟，可种烟 105 株），小区面积共 1 005 m^2。试验于 2018 年开始实施，种植模式为烟草连作，各处理的生物炭均为一次性投入，将生物炭在起垄前均匀撒施在土壤中，并与耕层土壤迅速旋耕混匀。烤烟采用单垄移栽，株距 0.55 m，行距 1.10 m。试验田施氮量为 112.5 kg/hm^2，m（N）：m（P_2O_5）：m（KO_2）=1：2：3，其他田间管理措施均按当地优质烟叶生产技术规范进行。供试烤烟品种为云烟 87。

在 2019 年 7 月 22 日（烟草平顶期）时采集各处理耕层土壤样品，进行多种农药残留的筛查分析。

三、结果与分析

试验结果表明（表 8－1），在黔西林泉黄壤试验田中，共检出 21 种农药残留。施用生物炭后，总体上有甲基对硫磷、乙草胺和异菌脲 3 种农药残留随生物炭用量的增加呈不同程度增加。其中，甲基对硫磷在生物炭用量40 t/hm^2 时增加幅度最高为 120.8%，乙草胺农药残留量在生物炭用量 15 t/hm^2 时增加幅度最高为 158.5%，异菌脲农药残留量在生物炭用量 40 t/hm^2 时增加幅度最高为 249.3%。有 7 种农药残留量随生物炭用量增加呈不同程度降低，包括丁硫克百威、对硫磷、氟吡菌酰胺、氟节胺、己唑醇、菌核净、正壬基酚。其余 11 种未发生明显变化。从生物炭对农药残留的影响来看，林泉黄壤区生物炭施用量 5～20 t/hm^2 较为合适。

表 8－1　不同用量生物炭施用后林泉土壤中农药残留量/（μg/kg）

检出农药	生物炭用量				
	0t/hm^2	5t/hm^2	15t/hm^2	20t/hm^2	40t/hm^2
吡虫啉	2.71	2.79	2.76	2.72	3.09
丁草胺	0.763	0.788	0.799	0.725	0.795
丁硫克百威	162.18	0	19.17	22.42	162.18
对硫磷	43.96	14.01	40.42	35.88	37.25
砜嘧磺隆	827.46	902.66	924.18	959.23	101.23
氟吡菌酰胺	1.081	0.74	0	0	1.484
氟节胺	8.72	7.03	6.29	6.97	6.02
己唑醇	1.24	0	0.29	0.79	2.17
甲基对硫磷	92.3	22.21	136.54	193.36	203.82
甲基硫菌灵	0.256	0.197	0.242	0.214	0.214
腈菌唑	10.97	11.49	12.9	11.57	15.69
菌核净	388.41	29.66	77.01	49.54	41.95
噻虫胺	3.63	3.56	3.54	3.6	3.61
噻虫嗪	3.27	3.14	3.14	3.34	3.06
三唑醇	3.42	3.39	3.38	3.4	3.35

（续）

检出农药	生物炭用量				
	0t/hm²	5t/hm²	15t/hm²	20t/hm²	40t/hm²
脱异丙基莠去津	796.76	1 081.71	395.62	625.27	1 434.4
烯酰吗啉	0.776	0.985	0.724	0.435	1.923
缬霉威	1.71	1.76	1.70	1.71	1.71
乙草胺	192.14	246.47	496.59	484.03	442.8
异菌脲	41	43.02	53.59	77.06	143.21
正壬基酚	3.8	3.55	3.26	2.6	0.96

由表 8-2 可知，在威宁黑石黄棕壤试验田中，共有 20 种农药残留检出。施用生物炭后，对硫磷、菌核净、异菌脲、甲基对硫磷、脱异丙基莠去津、砜嘧磺隆共 6 种农药残留量呈增加趋势，平均增加幅度分别为未施用生物炭处理的 22.03、14.60、2.27、2.18、0.33、0.65 倍；但这些主要发生在生物炭施用量超过 5 t/hm² 之后。因此，威宁黄棕壤区宜将生物炭用量控制在 5 t/hm² 为宜。

表 8-2　不同用量生物炭施用后黑石土壤中农药残留量/（μg/kg）

检出农药	生物炭用量				
	0t/hm²	5t/hm²	15t/hm²	20t/hm²	40t/hm²
吡虫啉	2.69	2.75	2.70	2.79	2.79
丁草胺	0.728	0.768	0.751	0.750	0.715
丁硫克百威	191.7	148.2	162.2	19.17	0.00
对硫磷	3.67	12.49	64.75	71.57	189.24
砜嘧磺隆	659.41	179.29	1360.06	1251.89	1548.14
氟吡菌酰胺	0.583	0.000	0.551	0.192	0.736
氟节胺	8.19	13.47	12.66	10.66	18.79
己唑醇	3.32	2.37	2.33	2.73	2.76
甲基对硫磷	56.46	70.60	137.07	179.59	330.66
甲基硫菌灵	0.191	0.181	0.232	0.196	0.211
腈菌唑	8.26	9.19	7.52	7.64	11.63
菌核净	13.01	14.68	13.28	32.13	751.61

（续）

检出农药	生物炭用量				
	0t/hm²	5t/hm²	15t/hm²	20t/hm²	40t/hm²
噻虫胺	3.67	3.59	3.66	3.55	4.29
噻虫嗪	3.60	3.25	3.13	3.14	3.34
三唑醇	3.54	3.49	3.68	3.60	3.70
脱异丙基莠去津	382.28	399.03	189.34	657.18	781.24
烯酰吗啉	2.579	2.575	1.319	1.286	2.739
缬霉威	1.79	1.68	1.73	1.73	1.69
乙草胺	282.00	272.61	319.00	313.25	390.22
异菌脲	45.14	48.45	117.77	204.70	218.89

不同生物炭施用方式及生物炭肥料种类均会对土壤中的农药残留量产生一定影响。田间喷施 3 种农药（氟菌唑、高效氯氟氰菊酯和烯酰吗啉）的试验结果表明，施肥方式（条施或撒施）对氟菌唑残留量无显著影响（表 8-3）。与常规施肥相比，添加生物炭导致氟菌唑和高效氯氟氰菊酯残留量显著提高，而施用炭基肥的处理中，氟菌唑和高效氯氟氰菊酯 2 种农药残留量与常规施肥无显著差异。

表 8-3　施用方式和肥料种类对土壤农残的影响/（μg/kg）

项目	处理	氟菌唑	高效氯氟氰菊酯	烯酰吗啉
施肥方式	撒施	9.79a	10.11a	0.01
	条施	7.11a	5.03b	0.01
	Pr>*F*	0.216 0	0.006 9	
肥料种类	常规	6.23b	3.85b	0.01
	常规+生物炭	14.31a	15.45a	0.01
	炭基肥	4.82b	3.41b	0.01
	Pr>*F*	0.006 9	<0.000 1	
施肥方式×肥料种类	撒施×常规	7.21±1.57	4.48±1.07	0.00±0.00

（续）

项目	处理	氟菌唑	高效氯氟氰菊酯	烯酰吗啉
施肥方式×肥料种类	撒施×（常规+生物炭）	17.94±4.26	22.07±2.49	0.00±0.00
	撒施×炭基肥	4.24±2.05	3.8±1.16	0.00±0.00
	Pr>*F*		0.007 2	<0.000 1
	条施×常规	5.26±2.19	3.24±1.29	0.00±0.00
	条施×（常规+生物炭）	10.7±1.78	8.84±2.06	0.00±0.00
	条施×炭基肥	5.41±1.12	3.03±0.68	0.00±0.00
	Pr>*F*		0.257 4	0.083 4
	$Pr_{交互}$	0.276 6	0.010 7	

注：取样时间为2019年8月26日。

在烟叶中氟菌唑的残留量上，生物炭撒施处理明显比条施高（表8-4）。添加生物炭较大幅度地降低了中部叶氟菌唑的残留量。施用炭基肥与常规施肥的烟叶氟菌唑残留量无明显差异。施肥方式对高效氯氟氰菊酯残留量的影响虽未达到5%显著水准，但从趋势上看，撒施的要高于条施的处理。与常规施肥相比，添加生物炭导致中部叶高效氯氟氰菊酯残留量有减少的趋势，但未达5%显著差异水准。施用炭基肥的处理与常规施肥相比，烟叶高效氯氟氰菊酯残留量无显著变化。

总之，添加生物炭能较大幅度地降低烤后烟叶氟菌唑、高效氯氟氰菊酯等农药残留量，其中生物炭条施的处理使农药残留量更低。

表8-4 施用方式和肥料种类对烤后烟叶（C3F）农药残留的影响/（μg/kg）

项目	处理	氟菌唑	高效氯氟氰菊酯	烯酰吗啉
施肥方式	撒施	141.3a	10.26a	6.11a
	条施	51.46a	6.87a	2.99a
	Pr>*F*	0.112 5	0.533 9	0.391 9
肥料种类	常规	138.8a	14.25a	3.79a
	常规+生物炭	30.31a	3.80a	7.54a
	炭基肥	120.0a	7.64a	2.33a

（续）

项目	处理	氟菌唑	高效氯氟氰菊酯	烯酰吗啉
肥料种类	$Pr>F$	0.234 8	0.304 5	0.390 6
施肥方式×肥料种类	$Pr_{交互}$	0.811 6	0.800 6	0.391 9

第二节　生物炭等修复剂对烟田除草剂残留的修复及应用效果

目前，除草剂残留污染土壤的修复主要都是采用化学修复与微生物降解。本节根据试验地烟田除草剂施用情况调查及烟草药害问题，选择施用4种土壤修复材料，进一步研究了不同修复材料对除草剂残留降解分布、土壤细菌群落结构及烟叶产、质量的影响，以期为烟田除草剂残留的土壤修复提供理论和实践指导。

一、材料与方法

试验用生物炭由毕节公司提供，以烟秆为主要原材料热解制得，生石灰、贝壳粉、微生物菌剂（芽孢杆菌、木霉及光合菌等复合菌）均为购自市场的商品剂。

二、试验设计

试验选择在金沙县禹谟烟站进行，在前期除草剂调研及药害调查基础上，选择前茬为高粱，喷施过高粱除草剂（二氯·莠去津）且除草剂药害发生风险较高的烟田。在烟田翻耕后起垄前，条施不同种类的土壤修复剂，然后混匀、施肥、起垄。土壤修复各处理见表8-5，其中生物炭、贝壳粉及生石灰用量均为每亩施用100 kg，复合微生物菌剂按照推荐的亩用量1.0 kg，在团棵期兑水后浇施（500 mL/株），同时各处理均浇施等量清水，空白对照（CK）不采用任何修复措施，其他田间管理措施均按照当地优质烟叶生产技术规程进行。

表 8-5　除草剂农残土壤修复处理

处理	亩施用量/kg
生物炭（T1）	100
生石灰（T2）	100
贝壳粉（T3）	100
生物炭复合处理（T4）	生物炭 100＋微生物菌剂 1
对照（CK）	0

三、结果与分析

（一）不同修复材料对烟草农艺性状及药害影响

由表 8-6 中可知，与对照相比，不同修复处理均不同程度促进了烟株长势，株高和叶面积均不同程度增加。各处理相比，T1 处理对株高的影响最大，增加率为 35.06%；其次是复合处理 T4，为 29.51%；T2 和 T3 处理差异不大，分别为 26.35%和 27.77%。对烟叶叶面积修复情况最好的也为 T1 处理，其增加率为 55.63%，其次为 T3 处理和 T4 处理，增加率为 55.32%和 53.54%，T2 处理最差，为 43.28%。

各处理除草剂药害等级较对照明显降低，其中 T1 药害等级最低，其次是 T2 处理，T3 与 T4 处理差异不大。各项农艺性状和药害等级数据显示，生物炭处理（T1）对除草剂药害的修复效果最好，其次是生物炭复合处理（T4）。

表 8-6　不同土壤修复材料烟叶旺长期农艺性状及药害等级

处理	株高/cm	株高抑制率/%	叶面积/cm²	叶面积抑制率/%	药害平均等级
T1	58.9	−35.06%	477.55	−55.63%	2.8
T2	55.1	−26.35%	439.65	−43.28%	3
T3	55.72	−27.77%	476.59	−55.32%	3.8
T4	56.48	−29.51%	471.12	−53.54%	3.8
CK	43.61	0.00%	306.84	0.00%	5.2

（二）不同修复材料对烟田土壤中农残降解的影响

在施用不同修复剂修复处理后 1 d 和 80 d，分别取 5 个处理土壤样品进行、莠去津和二氯喹啉酸的残留检测。由表8-7可知，修复后1 d，莠去津残留量最高的为T3处理，其残留量为28.23 μg/kg，其他处理残留量由高至低依次为CK、T4、T2、T1，其残留量分别为24.87 μg/kg、26.79 μg/kg、24.54 μg/kg和24.23 μg/kg；修复后80 d，莠去津残留量最高的为CK处理，其残留量为6.52 μg/kg，其他处理残留量依次由高至低依次为T3、T4、T2、T1，其残留量分别为5.03 μg/kg、4.50 μg/kg、4.29 μg/kg和2.37 μg/kg。从莠去津残留降解情况分析，可知，农残降解率最高的是T1，其次为T4，T2和T3差异不大，但均高于对照。

表8-7 不同修复处理土壤中莠去津残留量变化

项目	T1	T2	T3	T4	CK
修复后1 d莠去津残留量/（μg/kg）	24.23	24.54	28.23	26.79	24.87
修复后80 d莠去津残留量/（μg/kg）	2.37	4.29	5.03	4.50	6.52
降解率/%	90.22	82.52	82.18	83.20	73.78

由表8-8可知，修复处理后1 d，二氯喹啉酸残留最高的为T1处理，其残留量为5.47 μg/kg，其他处理残留量依次由高至低依次为T3、T4、CK和T2，其残留量分别为5.51 μg/kg、5.51 μg/kg、5.11 μg/kg和4.95 μg/kg；修复处理后80 d，二氯喹啉酸残留量最高的为CK处理，其残留量为2.65 μg/kg，其他处理残留量依次由高至低依次为T3、T4、T1和T2，其残留量分别为2.40 μg/kg、2.25 μg/kg、1.80 μg/kg和1.27μg/kg。从二氯喹啉酸残留降解率分析，修复效果较好的是T2和T1处理，其次是T4及T3处理。

表8-8 不同修复处理土壤中二氯喹啉酸残留量变化

项目	T1	T2	T3	T4	CK
修复后1 d二氯喹啉酸残留量/（μg/kg）	5.47	4.11	5.51	5.51	4.95
修复后80 d二氯喹啉酸残留量/（μg/kg）	1.80	1.27	2.40	2.25	2.65
降解率/%	67.09	69.10	56.44	59.17	46.46

（三）不同修复材料对土壤微生物群落结构的影响

由图8-1可知不同土壤修复处理中微生物拷贝数的差异，生物炭处理（T1）与对照组处理（CK）的微生物拷贝数最多，微生物拷贝数最低的为贝壳粉处理（T3），比对照组（CK）的微生物拷贝数低了 85.2%，相较于生物炭处理（T1）低了 83.3%，而生石灰处理（T2）和复合处理（T4）相较对照组处理拷贝数分别低了 82.3%和 74.3%。

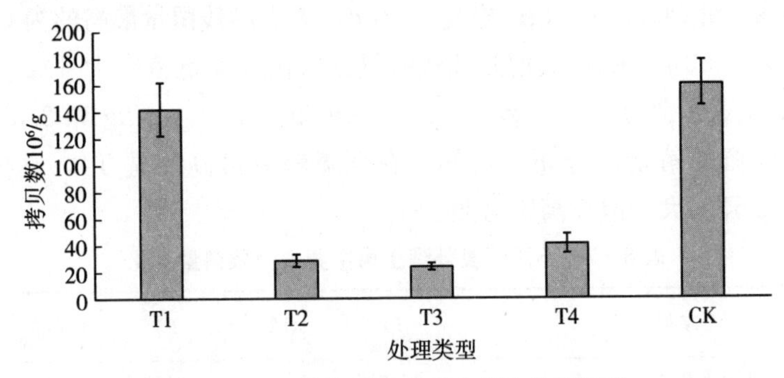

图 8-1　土壤修复各处理中微生物拷贝数

通过 Alpha 多样性分析可知（表 8-9），土壤修复试验中对照组（CK）的 Chao1 指数、Shannon 指数均为各处理组中最低，说明未修复土壤中土壤丰富度与多样性均为最低；而其他土壤处理土壤丰富度与多样性相比对照均有不同程度的提高，其中，T1、T2、T3、T4 处理 Chao1 指数分别比 CK 处理高出 28.7%、25.9%、22.3%和 12.8%，Shannon 指数分别高出 7.5%、0.52%、3.7%和 3.3%，说明土壤修复措施对除草剂药害土壤微生物环境有一定程度的修复作用，其中生物炭处理（T1）效果最好，其 Chao1 指数、Shannon 指数在各处理组中最高，而其他处理组的土壤丰富度高低依次是 T2＞T3＞T4＞CK，而土壤多样性高低依次为 T3＞T4＞T2。

表 8-9　不同土壤修复处理的微生物 Alpha 多样性指数

处理	Chao1 指数	香农指数	辛普森指数
T1	3 960.56±285.65c	10.18d	0.997d
T2	3 873.74±266.69b	9.52a	0.994a
T3	3 763.49±287.06b	9.82c	0.996c
T4	3 469.54±268.47a	9.78c	0.996c
CK	3 076.54±240.32a	9.47a	0.995b

（四）不同修复材料对烤后烟叶产量、质量的影响

在烤烟成熟期，按照小区单独进行烟叶采摘和烘烤，并进行烟叶等级的分

级、计算各等级产量，按照当地烟草专卖局统一收购价，计算出各土壤修复处理的产值。由表 8-10 可以看出，各土壤修复处理中，上等烟比例最高的为生物炭处理（T1），而且下等烟比例在各处理中是最低的，单位亩产值在各处理中也是最高；生石灰处理与复合处理单位亩产值位列第 2、第 3。

表 8-10　不同土壤修复处理的烟叶产、质量

处理	亩产量/kg	亩产值/元	均价/（（元/kg）	上等烟比例/%	下等烟比例/%
T1	63.27	770.49	12.18	47.72	39.40
T2	52.3	584.66	11.18	43.77	42.35
T3	50.65	507.88	10.03	40.77	47.82
T4	58.49	579.55	9.91	40.20	49.25
CK	52.67	380.11	7.22	29.30	60.56

由表 8-11 可知，各修复处理的上等烟（按国家烟叶分级标准方法挑选出的 C3F）烟叶中只有 T1 处理烟叶颜色为 F+，其他处理颜色略淡，都为 F；各个处理烟叶均成熟；除 T1 和 T3 外，叶片身份均偏薄且结构偏疏松；各处理都稍有油分，其中 T2、T3 处理油分稍高；色度上，各处理均为中。由表 8-12可知，各修复处理下等烟中，各处理烟叶颜色均为 F，且各个处理均成熟，除 T1 和 T4 叶片外，身份均稍薄，结构偏疏松，T1 和 T2 处理烟叶油分高于其他处理，色度均为中。

表 8-11　各修复处理的上等烟外观质量

处理	颜色	成熟度	身份	结构	油分	色度
T1	F+	成熟	中一	疏松+	稍有	中一
T2	F	成熟	稍薄+	疏松	稍有+	中一
T3	F	成熟	中一	疏松	稍有+	中
T4	F	成熟	稍薄	疏松	稍有	中
CK	F	成熟	稍薄	疏松	稍有一	中

表 8-12　各修复处理的下等烟外观质量

处理	颜色	成熟度	身份	结构	油分	色度
T1	F	成熟	稍薄+	疏松	有	中
T2	F	成熟	稍薄	疏松	有	中

（续）

处理	颜色	成熟度	身份	结构	油分	色度
T3	F	成熟	稍薄	疏松	稍有	中
T4	F	成熟	中一	疏松＋	稍有	中
CK	F—	成熟	稍薄一	疏松	稍有	中一

由表8－13可知，各修复处理中单叶重最高的为T2处理，相比CK单叶重高出50.1%；含梗率最低的是T1处理，比CK低18.6%；叶长最高的是T2处理，比CK长26.2%；叶宽最高的是T4，比CK高34.8%；厚度最高的是T2，比CK高15.5%；叶面密度最高的是T3，比CK高19.3%；拉力最高的为T1，比CK高出6.5%。

表8－13　各处理上等烟叶物理指标

处理	单叶重/g	含梗率	叶长/cm	叶宽/cm	厚度/μm	叶面密度/（g/m^2）	拉力/N
T1	83.2	25.48%	48.15	16.85	120.53	103.64	1.430
T2	107.5	28.65%	54.55	16.3	146.00	109.02	1.252
T3	95.3	29.49%	49.9	15.75	126.50	112.21	0.911
T4	97.3	27.13%	50	17.25	138.83	87.82	1.418
CK	71.6	31.28%	43.2	12.8	126.43	94.09	1.342

四、讨论与小结

（一）讨论

通过不同土壤修复处理可以减轻烟草药害，生物炭处理组（T1）修复效果最佳，各个土壤修复处理均对药害土壤的各项理化性质及土壤微生物群落有着不同程度的修复。从烟叶经济性状来看，生物炭处理组（T1）同样效果最佳，这与药害分级结论一致。生物炭可以改变土壤团粒结构，提高土壤有机质含量，一方面对生长有促进作用，增加生物量相当于变相减少了植株中农残含量，另一方面可以吸附农残，生物炭的多孔结构对除草剂有着极强的吸附性能。Shun等研究发现，土壤中的微量元素，例如除草剂，可以与生物炭表面颗粒发生静电作用，且小粒径的颗粒对其亲和力越高。同时，生物炭改变了土壤环境，为环境胁迫下的微生物提供庇护，提高土壤微生物的数量及降解性。

各土壤修复处理的微生物拷贝数之间差异较大。其中，对照组处理（CK）和生物炭处理（T1）的微生物拷贝数最高，可能是因为添加生物炭 CK 和 T1 的微生物拷贝数降低了除草剂生理毒性，提高了土壤微生物及酶活性。分别比最低的贝壳粉处理组（T3）高出 85.2%和 83.3%，这可能由于贝壳粉施加进药害土壤后，虽然能提高土壤 pH，但同时导致一系列理化指标及酶活性受到影响而降低，从而影响了土壤微生物群落活性与数量。通过 Alpha 多样性分析可以看出生物炭处理（T1）的 Chao1 指数、Shannon 指数在各处理组中最高，说明其对药害土壤微生物环境修复效果最好，而其他处理组的土壤丰富度高低依次是 T2＞T3＞T4＞CK，而土壤微生物群落多样性高低依次为 T1＞T3＞T4＞T2＞CK，说明各处理组对微生物群落多样性均有不同程度的修复，生石灰处理组（T2）微生物多样性指数在各个处理中最低，可能是因为在添加了石灰后，土壤中原有的微生物群落由于 pH 等理化性质的变化而减少，并且新增了一些新微生物群落，同时添加生石灰可能会使土壤通透性变差，土壤板结，影响土壤微生物活性。

通过分析土壤修复后产量、烟叶质量及物理指标发现，生物炭处理同样在各处理中修复效果最好，这与上述结论一致。生物炭处理的各项物理指标在各处理中均属于优秀，结合烟叶分级结果与大田药害结果，生物炭修复在各修复处理中效果最好。

（二）小结

第一，对不同土壤修复处理进行大田观测，从农艺性状、药害分级可以看出 T1 处理对株高和叶面积的修复作用在各个处理中效果最好，分别达到了 35.06%和 55.63%。在修复处理后 1 d 和 80 d，分别采取土壤样品进行除草剂残留检测，结果显示，莠去津和二氯喹啉酸为主要残留除草剂，其中 T3 处理对莠去津降解效果最好。T4 和 T1 处理次之；T1、T2 处理对二氯喹啉酸降解效果最好，T4 处理次之。

第二，分析不同修复处理对土壤微生物群落结构的影响，可以看出，T2、T3、T4 处理组微生物拷贝数对比 CK 均下降，T1 处理与 CK 处理差别不大；T1、T2、T3、T4 处理的 Chao1 指数分别比 CK 处理高出 28.7%、25.9%、22.3%和 12.8%，Shannon 指数分别高出 7.5%、0.52%、3.7%和 3.3%，各土壤修复措施对除草剂药害土壤微生物环境有一定程度的修复。

第三，通过分析烟叶修复后产值、烟叶外观品质及物理指标可知，各处理上等烟叶各项外观指标均优于 CK 处理，其中身份和油分指标最为明显；各处理上等烟叶物理指标也均优于 CK 处理，综合各项指标，T1 和 T2 处理在产值、外观品质和物理指标的修复上效果最好。

第三节　烟田农药残留及生物炭对农残的影响

农药残留是指农药使用后残存于环境、生物体和食品中的农药母体、衍生物、代谢物、消解物和杂质的总称。现代农业生产中，农药的广泛使用，一方面造福了人类，另一方面也给人类赖以生存的环境带来危害，农药的利用率一般为 10%，约 90%的农药残留在环境中，造成环境污染。大量散失农药会挥发到空气中、流入水体中、沉降聚积在土壤中，并通过食物链的富集作用转移到人体，对人体产生危害。近年来，生物炭在农业中的应用引起了国内外农业工作者的研究兴趣。生物炭来源于农田又回归于农田，对农田土壤结构和理化性质等均具有良好的改善功能，具有易制备、成本低、废物利用、绿色减排等诸多优点。同时，生物炭已在农药残留修复和残留分析等领域展现出巨大的应用潜力。在农药残留修复领域，生物炭因其具有高吸附活性、多孔性及比表面积大等特征，可作为农药的吸附剂、农药降解菌株的载体和农药及肥料的缓释载体，这为解决农田中的农药残留污染提供了新的思路。

据统计，世界农药的施用量每年以 10%左右的速度递增。20 世纪 60 年代末，世界农药年产量在 400 万 t 左右，20 世纪 90 年代则已超过 3 000 万 t。中国每年农药使用量达 50 万～60 万 t，施用农药面积在 2.8 亿 hm^2 以上，其中 80%～90%农药最终将进入土壤环境。中国土壤中的农药污染十分严重，据统计 87 万～107 万 hm^2 的农田土壤遭受农药污染。目前，农药残留污染已成为中国影响范围较大的一种有机污染，且具有持续性和长期性。比如，含 Hg、As 的农药制剂几乎将永远残留在土壤中，有机氯农药的残留期也较长，一般有数年至 30 年之久，均三苯类、取代脲类和苯氧乙酸类除草剂残留期一般在数月至一年。

中国烟草行业非常重视烟叶安全性及农药残留问题，已研究和制定了部分农药的安全使用标准及烟叶农药残留内控标准。土壤中的残留农药是烟叶中农药残留的来源之一。土壤中的残留农药可通过植物的根系吸收转移至植物组织内部和农作物中，土壤的农药污染量越高，农作物的农药残留量也越高。

一、烟田土壤农药残留现状及农药残留给烟叶生产带来的危害

目前，烟草侵染性病害有68种，害虫有200多种，主要的防治途径有绿色防控、物理防控及化学防治等多种方式。国家农业及烟草部门均在大力推广绿色防控，但由于绿色防控受制于投入大、见效慢、靶标有限等状况，烟农的配合度不高，推广起来有一定难度。在实际烟叶生产中，烟农往往还采用成本低、见效快、易操作的化学农药防治手段。但化学药剂的大量及不科学施用会导致农田环境中的化学农药残留，会破坏生态平衡，污染环境，最终给人类生存造成诸多负面影响。据统计，目前有70种能干扰人体内分泌的化学物质，其中就有40多种被用作化学农药。烟草病虫害化学防治药剂种类繁多，常用的主要有乐果、氧乐果、抗蚜威（辟蚜雾）、甲萘威（西维因）、敌百虫、氰戊菊酯（来福灵）、氯氟氰菊酯（功夫）等40多种。但烟农盲目施药及超范围用药问题严重，导致实际施药品种有近百种，对烟叶农药残留及质量安全问题提出严重挑战。

由于中国烟草种植区从南到北分布广泛，各个地区的生态条件复杂各异，加之各地普遍存在烟田的规模化连片连作种植，因此烟草生长发育期间，各种杂草、害虫、病原物等问题频繁发生，致使烟田遭受不同程度的危害。不仅化学防治的成本普遍加重，而且烟叶中农药残留愈加严重，严重影响了烟草的产量、品质及安全性。通过对中国农药信息网检索统计发现，截至2021年9月，中国在烟草上登记的有效期内的已允许使用农药产品共计749个，比花生上登记的农药产品少27%，但远多于甘薯、向日葵、甜菜、小豆、绿豆、高粱等其他大田经济作物上登记的农药产品。经统计，749个登记产品包括656个单制剂和93个混剂，其中杀菌剂产品297个，杀虫剂产品326个，除草剂43个，植物生长调节剂83个，分别占烟草登记农药总数的39.65%、43.52%、5.74%和11.08%。

因化学农药本身含有多种对人体有负面影响的化学物质，有的具有明显的“三致”作用，过度使用、使用不当和后续处理不当都会导致农药残留问题。

近年来，随着农药的品种和数量不断增加，而受制于专业知识及文化水平，部分烟农对化学农药的施用没有一个系统性的知识体系，全凭经验施药，极易造成烟田及烟叶农药残留问题严重。据调查发现，在烟农施药过程中，部分烟农不按说明书要求稀释农药，喷药浓度过大，达不到预期防治效果，反而造成农药残留和浪费；部分烟农将多种农药混合施用，对每种农药的具体效果并不了解，混合使用后，药品间发生化学反应，使每种农药效果都大打折扣，甚至产生严重药害问题；有些烟农喷药时间间隔较短，连续喷药且不断叠加，易造成浪费和农药残留超标。这些不科学的施药方法，均带来极大的农药残留风险。

中国是农业生产大国、烟草生产大国，也是农药生产大国。近年来，硫丹、溴甲烷、磷化镁、氧乐果等高毒及限制使用农药品种已全部退出烟草使用农药登记，符合国家政策导向、符合农业绿色发展及烟叶生产实际的一些高效低毒生物农药、化学农药和抗生素登记产品大幅增加，且新品种更加丰富，说明中国烟草上农药产品正向着毒性更低、更安全的方向发展。同时，针对烟田环境及烟叶中农药残留问题亟待解决的现状，首先要做好农药残留管控工作，这不仅需要国家农业部门加强农药市场及产品监管，也需要广大烟农提高科学素养和农残防控意识，通力配合，确保不断提升烟草生产安全与烟叶产品安全；其次需要整个烟草系统自上而下提高技术及准入标准，抓好用药规范，大力推广烟草病虫草害的统防统治和绿色防控。

二、土壤中农药残留的修复技术概述

生物修复是指利用生物的生命代谢活动来减少土壤环境中有毒、有害物的浓度或使其无害化，从而使污染了的土壤环境能够部分或完全地恢复到原初状态的过程。国内外大量研究表明，农药污染的生物修复是土壤最为有效和可靠的方法。

土壤微生物是污染土壤生物降解的主体，微生物降解是能够彻底消除农药土壤污染的主要途径。环境中存在的各种天然物质，包括人工合成的有机污染物，几乎都有使之降解的相应微生物。有研究表明，每克根际土中约含1×10^9个细菌、1×10^7个放线菌、1×10^6个真菌、1×10^3个原生动物及 1 103 个藻类。这些微生物分泌的胞外酶有效参与土壤中农药等有机污染物的降解，使根际生物系统成为土壤环境中最具活力的子系统。

化学修复技术主要通过化学添加剂清除和降低土壤中的有机污染物。土壤冲洗修复是一种重要的化学修复技术。针对土壤中污染物的特性，选用合适的化学清除剂和合适的方法，利用化学清除剂的物理、化学性质及土壤对污染物、化学清除剂的吸附作用等，清除污染物或降低污染物的浓度至安全标准范围，且所施化学药剂不对土壤环境系统造成二次污染。土壤真空吸引法是一种重要的物理—化学修复方法。它利用真空泵产生负压，驱使空气流过受农药污染的不饱和土壤孔隙而解吸并夹带有机成分流向抽取井，并最终于地上处理。对于被挥发性有机农药污染的土壤的净化来说，土壤真空吸引法是一种有效的方法。同时，土壤农残降解剂可有效清除土壤中残留的农药等有机污染物，达到修复、清洁土壤，消除有机毒物和改善生态环境的目的。

历经数十年的发展，中国污染土壤修复技术已发生了翻天覆地的变化，而更高的修复标准也对其发展指明了方向。首先，土壤修复技术的发展必然会更加强调绿色环保与生态保护。土壤修复的目的在于保持土壤良好条件，进而维持基于土壤的生态平衡与和谐。在生态环境保护理念不断进化的情况下，土壤修复技术不仅要能够修复土壤，还要更加绿色、环保，不会造成二次污染，并能充分实现生态修复。其次，技术必然会向更加综合的方向发展。传统的生物、物理、化学修复方法各有优势，也各有缺陷。随着修复要求的提高，土壤修复技术必然会更加综合化，能够结合多方优势实现互补，提高实际修复效果。最后，技术的发展还会更加偏向工程化，为土壤修复体系的构建奠定基础，形成统一的技术、设备、评价、材料标准。只有这样，土壤修复技术才能大规模应用于生产实践，充分发挥其作用和效果。

此外，中国《农药管理条例》规定，农药生产应取得农药登记证和生产许可证，农药经营应取得经营许可证，农药使用应按照标签规定的使用范围、安全间隔期用药，不得超范围用药。为保障农业生产安全、农产品质量安全和生态环境安全，有效预防、控制和降低农药使用风险，中国对于农药方面的监管越来越严，农业农村部及相关主管部门陆续发布了许多禁用和限用的农药产品清单。为加强源头监管，禁止使用高毒高残留农药，目前农业农村部已经禁止（停止）使用的农药有 50 种，在部分范围禁止使用的农药有 20 种。同时，应大力推广高效、低毒、低残留农药，合理安全使用农药，采取避毒减毒措施，掌握科学的施药技术，注意施药安全期，尽最大限度减少烟田土壤农药残留，保障烟田环境及烟叶生产的质量安全。

三、生物炭对土壤农药残留的修复机理及应用

生物炭是生物质在无氧或缺氧条件下经过高温热裂解制备的多孔材料。由于这种多孔材料对挥发性有机物、持久性有机污染物、金属离子等均具有良好的吸附性能，将生物炭添加到土壤中可以起到吸附土壤中的残留农药、改良土壤、提高作物产量、减少环境污染的多种效果。

生物炭及其复合材料在制备过程中均会产生孔隙结构，具有较大的比表面积，同时表面有机物质经过碳化，形成羧基、酚羟基、酸酐等官能团，这些官能团中含有一部分碱性基团，往往使生物炭呈碱性，因此多种因素共同决定了其对污染物的作用机理。生物炭及其复合材料既可以通过自身特性与污染物发生直接作用，也可以通过间接改良土壤的理化性质影响污染物的存在形态等方面，最终达到修复目的。

目前研究表明，生物炭及其复合材料对有机污染物的吸附机制主要是分配作用（线性）、表面吸附（非线性）以及孔隙填充等微观吸附机制。一些具有较低比表面积、弱芳香性和富含表面极性官能团的生物炭服从分配作用。静电吸附是吸附作用中最常见的一种，是有机污染物与生物炭表面含氧官能团的弱相互作用。许多学者运用分配作用和吸附作用共同解释一些非线性现象，以克服单独应用这两者所带来的局限性。研究表明，限氧条件下经过 200～600 ℃处理的玉米秸秆生物炭对西玛津的吸附由吸附作用和分配作用共同控制，它们的贡献程度取决于生物炭的炭化程度和西玛津的浓度。

此外，孔隙填充机制也发挥着重要作用。生物炭中的微孔可对部分有机污染物形成截留作用，当这些有机污染物进入微孔后，其产生的空间位阻使其无法自由出入。而且，孔隙填充机制与孔内的官能团也有一定的关系。生物炭本身自带一些碱性物质，可提高土壤 pH，增强土壤对阳离子的亲和性，有利于降低农田及农作物中污染物的含量。

另外，微生物作为土壤环境中的重要组成部分及农药等有机物污染的重要分解者，生物炭的孔隙结构为微生物提供了良好的栖息环境，其表面固定的营养物质，也为微生物生长提供了能量。生物炭在降低污染物生物利用性和毒性的同时，一定程度上保持微生物体内酶活性，维持其正常的生长发育以及代谢。然而，需要注意的是，纳米生物炭材料对微生物具有不同程度的毒性，

因此，在使用负载了纳米材料的生物炭时，要考虑所在地区的微生物群落组成。由此可见，生物炭及其复合材料不仅通过自身性质直接影响土壤性质，还通过影响土壤中的其他要素来间接影响土壤性质。同时，生物炭的吸附机制可由多种机理共同控制。研究生物炭及其复合材料在不同土壤环境中对污染物的吸附机理，对于改良土壤环境以及生态修复来说，有着极其重要的指导意义。

第九章 生物炭基肥的生产及在烟田中的应用

生物炭基肥，一种以生物炭为基质，根据不同区域土地特点、不同作物生长特点以及科学施肥原理，添加有机质或（和）无机质配制而成的生态环保型肥料。行业内又称“碳基肥”。炭基肥作用的基本理论是土肥炭基—有机论，即增加土壤中炭基—有机质的含量，快速改造土壤结构，平衡盐与水分，通过快速熟化创造有利于植物健康生长的土壤环境，从而增加土壤肥力，促进作物生长。炭基肥的作用主要来源于生物炭的作用，生物炭的作用包括但不局限于：保持土壤水分、增加微生物活性、锁住土壤中养分、促进植物生长、建立持久的肥效。生物炭的作用与有机养分、无机养分、有益微生物的作用融合到一起，构成了炭基肥的作用，从而达到 1＋1＋1＋1＞4 的效果。炭基肥慢慢在市场上流通，炭基肥的田间试验效果也得到许多种植户的验证，炭基肥在改良土壤以及提高作物品质上效果显著。目前市面上炭基肥产品主要有：生物炭基肥、竹炭生物有机肥、竹炭土壤改良剂、竹炭土壤修复菌剂、炭基复合微生物肥料、碳能复合微生物肥料、碳能微生物菌剂（竹满作）、碳能生物菌肥、竹制生物炭等。

第一节　生物炭基肥的研发及工业化生产

一、炭基有机肥配方筛选与试验

（一）材料与方法

1. 试验材料

试验于 2016 年在毕节市烟草公司技术中心进行。

供试材料：酒糟有机肥（金沙加勐烟农合作社生产），玉米秸秆生物炭（辽宁金和福农业开发有限公司生产，制备方式是将玉米秸秆在缺氧的条件下用400～500 ℃的高温进行裂解，其理化性质为：总有机碳质量比 70.21 g/kg，全氮质量比 13.97 g/kg，全钾质量比 2.24 g/kg，全磷质量比 34.55 g/kg；pH 9.14）。

2. 试验设计

采用直接混配法，将生物炭与酒糟有机肥成品按不同比例混匀，其中生物炭添加比例为 0（对照）、10%、15%、20%、25%、30%、50%，各重复2 次。

3. 测定项目

测定混配后炭基酒糟有机肥的外观、含水量、pH 和有机质、氮、磷、钾含量。

（二）结果与分析

1. 不同添加量生物炭对酒糟有机肥外观的影响

添加不同量生物炭后的炭基酒糟肥外观如图 9－1 所示，添加比例越大，混合后的炭基酒糟有机肥颜色越深。

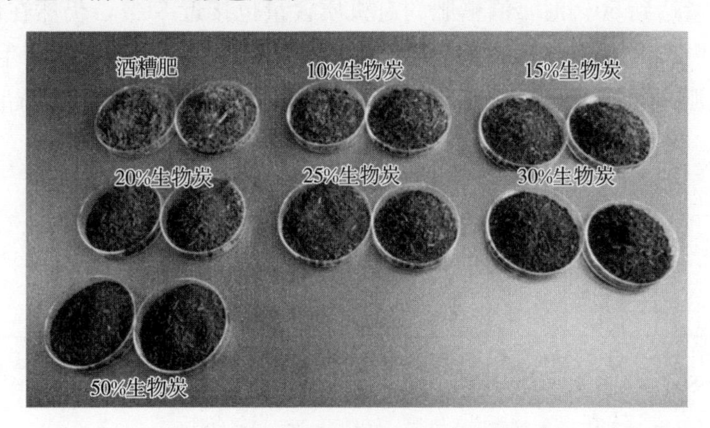

图 9－1　不同生物炭添加量酒糟肥外观

2. 不同添加量生物炭对酒糟有机肥 pH、含水量和养分含量的影响

如图 9－2 所示，生物炭添加后，酒糟有机肥的 pH 和含水量均有明显变化。添加 10%～50%生物炭后，酒糟有机肥 pH 增加 0.59～1.4，当生物炭添加量为 50%，酒糟有机肥的 pH 增加 1.4，但均在有机肥允许的范围内，15%添加量和 20%添加量之间无明显差异。因为采购的生物炭含水量较酒糟有机肥含水量低，所以添加生物炭后，酒糟有机肥的含水量明显下降，随着生物炭添加比例的增加，其含水量虽呈下降趋势，但差异并不是很大，只有达到50%添加量时，含水量才进一步下降。

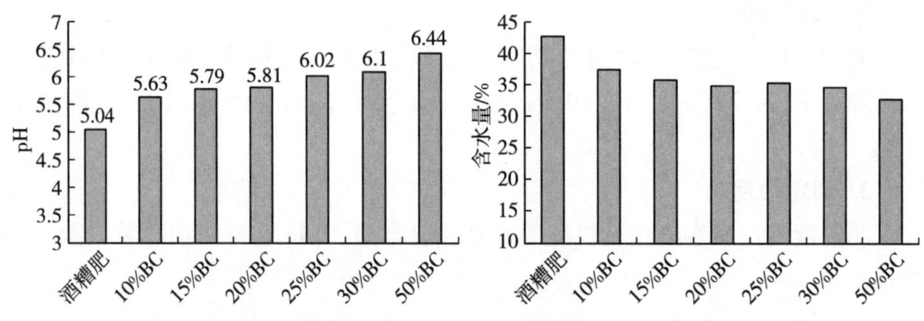

图 9-2　不同生物炭添加量酒糟肥 PH 及含水量变化

添加生物炭后，酒糟有机肥的养分特征变化情况如图 9-3 所示。纯酒糟有机肥有机质含量为 85%，添加生物炭后，酒糟有机肥有机质含量有下降趋势，添加 15%和 20%生物炭后，酒糟有机肥有机质含量均在 82%左右，当生物炭添加量达到 50%时，酒糟肥的有机质含量也接近 81%，仍然在优质有机肥的标准内。纯酒糟有机肥全氮含量为 3.17%，添加 10%～20%生物炭后，酒糟有机肥全氮含量依然可保持在 2.85%左右，当生物炭添加量超过 30%，

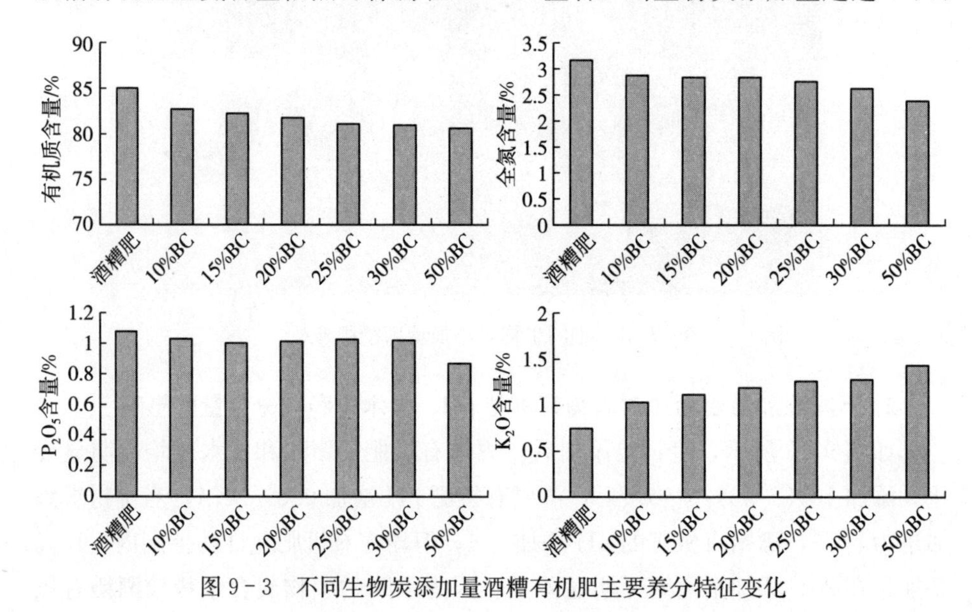

图 9-3　不同生物炭添加量酒糟有机肥主要养分特征变化

肥料全氮含量显著下降。酒糟有机肥的全磷含量为 1.08%，添加生物炭后，酒糟有机肥的磷含量基本保持在 1.0%左右，当生物炭添加量达到 50%时，酒糟有机肥的全磷含量显著下降。添加生物炭后，酒糟有机肥全钾含量从 0.74%增加到 1.44%，随着生物炭添加量的增加，酒糟有机肥的钾含量呈现明显的上升趋势，当生物炭添加量达到 20%时，酒糟有机肥的含钾量是普通酒糟有机肥的 1.6 倍。

（三）小结

采用直接混配法，将生物炭与酒糟有机肥充分混匀。测定结果显示，随生物炭添加量的增加，酒糟有机肥颜色加深，pH 增加，有机质、全氮、全磷含量下降，全钾含量增加，且均有随生物炭添加量的增加而下降或增加的趋势，但均在国家有机肥标准范围内。综合考虑生产成本，选定 20%生物炭添加量作为炭基酒糟有机肥大量生产的优选比例，进行 2016—2017 年炭基酒糟有机肥的生产与应用（图 9-4）。

图 9-4　炭基有机肥加工生产过程

二、炭基有机肥配方深度开发

(一) 材料和方法

1. 试验材料

(1) 试验时间、地点

试验于2018年在威宁县五里岗工业园区贵州金叶丰农业科技有限公司(炭基肥厂)进行。

(2) 供试材料

酒糟(四川宜宾五粮液集团公司生产废弃酒糟)、菌菇渣(炭基肥厂边上的威宁雪榕生物科技有限公司生产的菇渣)、酒糟粉、菊花渣、烟秆炭(本节后续所述烟秆均包含烟秆、烟根和烟梗等烟草废弃物)。

2. 试验设计

采用槽式发酵技术,2018年10月,根据炭基肥厂周边及2018年调研及采购的有机物料实际情况,制订了5个生产配方(表9-1),各原料理化指标见表9-2。

表9-1 炭基有机肥生产配方设计/%

发酵配方	酒糟	菌菇渣	酒糟粉	菊花渣	生物炭
1	50	30	10	10	—
2	50	30	15	5	—
3	50	30	20	—	—
4	50	30	12	—	8
5	25	40	20	—	15

表9-2 各有机物料理化指标

堆肥原料	有机质/%	N、P、K/%	pH	含水量/%	C/N
酒糟	99.79	5.96	4.55	54.09	16:1
菌菇渣	89.06	8.23	4.96	58.61	40:1
酒糟粉	89.51	5.32	3.64	7.83	10:1
菊花渣	92.18	7.75	3.96	6.72	20:1
生物炭		5.5	9.13	14.32	

工艺流程（图 9-5）：有机物料、生物炭、发酵菌种——发酵槽——混匀——发酵——翻抛——出发酵槽——陈化——粉碎过筛——微电脑配料系统——传送混匀系统——成品包装——成品仓库。

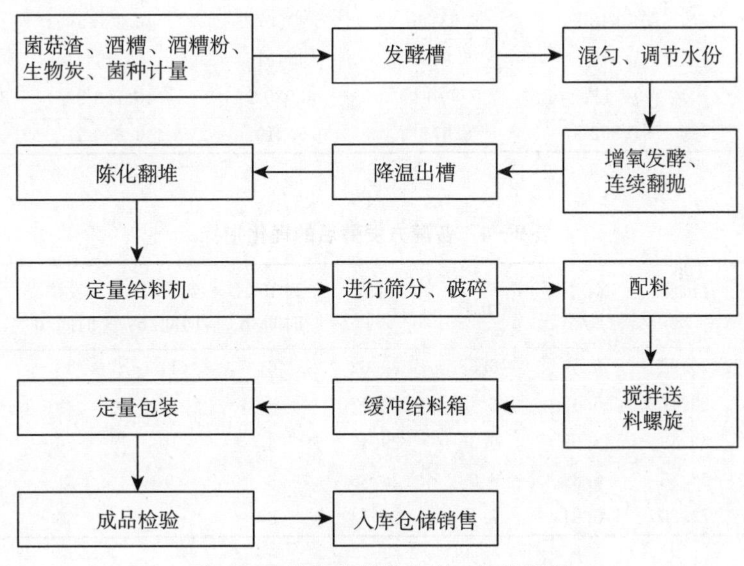

图 9-5　炭基有机肥生产工艺流程图

3. 测定项目

测定不同配方混配后物料的初始、发酵后理化指标，如含水量、pH、有机质含量和 N、P、K 含量及 C/N 此等。记录发酵过程中理化性状变化情况。

（二）结果与分析

1. 生物炭与其他有机物料混合发酵对有机肥腐熟发酵的影响

测定了按配方设计混配后混合物料初始以及发酵结束后的水分、pH、有机质等理化指标（表 9-3、表 9-4）。不同配方混配物料初始状态有机质含量较高，均达到 90%以上，N、P、K 含量在 6%左右，pH 偏酸性，含水量在 46%左右，C/N 值在 21.2∶1 至 23∶1，均在适宜范围内。经过 26～33d 的发酵，各配方物料有机质含量为 68.35%～73.26%，N、P、K 含量为 6.52%～6.91%，pH 为 6.43～7.10，含水量为 28.35%～30.62%。其中，添加生物炭混合发酵的配方 4 和配方 5 各指标均达到合格标准，且起温快，发酵时间相对较短，说明采用生物炭与其他有机物料混合发酵是可行的。

表 9-3　按配方设计混配物料初始理化指标

发酵配方	有机质/%	N、P、K/%	pH	含水量/%	C/N
1	94.782	6.056	4.523	46.083	23∶1
2	94.648 5	5.934 5	4.507	46.138 5	22.5∶1
3	94.515	5.813	4.491	46.194	22∶1
4	94.511	5.907 4	4.930 2	46.713 2	21.2∶1
5	91.892 5	6.671	5.219	40.680 5	22∶1

表 9-4　各配方发酵后的理化指标

发酵配方	有机质/%	N、P、K/%	pH	含水量/%	到 45℃时间/h	到 60℃时间/h	发酵时间/d	起点温度/℃
1	70.92	6.59	6.38	30.62	6	11	33	22
2	69.17	6.52	6.43	29.17	8	15	30	20
3	69.49	6.67	6.55	29.49	3	10	26	20
4	68.35	6.83	6.93	28.35	3	9	31	19
5	73.26	6.91	7.10	28.73	6	12	30	15

2. 不同配方炭基有机肥生产发酵结果

根据前期试验结果，设计 4 个生物炭与有机物料混合发酵的生产配方，以不加生物炭为对照（表 9-5）。采用河南新仰韶有机物料腐熟剂和南京农业大学自制酒糟有机肥专用发酵菌种进行腐熟发酵。

表 9-5　炭基有机肥生产配方设计

发酵配方	酒糟/%	菌菇渣/%	酒糟粉/%	生物炭/%	腐熟剂
T1	55	30	15	0	0.02%新仰韶
T2	55	30	15	8	0.02%新仰韶
T3	50	35	15	8	0.02%新仰韶
T4	50	40	10	8	0.02%新仰韶
T5	55	30	15	8	0.02%南农

结果表明：所有处理在发酵过程中都呈现温度先上升后下降的趋势，T4 处理在所有处理中发酵温度达最高。随发酵时间延长，有机肥含水量逐渐下降。其中，T1 处理含水量下降得最慢，T4 含水量下降得最快，发酵 27d 后水

分含量维持在30%左右。T1处理和T2处理的pH随有机肥发酵呈上升趋势，T3处理、T4处理和T5处理的pH随发酵时间先下降后上升。T1处理和T2处理的碳氮比随有机肥发酵呈上升趋势，T3处理、T4处理和T5处理的碳氮比随发酵时间先上升后下降，最终T4处理的碳氮比维持在10左右。所有处理的发芽指数随发酵时间增加而增加，发酵21d后发芽指数按从高到低排序：T4＞T3＞T5＞T2＞T1。南京农业大学自制酒糟有机肥专用发酵菌种不适合设计配方，混合物料温度上升较慢，温度较低。发酵成品中T1处理和T2处理无异味，T3处理、T4处理、T5处理有臭味，且T3处理臭味较重。根据混合物料起始升温速率、翻抛后的温度变化情况以及成品的外观、气味、含水量、pH、碳氮比、发芽指数等，认为当酒糟、菌菇渣、酒糟粉和生物炭比例分别为50%、40%、10%、8%（T4处理）时，各项发酵指标均较理想，有机物料腐熟剂仍然采用河南新仰韶腐熟菌剂。根据前期试验结果，筛选设计3个优化配方，进一步进行发酵试验，设计如表9-6所示，结果如表9-7所示。根据发酵后理化指标来看，3个配方有机质等理化指标均符合有机肥质量要求，需进行田间验证试验进一步验证其效果。

表9-6　炭基有机肥生产优化配方设计/%

处理	酒糟	菌菇渣	酒糟粉	生物炭	发酵菌
T1	55	30	15	10	0.02
T2	50	40	10	10	0.02
T3	60	40	0	10	0.02

表9-7　炭基有机肥生产优化配方发酵后理化指标

配方	含水量/%	pH	有机质/%	N、P、K/%
T1	19.09	8.43	72.47	5.12
T2	18.35	8.32	71.28	5.73
T3	23.45	8.41	70.97	5.73

（三）结论

充分利用威宁炭基肥厂是生物炭—炭基肥一体化工厂的优势，结合厂区周边菌菇渣、酒糟等有机物料资源实际情况，采用槽式发酵技术，将生物炭与有机物料混合发酵可以节省生物炭的运输、存放及安全问题，摆脱了完全依赖酒糟生产酒糟有机肥时原料和价格受限的局面。同时，相较于直接混合方法，提升了炭基有机肥产品质量水平。用生物炭替代石灰进行调酸，对于目前严峻的环保压力下石灰购买难的现实具有较大的帮助作用。研究认为，根据3个优选的炭基有机肥生产配方生产的有机肥均符合国家有机肥标准，可以根据实际情况选择适宜的配方进行生产。

第二节　生物炭基肥在烟田生产中的应用与推广
——不同配方及用量生物炭基肥料对烟草的影响

一、材料与方法

（一）试验材料

试验于2019年在大方、织金、纳雍3个科技示范园进行。

供试肥料：常规复合肥，采用当地烤烟生产专用肥，炭基有机肥由毕节烟草公司题组提供。

供试烤烟品种：云烟87，毕纳1号（纳雍）。

（二）试验设计

采用大区对比试验，不设重复，以酒糟有机肥作对照（CK），共设计3个炭基有机肥配方产品，各产品每亩施用量分别为50 kg、75 kg和100 kg，共计10个处理，每处理1亩。试验设计见表9-8，其他所有措施保持一致。3个配方产品情况见表9-9。

表9-8　不同配方炭基有机肥肥料效果研究试验设计

处理	内容
CK	常规施肥＋每亩施酒糟有机肥50 kg
T1	常规施肥＋每亩施炭基有机肥一号50 kg
T2	常规施肥＋每亩施炭基有机肥一号75 kg

（续）

处理	内容
T3	常规施肥＋每亩施炭基有机肥一号 100 kg
T4	常规施肥＋每亩施炭基有机肥二号 50 kg
T5	常规施肥＋每亩施炭基有机肥二号 75 kg
T6	常规施肥＋每亩施炭基有机肥二号 100 kg
T7	常规施肥＋每亩施炭基有机肥三号 50 kg
T8	常规施肥＋每亩施炭基有机肥三号 75 kg
T9	常规施肥＋每亩施炭基有机肥三号 100 kg

表 9－9　炭基有机肥配方产品/%

配方编号	酒糟	菌菇渣	酒糟粉	生物炭	发酵菌
一号配方	55	30	15	10	0.02
二号配方	50	40	10	10	0.02
三号配方	60	40	0	10	0.02

1. 选地要求

为确保取得准确的试验结果，所选试验地应无根茎病害，且为地势向阳、不渍水、较平整的地块。各参试点应将试验设在当地主要产烟区的主要代表性土壤种类上，土壤选择旱作土。有条件的参试点尽量将试验地布置在当地烟草科技园内。

2. 施肥

使用常规复合肥、炭基有机肥，追肥施用，按照方案设计的施肥量施用，施用方法参照当地施肥习惯进行。

3. 烟苗及移栽期

移栽苗选用壮苗，要求整个试验的烟苗基本一致。在当地最佳移栽期内进行移栽，整个试验要在一天栽完。

4. 田间管理及采收

防治病虫害及其他田间管理、烟叶采收按照当地优质烟生产措施要求进行。

（三）测定项目

1. 图片资料采集

于烤烟团棵期、打顶期、成熟期（中部叶成熟）记录各处理烟株长势情况。

2. 大田生育期记载

按大区（或处理）记录烤烟移栽期、团棵期、现蕾期、打顶期、脚叶成熟期、腰叶成熟期、顶叶成熟期。

3. 生长状况调查

于栽后 40～45 d、打顶后 5 d、腰叶成熟期内各记载一次。每次每大区（或处理）选取有代表性的烟株 20 株，记载茎高、茎围、叶片数、最大叶长×宽、倒三叶长×宽等。

4. 产值、产量统计

田间试验烟叶采收结束后，按大区（或处理）进行产值、产量统计。

二、结果与分析

（一）大田生育期

如表 9－10 所示，各处理大田生育期基本无差异。

（二）移栽后 45 d 农艺性状

如表 9－11 所示，在纳雍的试验结果中，与 CK 比较，各炭基肥配方表现有差异，且各配方并不是施用量越大表现越好。在株高上，T1、T5、T8、T9 表现较好，分别较 CK 增加 1.74%、2.46%、6.67%、6.67%。在叶数上，仅 T8、T9 表现稍好，分别较 CK 增加 1.56%、2.08%。在茎围上，各处理总体表现较好，较 CK 增幅为 3.92%～27.45%。在最大叶长上，T1、T2、T4、T5、T8、T9 表现较好，较 CK 增幅为 4.04%～18.75%。在最大叶宽上，T1、T5、T8、T9 表现较好，较 CK 增幅为 6.25%～20.38%。总体上看，T8、T9、T1、T5 表现较好，株高、茎围、最大叶长、最大叶宽均优于 CK，其中 T8 表现最优，株高、叶数、茎围、最大叶长、最大叶宽分别较 CK 增加 6.67%、1.56%、18.43%、18.75%、20.38%。

表 9-10 各处理大田生育期调查

地区	处理	移栽期	团棵期		旺长期		现蕾期		打顶期		脚叶成熟期		腰叶成熟期		顶叶成熟期	
		日期	日期	栽后天数/d	日期	栽后天数/d	日期	栽后天数/d	日期	栽后天数/d	日期	栽后天数/d	日期	栽后天数/d	日期	栽后天数/d
纳雍	CK	4月29日	6月10日	42	—	—	7月10日	72	7月15日	77	7月17日	79	8月15日	108	9月15日	139
	T1		6月10日	42	—	—	7月10日	72	7月15日	77	7月17日	79	8月15日	108	9月15日	139
	T2		6月10日	42	—	—	7月10日	72	7月15日	77	7月17日	79	8月15日	108	9月15日	139
	T3		6月10日	42	—	—	7月10日	72	7月15日	77	7月17日	79	8月15日	108	9月15日	139
	T4		6月10日	42	—	—	7月10日	72	7月15日	77	7月17日	79	8月15日	108	9月15日	139
	T5		6月10日	42	—	—	7月10日	72	7月15日	77	7月17日	79	8月15日	108	9月15日	139
	T6		6月10日	42	—	—	7月10日	72	7月15日	77	7月17日	79	8月15日	108	9月15日	139
	T7		6月10日	42	—	—	7月10日	72	7月15日	77	7月17日	79	8月15日	108	9月15日	139
	T8		6月10日	42	—	—	7月6日	68	7月15日	77	7月17日	79	8月15日	108	9月15日	139
	T9		6月7日	39	—	—	7月6日	68	7月13日	75	7月14日	76	8月12日	105	9月13日	137
织金	CK	4月28日	6月2日	35	6月15日	48	6月25日	58	7月5日	68	7月10日	73	8月12日	106	9月20日	145
	T1		6月2日	35	6月15日	48	6月25日	58	7月5日	68	7月10日	73	8月12日	106	9月20日	145
	T2		6月2日	35	6月15日	48	6月25日	58	7月5日	68	7月10日	73	8月12日	106	9月20日	145
	T3		6月2日	35	6月15日	48	6月25日	58	7月5日	68	7月10日	73	8月12日	106	9月20日	145
	T4		6月2日	35	6月15日	48	6月25日	58	7月5日	68	7月10日	73	8月12日	106	9月20日	145
	T5		6月2日	35	6月15日	48	6月25日	58	7月5日	68	7月10日	73	8月12日	106	9月20日	145
	T6		6月2日	35	6月15日	48	6月25日	58	7月5日	68	7月10日	73	8月12日	106	9月20日	145
	T7		6月2日	35	6月15日	48	6月25日	58	7月5日	68	7月10日	73	8月12日	106	9月20日	145
	T8		6月2日	35	6月15日	48	6月25日	58	7月5日	68	7月10日	73	8月12日	106	9月20日	145
	T9		6月2日	35	6月15日	48	6月25日	58	7月5日	68	7月10日	73	8月12日	106	9月20日	145

在织金的试验结果中，与CK比较，炭基肥总体表现较差，仅有T5、T6表现较好，各指标基本优于CK，其中T6表现最好，株高、茎围、最大叶长、最大叶宽、叶数分别较CK增加9.76%、5.38%、9.49%、17.18%、3.05%。

在大方的试验结果中，与CK相比，大部分处理长势较弱。仅有T4和T5长势强于CK，其中T5表现最优，株高、茎围、叶片数、最大叶长、最大叶宽分别较CK增加23.14%、17.10%、0.49%、6.42%、10.25%。

三地平均值结果中，与CK相比，总体表现不好。仅有T5表现较好，株高、茎围、最大叶长、最大叶宽分别较CK增加6.16%、12.21%、5.22%、9.86%，其他处理均弱于CK。

表9-11 栽后45 d农艺性状

地区	处理	株高/cm	叶数/片	茎围/cm	最大叶长/cm	最大叶宽/cm
纳雍	CK	34.50	9.60	5.10	38.40	18.40
	T1	35.10	9.35	6.00	41.65	19.95
	T2	33.25	9.00	5.57	40.60	17.90
	T3	29.70	8.00	5.56	37.50	16.40
	T4	30.90	8.05	5.30	39.95	18.05
	T5	35.35	9.25	6.30	40.15	19.55
	T6	28.65	7.80	5.42	35.00	16.25
	T7	30.60	8.05	5.68	36.40	17.20
	T8	36.80	9.75	6.04	45.60	22.15
	T9	36.80	9.80	6.50	43.50	20.25
织金	CK	20.49	13.10	6.51	41.20	21.13
	T1	17.27	12.05	5.64	37.86	20.22
	T2	13.39	11.90	5.63	37.15	18.33
	T3	15.37	12.50	5.70	37.50	19.24
	T4	19.46	12.75	6.47	40.48	21.27
	T5	20.85	13.05	6.53	43.21	23.81
	T6	22.49	13.50	6.86	45.11	24.76
	T7	16.26	11.70	5.61	40.49	20.72
	T8	10.45	9.55	4.52	31.74	15.46
	T9	17.15	12.35	6.01	37.78	17.90

（续）

地区	处理	株高/cm	叶数/片	茎围/cm	最大叶长/cm	最大叶宽/cm
大方	CK	12.75	10.30	3.87	31.95	12.20
	T1	12.95	10.45	3.66	30.00	11.20
	T2	10.85	10.00	3.40	30.55	12.70
	T3	10.75	9.70	3.47	30.65	11.75
	T4	13.90	10.35	4.03	33.25	13.15
	T5	15.70	10.35	4.53	34.00	13.45
	T6	8.85	8.20	3.39	26.65	9.35
	T7	12.75	9.65	3.73	30.95	13.00
	T8	12.80	9.20	3.78	31.30	11.95
	T9	12.65	10.05	3.99	31.75	11.70
三地平均	CK	22.58	11.00	5.16	37.18	17.24
	T1	21.77	10.62	5.10	36.50	17.12
	T2	19.16	10.30	4.87	36.10	16.31
	T3	18.61	10.07	4.91	35.22	15.80
	T4	21.42	10.38	5.27	37.89	17.49
	T5	23.97	10.88	5.79	39.12	18.94
	T6	20.00	9.83	5.22	35.59	16.79
	T7	19.87	9.80	5.01	35.95	16.97
	T8	20.02	9.50	4.78	36.21	16.52
	T9	22.20	10.73	5.50	37.68	16.62

（三）打顶后 5 d 农艺性状

如表 9－12 所示，在纳雍试验结果中，炭基肥处理较 CK 表现总体较优。其中，T8、T9、T1、T5 综合表现较好。T8 最优，株高、叶数、茎围、最大叶长、最大叶宽、倒三叶长、倒三叶宽分别较 CK 增加 13.28%、5.77%、14.13%、8.71%、20.91%、16.24%、17.95%，其次是 T9。

在织金试验结果中，T6、T7、T5、T4 综合表现较优，其中，T6 处理最优，株高、茎围、最大叶长、最大叶宽、叶数、倒三叶长、倒三叶宽分别较 CK 增加 10.22%、11.49%、13.83%、2.37%、6.94%、2.29%、

11.56%。T5株高、茎围、最大叶长、最大叶宽、叶数分别较CK增加6.62%、8.05%、10.79%、3.39%、5.78%。两地平均值结果中，T8、T5、T9综合表现较优，其中T8最优，株高、叶数、茎围、最大叶长、最大叶宽、倒三叶长、倒三叶宽分别较CK增加6.07%、3.41%、6.70%、3.72%、1.36%、3.56%、7.61%，其次是T5，株高、叶数、茎围、最大叶长、最大叶宽、倒三叶宽分别较CK增加3.70%、1.57%、6.15%、7.01%、4.27%、3.87%。

表9-12　打顶后5 d农艺性状

地区	处理	株高/cm	叶数/片	茎围/cm	最大叶长/cm	最大叶宽/cm	倒三叶长/cm	倒三叶宽/cm
纳雍	CK	116.00	20.80	9.20	71.20	22.00	58.50	15.60
	T1	116.50	20.70	9.70	74.70	23.50	61.50	19.80
	T2	123.10	21.50	10.00	67.20	21.10	62.50	16.70
	T3	120.60	20.70	9.70	65.90	20.00	59.70	16.40
	T4	111.20	20.00	8.90	67.30	22.50	56.00	16.60
	T5	116.90	20.40	9.60	73.70	23.20	60.70	18.60
	T6	106.20	19.70	9.20	64.00	20.20	53.60	14.30
	T7	109.60	20.00	9.30	63.50	20.40	57.50	14.40
	T8	131.40	22.00	10.50	77.40	26.60	68.00	18.40
	T9	129.00	22.00	10.00	76.00	26.00	67.00	18.00
织金	CK	116.40	17.30	8.70	65.80	29.50	55.10	15.40
	T1	107.20	17.50	8.60	64.40	27.30	48.20	13.90
	T2	112.80	17.60	9.00	66.60	27.50	55.80	16.00
	T3	116.20	17.85	9.30	69.90	29.40	49.08	14.47
	T4	119.00	16.80	9.00	71.50	31.00	51.41	14.74
	T5	124.10	18.30	9.40	72.90	30.50	47.20	13.60
	T6	128.30	18.50	9.70	74.90	30.20	56.36	17.18
	T7	117.00	17.40	9.20	68.00	28.10	55.50	16.10
	T8	115.10	17.40	8.60	64.70	25.60	49.64	14.95
	T9	111.60	17.55	8.70	62.20	25.40	45.71	13.05

（续）

地区	处理	株高/cm	叶数/片	茎围/cm	最大叶长/cm	最大叶宽/cm	倒三叶长/cm	倒三叶宽/cm
两地平均	CK	116.20	19.05	8.95	68.50	25.75	56.80	15.50
	T1	111.85	19.10	9.15	69.55	25.40	54.85	16.85
	T2	117.95	19.55	9.50	66.90	24.30	59.15	16.35
	T3	118.40	19.28	9.50	67.90	24.70	54.39	15.44
	T4	115.10	18.40	8.95	69.40	26.75	53.71	15.67
	T5	120.50	19.35	9.50	73.30	26.85	53.95	16.10
	T6	117.25	19.10	9.45	69.45	25.20	54.98	15.74
	T7	113.30	18.70	9.25	65.75	24.25	56.50	15.25
	T8	123.25	19.70	9.55	71.05	26.10	58.82	16.68
	T9	120.30	19.78	9.35	69.10	25.70	56.36	15.53

（四）腰叶成熟期农艺性状

如表9-13所示，在织金试验结果中，炭基肥配方一和配方二表现出随用量增加长势更优的趋势，其中配方二表现较优。整体上看，表现较优的处理依次为T6、T5、T4、T7，株高、茎围、最大叶长、最大叶宽、叶数、倒三叶长、倒三叶宽增幅分别为2.12%～7.67%、3.26%～9.78%、0.78%～10.53%、0.35%～20.49%、0.00%～8.47%、2.48%～7.24%、3.57%～16.33%。

在大方试验结果中，各处理株高和茎围均高于CK，增幅分别为4.17%～26.50%、1.39%～19.94%。综合来看，T4、T5、T1、T2、T6、T7表现较优。T4表现最优，株高、茎围、最大叶长、最大叶宽、倒三叶长、倒三叶宽分别较CK增加26.50%、9.64%、4.70%、4.39%、0.83%、0.93%，其次是T5，株高、茎围、最大叶长、最大叶宽、倒三叶长分别较CK增加15.30%、8.37%、6.35%、7.62%、1.16%。

在两地平均值结果中，T6、T5、T4、T3、T7综合表现较优，其中T6最优，各指标均高于CK，株高、叶数、茎围、最大叶长、最大叶宽、倒三叶长、倒三叶宽分别较CK增加8.56%、13.62%、14.16%、7.61%、11.61%、3.26%、4.98%，其次是T5，株高、茎围、最大叶长、最大叶宽、倒三叶长、倒三叶宽分别较CK增加7.66%、5.49%、5.21%、7.49%、

2.05%、1.64%，再次是T4。

表9-13 腰叶成熟期农艺性状

地区	处理	株高/cm	叶数/片	茎围/cm	最大叶长/cm	最大叶宽/cm	倒三叶长/cm	倒三叶宽/cm
织金	CK	122.50	12.40	9.20	76.90	28.30	70.90	19.60
	T1	114.30	11.70	8.80	72.90	25.30	67.20	17.70
	T2	117.70	12.30	8.90	75.50	27.90	69.20	18.80
	T3	123.10	12.15	9.20	78.80	29.40	72.12	20.37
	T4	125.30	12.40	9.50	80.00	30.60	72.66	20.45
	T5	126.30	12.70	9.50	80.20	30.40	72.90	20.30
	T6	131.90	13.45	10.10	85.00	34.10	76.03	22.80
	T7	125.10	12.60	9.50	77.50	28.40	73.40	22.20
	T8	121.20	12.40	9.30	75.70	26.50	70.30	18.99
	T9	116.80	12.25	9.30	74.00	25.40	68.84	18.45
大方	CK	73.2	15.5	7.17	60.6	21.65	60.5	19.35
	T1	84.95	15.65	7.33	62.8	22.7	61.05	18.8
	T2	87.8	15.75	7.27	61.75	22.25	59.25	18.25
	T3	82.2	14.6	7.53	63.3	23.8	60.4	19.85
	T4	92.6	15.15	7.86	63.45	22.6	61	19.53
	T5	84.4	13.8	7.77	64.45	23.3	61.2	19.3
	T6	80.55	18.25	8.60	62.95	21.65	59.65	18.1
	T7	76.25	17.5	7.90	62.95	21.25	59.95	17.8
	T8	83.75	14.55	7.44	61.9	23	60.35	18.85
	T9	83.05	14.6	7.45	58.85	21.8	54.8	17.65
两地平均	CK	97.85	13.95	8.19	68.75	24.98	65.70	19.48
	T1	99.63	13.68	8.07	67.85	24.00	64.13	18.25
	T2	102.75	14.03	8.09	68.63	25.08	64.23	18.53
	T3	102.65	13.38	8.37	71.05	26.60	66.26	20.11
	T4	108.95	13.78	8.68	71.73	26.60	66.83	19.99
	T5	105.35	13.25	8.64	72.33	26.85	67.05	19.80
	T6	106.23	15.85	9.35	73.98	27.88	67.84	20.45
	T7	100.68	15.05	8.70	70.23	24.83	66.68	20.00
	T8	102.48	13.48	8.37	68.80	24.75	65.33	18.92
	T9	99.93	13.43	8.38	66.43	23.60	61.82	18.05

（五）经济性状分析

如表 9-14 所示，在纳雍试验结果中，仅有 T9 各经济性状指标优于 CK，亩产量、亩产值、上等烟率、中等烟率和均价分别较 CK 增加 4.85%、11.50%、8.51%、2.41%、6.33%，其他处理各经济指标普遍低于 CK。

在织金试验结果中，产量普遍高于 CK，从高到低依次是 T8、T6、T4、T5、T1、T3、T9、T2，分别较 CK 增加 7.96%、5.25%、4.30%、4.07%、3.62%、3.08%、1.45%、0.95%；产值也普遍高于对照，从高到低依次是 T8、T4、T1、T3、T5、T2、T6、T9，分别较 CK 增加 9.98%、8.64%、6.78%、5.90%、5.52%、4.61%、4.60%、1.48%。上等烟率普遍高于 CK，从高到低依次为 T4、T2、T3、T8、T5、T1、T7、T9，分别较 CK 增加 9.28%、8.63%、6.80%、6.29%、5.19%、4.85%、3.19%、0.82%。除 T6 均价外，其他均价均高于 CK，T4、T2、T1、T3、T8、T5、T7、T9 分别较 CK 增加 4.16%、3.64%、3.06%、2.77%、1.89%、1.42%、1.16%、0.04%。

在大方试验结果中，各处理亩产量均优于对照，较 CK 增加 1.98%～19.68%，亩产值（除 T4）也均高于 CK，较 CK 增加 0.32%～8.57%，T5 各指标表现较好，亩产量、亩产值、上等烟率分别较 CK 增加 8.53%、8.47%、19.52%。其次是 T6，亩产量、亩产值、均价、上等烟率分别较 CK 增加 5.63%、8.57%、2.78%、10.5%。

在三地均值结果中，T9、T1、T8、T4、T2 亩产量均高于 CK，分别较 CK 增加 4.2%、2.57%、2.5%、1.14%、0.16%。T9、T8、T4、T2、T1 亩产值均高于 CK，分别较 CK 增加 5.31%、2.72%、1.76%、1.36%、0.49%。T4、T2、T8、T9 上等烟率均高于 CK，分别较 CK 增加 10.02%、7.92%、6.24%、2.04%。T8、T2、T9、T4 均价均高于 CK，分别较 CK 增加 2.61%、1.70%、1.35%、1.00%。

表 9-14 经济性状

地区	处理	亩产量/kg	亩产值/元	上等烟率/%	中等烟率/%	均价/(元/kg)
纳雍	CK	123.60	2 773.98	50.50	35.74	22.44
	T1	118.80	2 439.20	43.80	36.80	20.53
	T2	113.20	2 569.62	53.01	34.29	22.70
	T3	108.10	2 420.76	55.50	26.50	22.80
	T4	115.80	2 666.70	59.00	30.00	23.02
	T5	104.10	2 230.23	50.00	31.00	21.42
	T6	99.80	2 106.57	42.38	41.22	21.10
	T7	95.40	1 942.24	49.00	30.00	20.40
	T8	97.80	2 530.06	65.40	28.60	25.80
	T9	129.60	3 092.98	54.80	36.60	23.86
织金	CK	110.50	3 035.87	75.47	24.53	27.47
	T1	114.50	3 241.72	79.13	20.87	28.31
	T2	111.55	3 175.95	81.98	18.02	28.47
	T3	113.90	3 214.92	80.60	19.40	28.23
	T4	115.25	3 298.18	82.47	17.53	28.62
	T5	115.00	3 203.59	79.39	20.61	27.86
	T6	116.30	3 175.63	74.63	25.37	27.31
	T7	108.50	3 015.69	77.88	22.12	27.79
	T8	119.30	3 338.94	80.22	19.78	27.99
	T9	112.10	3 080.95	76.09	23.91	27.48
大方	CK	133.01	2 538.70	33.05	48.46	19.09
	T1	143.24	2 708.15	33.66	48.43	18.91
	T2	142.97	2 716.72	36.64	40.93	19
	T3	135.64	2 568.37	36.51	38.39	18.93
	T4	140.27	2 530.38	33.49	44.46	18.04
	T5	144.36	2 753.8	39.5	37.86	19.08
	T6	140.5	2 756.14	36.52	43.43	19.62
	T7	142.81	2 546.86	28.38	47.11	17.83
	T8	159.19	2 706.46	23.34	57.88	17
	T9	140.82	2 617.81	31.39	49.59	18.59

（续）

地区	处理	亩产量/kg	亩产值/元	上等烟率/%	中等烟率/%	均价/（元/kg）
三地平均	CK	122.37	2 782.85	53.01	36.24	23.00
	T1	125.51	2 796.36	52.20	35.37	22.58
	T2	122.57	2 820.76	57.21	31.08	23.39
	T3	119.21	2 734.68	57.54	28.10	23.32
	T4	123.77	2 831.75	58.32	30.66	23.23
	T5	121.15	2 729.21	56.30	29.82	22.79
	T6	118.87	2 679.45	51.18	36.67	22.68
	T7	115.57	2 501.60	51.75	33.08	22.01
	T8	125.43	2 858.49	56.32	35.42	23.60
	T9	127.51	2 930.58	54.09	36.70	23.31

三、结论

大田试验表明，一号配方（T1、T2、T3）对烟叶生长及产量和产值效果不如二号配方（T4、T5、T6）和三号配方（T7、T8、T9）。在织金点，以二号配方最优，且表现出随用量的增加效果更好的趋势，即二号配方亩施用量100 kg（T6）效果最佳，对烤烟生长促进效果最好，但产值、产量方面三号配方亩施用量75 kg（T8）效果最好，二号配方亩施用量50 kg（T4）排在第二位。在纳雍点，三号配方（T8、T9）对烤烟生长和产值、产量效果优于其他配方，以三号配方亩施100 kg（T9）综合效果最优。在大方点，二号配方对烤烟生长及产值、产量效果优于其他两个配方，亩施用量75 kg（T5）综合效果最优。在三点均值上，产值从高到低为T9、T8、T4。

综上所述，结合发酵试验数据，认为二号配方，即以酒糟、菌菇渣、酒糟粉和生物炭比例分别为50%、40%、10%、10%，且用量在50～75 kg时，亩综合效果最佳，其次是三号配方，即酒糟、菌菇渣、酒糟粉和生物炭比例分别为60%、40%、0%、10%，亩施用量75～100 kg最优。

第三节　烟田生物炭新型高效利用技术展望

生物炭是在缺氧条件下从生物质的热化学转化中获得的富碳产物。不同的制备方法有助于形成不同的生物炭特性，生物炭特性在农业生态系统的农艺和环境效益方面受到广泛关注。利用文献计量学方法，基于Web of Science Core馆藏数据库，全面客观地分析近20年来全球生物炭生产领域的研究趋势。通过关键词搜索可以看出，与生物炭相关的论文呈增长趋势。其中，生物炭制备方式是发表研究论文最多的方面，这表明生物炭制备是研究的热点。生物炭的制备方式对其理化性质有着重要的影响，新型高效生物炭制备方式是研究人员关注的重点。

目前，热解制备、微波加热制备、气化法、水热法等生物炭制备方式是研究的热点。热解是植物生物质在没有氧气供应或氧气供应有限的情况下在高温下进行的热衰变。该过程的初始步骤是生物质的干燥，随后生物质进一步加热，挥发性物质从固体中排出。挥发性物质由甲烷、一氧化碳、二氧化碳或可冷凝的生物化合物组成。在气相中，随之而来的反应，如聚合和裂解，会改变整个产品谱。热解制备有多种方法，如焙烧（主要是在低温下热解）、缓慢热解、过渡热解、牢固热解、气化、热炭化和水热炭化等。

微波加热具有快速选择性，热量分布均匀，能效高，比常规加热更有利。与传统加热相比，微波加热的关键优点是在微波应用过程中，能产生局部微等离子体斑点，大部分样品的温度迅速升高。这些斑点导致碳质样品孔隙开放，从而增加样品中潜在吸附位点的密度。使用微波热解后再使用过氧化氢辅助活化，可以改善来自花生物质的生物炭的微观和介孔面积以及孔体积，使其表现出对亚甲基蓝和Remazol亮蓝染料的高吸附性。

水热炭化是指与水混合的生物质放入密闭的反应器中，在高温、高压条件下加热1 h以上，使生物质炭化的过程。用于合成生物炭基催化剂的水热处理过程通常在90～220 ℃进行，保留时间为2～24 h。与煅烧相比，水热处理的安全条件更温和，工艺简单，无需干燥过程，因此更具成本效益。

各项生物炭制备技术具有多维度的不同的生态、社会、经济效益，然而因缺乏数据，综合评价各类生物炭生产工艺的优劣变得十分困难。在各类工艺中，热解、气化因其具有的经济可行性和技术成熟度，已成为当前生物炭生产的主要技术手段，特别是热解技术因其在固碳减排及碳中和方面的突出作用而备受关注。此外，生物炭与其他金属或金属氧化物配合可以增强吸附能力，目前有大量文献报道了活化或改性生物炭对重金属的高效去除效率。在常见的重金属中，关于Cd的研究最多，同样由于改性生物炭对As及Cr的吸附量非常高，改性生物炭对于金属阴离子（As及Cr）去除的研究越来越受到人们的关注。常见的改性方法是铁/锰氧化物和纳米零价铁负载的生物炭。改性生物炭对重金属的钝化过程、改性方法及过程机制依然是研究热点。此外，改性及活化生物炭能增加对可见光的吸收以及光生电子和空穴的分离，以减小带隙，从而提高生物炭基催化剂的光催化性能。改性生物炭也能有效降解有机污染物，通过活化过氧化氢在不同的芬顿氧化条件下降解多种有机污染物。目前有关改性生物炭的研究及应用正不断增多。

生物炭富含营养物质，施入土壤后能够在一定程度上提高土壤养分和有机碳含量，但提高程度与土壤类型有关。生物炭施用可以改善土壤结构和性状，增强土壤保肥、供肥能力，从而促进土壤养分的可持续供应。此外，生物炭施用还可以提高土壤氮、磷有效性。已有研究表明，生物炭施用方式对土壤pH、养分含量、微生物学性质和氮、磷转化相关酶活性产生了显著影响，并且在对土壤碳、氮含量、微生物代谢活性及氮、磷转化相关酶活性的影响上存在显著的交互作用。生物炭作为土壤改良剂及营养调理剂，已表现出克服或缓解土壤障碍、促进作物发育、抗病抑菌、钝化重金属及减少对农残等有害成分的吸收等多种功效。

许多研究表明，大量施用生物炭会产生一系列的负面效应，例如潜在重金属污染风险及作物生长发育受阻等，而且已有许多研究发现，生物炭施用量超过限值后，会对植物生长发育进程及其产、质量产生不利的影响。因此，生物炭对作物的影响不仅体现在生物炭应性质和功能上，更重要的是生物炭应如何施用以及它的施用条件和方式等。例如生物炭可作为缓控释肥和微生物接种菌的载体，用于生产炭基有机肥、炭基复混合肥、炭基生物肥等，可以有效延缓肥料养分在土壤中的释放，降低淋失及固定等损失，提高肥料养分利用率。只有做到"因地制宜、对症下药"，做到科学合理施用，才能进一步提高生物炭的利用效率，充分发挥生物炭在农田管理、固碳减排及环境治理等方面的优势和特色。

参 考 文 献

蔡何青，李彩斌，戴彬，等．不同生物炭用量对烤烟钾素积累及产量的影响［J］．山西农业科学，2022，50（8）：1131－1135.

曹永华．农业决策支持系统研究综述［J］．中国农业气象，1997，18（4）：46－50.

曹志洪．生物炭与污染土壤修复及烟草行业的研发进展［J］．中国烟草学报，2019，25（3）：1－12.

陈山，龙世平，崔新卫，等．施用稻壳生物炭对土壤养分及烤烟生长的影响［J］．作物研究，2016，2：142－148.

陈静文，张迪，吴敏，等．两类生物炭的元素组分分析及其热稳定性［J］．环境化学，2014，33（3）：417－422.

陈庆园，黄刚，商胜华．烟草农药残留研究进展［J］．安徽农业科学，2008，36（11）：4575－4576，4614.

陈瑞泰．世界烟草发展简史（专题报告）［R］．济南：山东农学院，1980.

陈温福，张伟明，孟军，等．生物炭应用技术研究［J］．中国工程科学，2011，13（2）：83－89.

陈义轩，宋婷婷，方明，等．四种生物炭对潮土土壤微生物群落结构的影响［J］．农业环境科学学报，2019，38（2）：394－404.

陈志良，袁志辉，黄玲，等．生物炭来源、性质及其在重金属污染土壤修复中的研究进展［J］．生态环境学报，2016，25（11）：1879－1884.

程国淡，黄青，张凯松．热解温度和时间对污泥生物碳理化性质的影响［J］．环境工程学报，2012，6（11）：4209－4214.

褚继登．典型植烟土壤中氮素淋溶和运移研究［D］．北京：中国农业科学院．2021.

戴奋奋．简论我国施药技术的发展趋势［J］．植物保护，2004，30（4）：5－8.

淡俊豪，齐绍武，黎娟，等．生石灰对酸性土壤 pH 值及微生物群落功能多样性的影响［J］．西南农业学报，2017，30（12）：2739－2745.

丁艳丽，刘杰，王莹莹．生物炭对农田土壤微生物生态的影响研究进展［J］．应用生态学报，2013，24（11）：3311－3317.

董华芳，李文赟，王勇，等．生物炭和微量元素对烤烟生长及产质量的影响［J］．安徽农业科学，2022，50（1）：147-150.

杜霞，赵明静，马子川，等．不同生物质为原料的裂解生物炭对 Pb^{2+} 的吸附作用［J］．燕山大学学报，2016，40（6）：552-560.

范世锁，汤婕，程燕，等．污泥基生物炭中重金属的形态分布及潜在生态风险研究［J］．生态环境学报，2015，24（10）：1739-1744.

冯慧琳，何欢辉，徐茜，等．生物炭与氮肥配施对植烟土壤微生物及碳氮含量特征的影响［J］．中国土壤与肥料，2021，6：48-56.

冯慧琳，徐辰生，何欢辉，等．生物炭对土壤酶活和细菌群落的影响及其作用机制［J］．环境科学，2021，42（1）：422-432.

葛顺峰，彭玲，任饴华，等．秸秆和生物质炭对苹果园土壤容重、阳离子交换量和氮素利用的影响［J］．中国农业科学，2014，47（2）：366-373.

高梦雨，江彤，韩晓日，等．施用炭基肥及生物炭对棕壤有机碳组分的影响［J］．中国农业科学，2018，51（11）：2126-2135.

高德才，张蕾，刘强，等．不同施肥模式对旱地土壤氮素径流流失的影响［J］．水土保持学报，2014，28（3）：209-213.

高俊宽．文献计量学方法在科学评价中的应用探讨［J］．图书情报知识，2005（2）：14-17.

高凯芳，简敏菲，余厚平，等．裂解温度对稻秆与稻壳制备生物炭表面官能团的影响［J］．环境化学，2016，35（8）：1663-1669.

高林，王瑞，张继光，等．生物炭与化肥混施对烤烟氮磷钾吸收累积的影响［J］．中国烟草科学，2017，38（2）：19-24.

高文翠，杨卫君，贺佳琪，等．生物炭添加对麦田土壤微生物群落代谢的影响［J］．生态学杂志，2020，39（12）：3998-4004.

高文慧，郭宗昊，高科，等．生物炭与炭基肥对大豆根际土壤细菌和真菌群落的影响［J］．生态环境学报，2021，30（1）：205-212.

郭大勇，商东耀，王旭刚，等．改性生物炭对玉米生长发育、养分吸收和土壤理化性状的影响［J］．河南农业科学，2017，46（2）：22-27.

郭全伟，张英华，王术科，等．潍坊烟区现代烟叶农场发展现状及建议［J］．现代农业科技，2022（15）：204-207.

韩毅，陈发元，赵铭钦，等．生物炭与有机无机肥配施对烟草和土壤汞含量及保护酶活性的影响［J］．山东农业科学，2016，48（8）：74-79.

何甜甜．添加秸秆和生物炭对植烟土壤温室气体排放的影响及其机制［D］．郑州：河南农业大学，2021.

胡玮，刘吉振，邸青，等．不同水分条件与毕节烟田土壤氮素淋失的关系［J］．中国农学通报，2015，31（1）：63－68.
胡玮，邸青，刘吉振，等．不同施肥方式对毕节烟田土壤硝态氮淋失的影响［J］．天津农业科学，2017，23（1）：36－39，43.
胡京钰，杨红军，刘大军，等．酒糟生物炭与化肥配施对土壤理化特性及作物产量的影响［J］．植物营养与肥料学报．2022，28（9）：1664－1672.
黄磊，陈玉成，赵亚琦，等．生物炭添加对湿地植物生长及氧化应激响应的影响［J］．环境科学，2018，39（6）：2904－2910.
黄刘亚，孙永波，刘书武，等．生物炭对植烟土壤主要性状和烤烟产质量影响的研究进展［J］．作物杂志，2017，（4）：15－20.
贾小玉，闫伟明，上官周平．生物炭对农田土壤温室气体排放强度的调控机理研究进展［J］．陆地生态系统与保护学报，2022，2（2）：62－73.
简敏菲，高凯芳，余厚平，等．不同温度生物炭酸化前后的表面特性及镉溶液吸附能力比较［J］．生态环境学报，2015，（8）：1375－11380.
解钧．农田土壤中莠去津和乙氧氟草醚污染的生物炭修复研究［D］．沈阳：沈阳农业大学，2020.
柯英，郭鑫年，冀宏杰，等．宁夏灌区不同类型农田土壤氮素累积与迁移特征［J］．农业资源与环境学报，2014，31（1）：23－31.
柯建国，陈长青，柳建国，等．农业生态系统智能决策支持系统初探［J］．南京农业大学学报，1998，12（5）：19－21.
孔丝纺，姚兴成，张江勇，等. 生物质炭的特性及其应用的研究进展［J］. 生态环境学报，2015，24（4）：716－723.
黎嘉成，高明，田冬，等．秸秆及生物炭还田对土壤有机碳及其活性组分的影响．［J］草业学报，2018，27（5）：39－50.
李力，陆宇超，刘娅，等. 玉米秸秆生物炭对Cd（II）的吸附机理研究［J］．农业环境科学学报，2012，31（11）：2277－2283.
李明，李忠佩，刘明，等．不同秸秆生物炭对红壤性水稻土养分及微生物群落结构的影响［J］．中国农业科学，2015，48（7）：1361－1369.
李彩斌，蒋寿安，刘青丽，等．生物炭对烤烟根系特性和土壤CO_2排放的影响［J］．山西农业科学．2022，50（8）：1136－1142.
李彩斌，张久权，陈雪，等．生物炭施用对土壤健康的影响及其对烤烟生产的潜在风险［J］．中国烟草科学．2018，39（6）：91－97.
李茂森，王丽渊，杨波，等．生物炭对烤烟成熟期根际真菌群落结构的影响及功能预测分析［J］．农业资源与环境学报，2022，39（5）：1041－1048.
李仁英，吴洪生，黄利东，等．不同来源生物炭对土壤磷吸附解吸的影响［J］．土壤通报，2017，48（06）：1398-1403.

李晓锋，吴锋颖，剧永望，等．石灰、羟基磷灰石、秸秆生物炭对烟草吸收镉的影响［J］．生态毒理学报，2022，17（01）：381-394.

李怡安，胡华英，周垂帆．生物炭对土壤微生物影响研究进展［J］．内蒙古林业调查设计．2019，42（4）：101-104.

李志刚，张继光，申国明，等．烟秆生物质炭对土壤碳氮矿化的影响［J］．中国烟草科学，2016，37（2）：16-22.

李志刚．烟秆生物质炭制备及其对土壤碳氮排放的影响［D］．北京：中国农业科学院，2016.

林庆毅，姜存仓，张梦阳．生物炭老化后理化性质及微观结构的表征［J］．环境化学，2017，36（10）：2107-2114.

林玉锁，龚瑞忠，朱忠林．农药与生态环境保护［M］．北京：化学工业出版社，2000.

刘卉，周清明，黎娟，等．生物炭施用量对土壤改良及烤烟生长的影响［J］．核农学报，2016，30（7）：1411-1419.

刘勇，周冀衡．烤烟农药残留的来源分析及解决方案［J］．作物研究，2009，23（S1）：167-171.

刘岑薇，叶菁，李艳春，等．生物炭对茶园酸性红壤氮素养分淋溶的影响［J］．中国农业科技导报，2020，22（5）：181-186.

刘卉，周清明，黎娟，等．生物炭施用量对土壤改良及烤烟生长的影响［J］．核农学报，2016，30（7）：1411-1419.

刘会，朱占玲，彭玲，等．生物炭改善果园土壤理化性状并促进苹果植株氮素吸收［J］．植物营养与肥料学报，2018，24（2）：454-460.

刘晓彤，王海廷，吴涛，等．减施氮肥与调节土壤 C/N 对黄瓜-番茄轮作体系下土壤氮素淋失及产量的影响［J］．宁夏农林科技，2020，61（4）：7-11.

刘跃东，郑梅迎，刘祥，等．海泡石及生物炭对甲霜灵和镉复合污染条件下烟草生长发育和污染物含量的影响［J］．烟草科技，2020，53（7）：1-9.

鲁如坤．土壤农业化学分析方法［M］．北京：中国农业科技出版社，2000.

马超，周静，刘满强，等．秸秆促腐还田对土壤养分及活性有机碳的影响．土壤学报，2013，50（5）：915-921.

梅闯，王衡，蔡昆争，等．生物炭对土壤重金属化学形态影响的作用机制研究进展［J］．生态与农村环境学报．2021，37（4）：421-429.

孟波，付微．基于 Intranet 的管理信息系统和决策支持系统［J］．决策借鉴，1998，15（3）：37-40.

牛政洋，闫伸，郭青青，等．生物炭对两种典型植烟土壤养分、碳库及烤烟产质量的影响

[J]．土壤通报，2017，48（1）：155－161.
祁瑞云．农药残留危害及检测技术的分析［J］．南方农业，2016（6）：173，175.
钱署强，刘铮．污染土壤修复技术介绍［J］．化工进展，2000（4）：10－12，20.
史思伟，娄翼来，杜章留，等．生物炭的10年土壤培肥效应［J］．中国土壤与肥料．2018（6）：16－22.
史长生．农药残留危害以及检测技术的分析［J］．食品研究与开发，2010（9）：218－221.
舒晓晓，门杰，马阳，等．减氮配施有机物质对土壤氮素淋失的调控作用［J］．水土保持学报，2019，33（1）：186－191.
宋亮，任天宝，李敏，等．不同生物炭用量对湘西植烟土壤养分的影响［J］．河南农业科学，2017（2）：43－48.
宋小云．凯氏法测定土壤全氮的方法改进［J］．环境与发展，2019，31（8）：120－121.
孙沫．农产品农药残留超标的危害及检测技术［J］．吉林农业，2016，（2）：61.
孙克静，张海荣，唐景春．不同生物质原料水热生物炭特性的研究［J］．农业环境科学学报，2014，33（11）：2260－2265.
唐光木，葛春辉，徐万里，等．施用生物黑炭对新疆灰漠土肥力与玉米生长的影响［J］．农业环境科学学报，2011，30（9）：1797－1802.
王毅，张俊清，况帅，等．施用小麦秸秆或其生物炭对烟田土壤理化特性及有机碳组分的影响［J］．植物营养与肥料学报，2020，26（2）：285－294.
王成己，唐莉娜，胡忠良，等．生物炭和炭基肥在烟草农业的应用及展望［J］．核农学报．2021，35（4）：997－1007.
王大鹏，郑亮，吴小平，等．旱地土壤硝态氮的产生、淋洗迁移及调控措施［J］．中国生态农业学报，2017，25（12）：1731－1741.
王凡，廖娜，曹银贵，等．基于生物炭施用的土壤改良研究进展［J］．新疆环境保护．2020，42（2）：12－23.
王欢欢，任天宝，张志浩，等．生物质炭对牡丹江植烟土壤改良及烤烟品质的影响研究［J］．中国农学通报，2017，33（1）：96－101.
王丽渊．生物炭对植烟土壤主要性状及烤烟生长的影响［D］．郑州：河南农业大学．2014.
王守英，孔聪，陈清平，等．农产品和水体中农药残留检测技术研究进展［J］．食品安全质量检测学报，2019，10（1）：173－180.
王毅．小麦秸秆及其生物炭对黄淮烟区植烟潮褐土的改良效应及其机制研究［D］．中国农业科学院，2020.
王毅，张俊清，况帅，等．施用小麦秸秆或其生物炭对烟田土壤理化特性及有机碳组分的影响［J］．植物营养与肥料学报，2020，26（2）：285－294.
王毅，宋文静，吴元华，等．小麦秸秆还田对烤烟叶片发育及产质量的影响［J］．中国烟草科学，2018，39（2）：32-38.
王毓秀，张利民，邹敏．化学农药与环境激素［J］．农村生态环境，1999，15（4）：37-41.
魏俊杰，洪坚平．无机有机肥配施生物炭对复垦土壤酶活性以及磷形态的影响［J］．华北农学报．2019，34（6）：170-176.
吴俊，樊剑波，何园球，等．不同减量施肥条件下稻田田面水氮素动态变化及径流损失研究［J］．生态环境学报，2012，21（9）：1561-1566.
吴德丰，王春颖，韩宇平，等．不同质地土壤铵态氮吸附/解吸特征［J］．华北水利水电大学学报（自然科学版），2020，41（6）：18-25.
吴嘉楠，闫海涛，彭桂新，等．生物质炭与氮肥配施对土壤氮素变化和烤烟氮素利用的影响［J］．土壤，2018，50（2）：256-263.
肖洋，张乃明．生物炭对土壤中常用除草剂吸附效应的研究进展［J］．环保科技，2018，24（2）：40-43.
肖佳冰，张文静，李莉，等．生物炭不同用量对烤烟外观质量、化学成分和经济性状的影响［J］．山东农业科学，2016，48（3）：82-85.
肖战杰，肖佳冰，李莉，等．不同生物炭施用量对烤烟中性致香成分与评吸质量的影响［J］．江西农业学报，2015，27（12）：69-73.
谢涛，郭小强．连续流动分析仪测定土壤中的氨氮［J］．科技创新导报，2013（26）：1.
谢祖彬，刘琦，许燕萍，等．生物炭研究进展及其研究方向［J］. 土壤，2011，43（6）：857-861.
邢光辉，典瑞丽，陈光辉，等．施用生物炭对烤烟根系生长和经济性状的影响［J］．作物研究，2016，30（5）：549-554.
熊静，王蓓丽，刘渊文，等．生物炭去除土壤重金属的研究进展［J］．环境工程，2019，37（9）：182-187.
徐佳，刘荣厚．不同慢速热裂解工艺条件下棉花秸秆生物炭的理化特性分析［J］. 上海交通大学学报（农业科学版），2017，35（2）：19-24.
徐国鑫．不同施肥处理对紫色土旱坡地氮磷流失及作物效应的影响［D］．重庆：西南大学，2019.
徐美丽，陈永光，肖荣波，等．生物炭对土壤有效态重金属的作用机制进展［J］．环境工程．2021，39（8）：165-172，226.
徐云连，马友华，吴蔚君，等．长期减量化施肥对水稻产量和土壤肥力的影响［J］．水土保持学报，2018，32（6）：254-258.
徐云连．长期减量化施肥后农田氮磷径流损失及土壤性质的研究［D］．合肥：安徽农业大学，2018.

许云翔，何莉莉，刘玉学，等．施用生物炭 6 年后对稻田土壤酶活性及肥力的影响 [J]．应用生态学报．2019，30 (4)：1110－1118.
杨继鑫．烟草废弃物生物炭质量安全评价及还田效果研究 [D]．北京：中国农业科学院，2021.
杨继鑫，张久权，郜军艺，等．烟草废弃物生物炭元素组成及其重金属安全性研究 [J]．中国烟草科学，2022，43 (1)：42－48.
杨秋云，王国峰，黄向东，等．氮素形态和氮水平对烟草氮、磷、钾、氯积累分配的影响 [J]．河南农业科学，2011，40 (8)：104－109.
杨曙东，许唯，王晓峰，等．不同生物质炭对黄瓜、番茄、油菜和小麦种子萌发及幼苗生长的影响研究 [J]．种子科技，2019，37 (6)：138－142.
杨永华，姚健，华晓梅．农药污染对土壤微生物群落功能多样性的影响 [J]．微生物学杂志，2000，20 (2)：23－25，47.
杨志晓，刘化冰，柯油松，等．广东南雄烟区烤烟氮素累积分配及利用特征 [J]．应用生态学报，2011，22 (6)：1450－1456.
叶协锋，李志鹏，于晓娜，等．生物炭用量对植烟土壤碳库及烤后烟叶质量的影响 [J]．中国烟草学报，2015，21 (05)：33－41.
虞依娜，徐曼，叶有华．近 5 年森林生态系统服务价值评估研究进展——基于 CiteSpace 文献计量学分析方法 [J]．生态环境学报，2020，29 (2)：421－428.
袁金华，徐仁扣．生物质炭的性质及其对土壤环境功能影响的研究进展 [J]．生态环境学报，2011，20 (4)：779－785.
袁帅，赵立欣，孟海波，等．生物炭主要类型、理化性质及其研究展望 [J]．植物营养与肥料学报，2016，22 (5)：1402－1417.
岳殷萍，张伟华．沙土掺黏土后土壤保水保肥性研究 [J]．湖北农业科学，2016，55 (21)：5529－5531.
曾招兵，李盟军，姚建武，等．习惯施肥对菜地氮磷径流流失的影响 [J]．水土保持学报，2012，26 (5)：34－38，43.
张焕菊．大理州烤烟减量化施肥技术研究 [D]．北京：中国农业科学院，2015.
张慧. 炭化秸秆对水体中氨氮、磷的去除效果研究 [D]. 南京：南京农业大学，2009.
张继旭，张继光，张忠锋，等．秸秆生物炭对烤烟生长发育、土壤有机碳及酶活性的影响 [J]．中国烟草科学，2016，37 (5)：16－21.
张久权，闫慧峰，褚继登，等．运用广义线性混合模型分析随机区组重复测量的试验资料 [J]．作物学报，2021，47 (2)：294－304.
张伟明，孟军，王嘉宇，等．生物炭对水稻根系形态与生理特性及产量的影响 [J]．作物学报，2013，39 (8)：1445－1451.

张婷，佟忠勇，张广才，等．添加稻草生物炭对水稻土磷含量和形态的影响．华北农学报，2018，33（1）：211-216.

张园营．烟草专用炭基一体肥生物炭适宜用量研究［D］．郑州：河南农业大学，2013.

赵有绩．农药施用存在问题与农药残留控制方法探讨［J］．中国果菜，2018，38（1）：36-38.

郑加玉，张忠锋，程森，等．稻壳生物炭对整治烟田土壤养分及烟叶产质量的影响［J］．中国烟草科学，2016，37（04）：6-12.

郑梅迎，彭玉龙，刘明宏，等．模拟酸雨下生物炭添加对土壤盐基离子淋失的影响［J］．农业环境科学学报，2021，40（1）：163-173.

郑梅迎，刘玉堂，张忠锋，等．秸秆还田方式对植烟土壤团聚体特征及烤烟产质量的影响［J］．中国烟草科学，2019，40（6）：11-18.

中国农业科学院烟草研究所．中国烟草栽培学［M］．上海：上海科学技术出版社，2005.

中国烟叶公司．坚守“两个至上”融入发展大局［N］．东方烟草报，2022-07-29（1）．

中国烟叶公司．中国烟叶生产实用技术指南［M］．北京：中国烟叶公司，2022.

中华人民共和国农业部．土壤检测第2部分：土壤pH的测定：NY/T 1121.2—2006［S］．北京：中国农业出版社，2006.

仲维科，郝戬，孙梅心，等．我国药品的农药污染问题［J］．农药，2000，39（7）：1-4.

周劲松，闫平，张伟明，等．生物炭对东北冷凉区水稻秧苗根系形态建成与解剖结构的影响［J］．作物学报，2017，43（1）：72-81.

周咏春，吴柳林，李丹阳，等．生物炭添加对土壤温室气体排放影响的长短期效应研究进展［J］．环境科学：1-14.

周志红，李心清，邢英，等．生物炭对土壤氮素淋失的抑制作用［J］．地球与环境，2011，39（2）：276-283.

朱利中．土壤及地下水有机污染的化学与生物修复［J］．环境科学进展，1999，7（2）：65-71.

国家林业局．木质活性炭试验方法：pH值的测定：GB/T 12496.7-1999［S］．北京：国家质量技术监督局，1999.

Ahmad M，Rajapaksha A U，Lim J E，et al. Biochar as a sorbent for contaminant management in soil and water：A review［J］. Chemosphere，2014，99：19-33.

Alkharabsheh H M，Seleiman M F，Battaglia M L，et al. Biochar and its broad impacts in soil quality and fertility，nutrient leaching and crop productivity：A review［J］. Agronomy-Basel. 2021，11（5）：993.

Amoah-Antwi C，Kwiatkowska-Malina J，Thornton S F，et al. Restoration of soil quality using biochar and brown coal waste：A review［J］. the Science of the Total Environment. 2020，722：137852.

Antonherrero R，Garciadelgado C，Alonsoizquierdo M，et al.，Comparative adsorption of tetracyclines on biochars and stevensite：Looking for the most effective adsorbent [J]. Applied Clay Science，2018，160：162 - 172.

Bapat H，Manahan S E，Larsen D W. An activated carbon product prepared from milo (Sorghum vulgare) grain for use in hazardous waste gasification by ChemChar concurrent flow gasification [J] . Chemosphere，1999，39：23 - 32.

Blanco-Canqui H. Biochar and soil physical properties [J] . Soil Science Society of America Journal，2017，81 (4)：687 - 711.

Boehm H P. Some aspects of the surface chemistry of carbon blacks and other carbons [J]. Carbon，1994，32 (5)：759 - 769.

Cabrera A，Cox L，Spokas K，et al. Influence of biochar amendments on the sorption-desorption of aminocyclopyrachlor，bentazone and pyraclostrobin pesticides to an agricultural soil [J] . the Science of the Total Environment，2014，470 - 471：438 - 443.

Cao X，Harris W. Properties of dairy-manure-derived biochar pertinent to its potential use in remediation [J] . Bioresource Technology，2010，101：5222 - 5228.

Chen B，Chen Z，Lv S. A novel magnetic biochar efficiently sorbs organic pollutants and phosphate [J] . Bioresource Technology，2010，102 (2)：716 - 723.

Chen J，Li S，Liang C，et al. Response of microbial community structure and function to short-term biochar amendment in an intensively managed bamboo (Phyllostachys praecox) plantation soil：Effect of particle size and addition rate [J] . the Science of the Total Environment，2017，574：24 - 33.

Chen W，Meng J，Han X，et al. Past，present，and future of biochar [J] . Biochar，2019，1 (1)：75 - 87.

Chen Y，Yang H，Wang X，et al.，Biomass-based pyrolytic polygeneration system on cotton stalk pyrolysis：influence of temperature [J] . Bioresource Technology，2012，107：411 - 418.

Dai Y，Zheng H，Jiang Z，et al. Combined effects of biochar properties and soil conditions on plant growth：A meta-analysis [J] . the Science of the Total Environment. 2020，713：136635.

Dal Molin S J，Ernani P R，Soldatelli P，et al. Leaching and recovering of nitrogen following N fertilizers application to the soil in a laboratory study [J] . Communications in Soil Science and Plant Analysis，2018，49 (9)，1099 - 1106.

Gao L，Shen G.，Zhang J. Accumulation and distribution of Cadmium in Flue-cured tobacco and its impact on rhizosphere microbial community [J] . Polish Journal of Environmental Studies, 2015, 24 (4): 1563 - 1569.

Gao L, Wang R, Shen G, et al. , Effects of biochar on nutrients and the microbial community structure of tobacco-planting soils [J] . Journal of soil science and plant nutrition, 2017, 17 (4): 884 - 896.

Glaser B, Lehmann J, Zech W. Ameliorating physical and chemical properties of highly weathered soils in the tropics with charcoal: A review [J] . Biology and Fertility of Soils, 2002, 35: 219 - 230.

Godlewska P, Schmidt H P, Ok Y S, et al. Biochar for composting improvement and contaminants reduction. A review [J] . Bioresource Technology, 2017, 246: 193 - 202.

He L, Zhong H, Liu G, et al. Remediation of heavy metal contaminated soils by biochar: Mechanisms, potential risks and applications in China [J] . Environmental Pollution. 2019, 252: 846 - 855.

He M, Xiong X, Wang L, et al. A critical review on performance indicators for evaluating soil biota and soil health of biochar-amended soils [J] . Journal of hazardous materials. 2021, 414: 125378.

International Biochar Initiative. Standardized product definition and product testing guidelines for biochar that is used in soil (aka IBI Biochar Standards) [S] . Version 2. 1. Westerville : International Biochar Initiative, 2015.

Inyang M, Gao B, Pullammanappallil P, et al. Biochar from anaerobically digested sugarcane bagasse [J] . Bioresource Technology, 2010, 101: 8868 - 8872.

Jeffery S, Verheijen F G A, van der Velde M, et al. A quantitative review of the effects of biochar application to soils on crop productivity using meta-analysis [J] . Agriculture, Ecosystems & Environment, 2011, 144 (1): 175 - 187.

Kuhlbusch T A. Method for determining black carbon in vegetation fire residues [J]. Environmental Science & Technology, 1995, 29 (10): 2695 - 2702.

Lee J W, Kidder M, Evans B R. Characterization of biochars produced from cornstovers for soil amendment [J] . Environmental Science & Technology, 2010, 44: 7970 - 7974.

Lehmann J, Gaunt J, Rondon M. Bio-char sequestration in terrestrial ecosystems-A review [J] . Mitigation and Adaptation Strategies for Global Change, 2006, 11 (2): 403 - 427.

Lehmann J, Joseph S. Biochar for environmental management: science, technology and implementation [M] . 2nd ed. London: Earthscan from Routledge, 2015, 1 - 1214.

Leng L, Huang H. An overview of the effect of pyrolysis process parameters on biochar stability [J] . Bioresource Technology, 2018, 270: 627 - 642.

Li L，Zou D，Xiao Z，et al.，Biochar as a sorbent for emerging contaminants enables improvements in waste management and sustainable resource use [J]. Journal of Cleaner Production，2019，210：1324 - 1342.

Li S，Harris S，Anandhi A，et al.，Predicting biochar properties and functions based on feedstock and pyrolysis temperature：a review and data syntheses [J]. Journal of Cleaner Production，2019，215：890 - 902.

Lian F，Xing B. Black carbon (biochar) in water/soil environments：molecular structure，sorption，stability，and potential risk [J]. Environmental Science & Technology，2017，51：13517 - 13532.

Liang B，Lehmann J，Solomon D，et al.，Black carbon increases cation exchange capacity in soils [J]. Soil Science Society of America Journal，2006，70：1719 - 1730.

Liu Y，Lu H，Yang S，et al. Impacts of biochar addition on rice yield and soil properties in a cold waterlogged paddy for two crop seasons. Field Crops Research，2016，191：161 - 167.

Liu Y，Lonappan L，Brar S K，et al.，Impact of biochar amendment in agricultural soils on the sorption，desorption，and degradation of pesticides：a review [J]. The Science of the Total Environment，2018，645：60 - 70.

Manyà J J，Ortigosa M A，Laguarta S，et al. Experimental study on the effect of pyrolysis pressure，peak temperature，and particle size on the potential stability of vine shoots-derived biochar [J]. Fuel，2014，133：163 - 172.

Masebinu S O，Akinlabi E T，Muzenda E，et al.，A review of biochar properties and their roles in mitigating challenges with anaerobic digestion [J]. Renewable & Sustainable Energy Reviews，2019，103：291 - 307.

McKendry P. Energy production from biomass (part 1)：overview of biomass [J]. Bioresource Technology，2002，83 (1)：37 - 46.

Mukherjee A，Lal R，Zimmerman A R. Effects of biochar and other amendments on the physical properties and greenhouse gas emissions of an artificially degraded soil [J]. the Science of the Total Environment. 2014，487：26 - 36.

Mukherjee A，Zimmerman A R，Harris W. Surface chemistry variations among a series of laboratory-produced biochars [J]. Geoderma，2011，163：247 - 255.

Novak J M，Lima I，Xing B，et al. Characterization of designer biochar produced at different temperatures and their effects on a loamy sand [J]. Annals of Environmental Science，2009，3：195 - 206.

O'connor D，Peng T，Zhang J，et al. Biochar application for the remediation of heavy metal polluted land：A review of in situ field trials [J]. the Science of the Total Environment，

2018, 619-620: 815-826.

Palansooriya K N, Wong J T F, Hashimoto Y, et al. Response of microbial communities to biochar-amended soils: A critical review [J] . Biochar. 2019, 1 (1): 3-22.

Qambrani N A, Rahman M M, Wonc S, et al. , Biochar properties and eco-friendly applications for climate change mitigation, waste management, and wastewater treatment: A review [J] . Renewable and Sustainable Energy Reviews, 2017, 79: 255 - 273.

Qian K, Kumar A, Zhang H, et al. Recent advances in utilization of biochar [J]. Renewable and Sustainable Energy Reviews, 2015, 42: 1055-1064.

Singh H P, Mahajan P, Kaur S, et al. , Cadmium: toxicity and tolerance in plants [J]. the Journal of Environmental Biology, 2013, 11 (3): 229-254.

Sohi S P. Carbon storage with benefits [J] . Science, 2012, 338 (6110): 1034-1035.

Spokas K A, Novak J M, Stewart C E, et al. , Qualitative analysis of volatile organic compounds on biochar [J] . Chemosphere, 2011, 85: 869-882.

Spokas K. Review of the stability of biochar in soils: predictability of O: C molar ratios [J]. Carbon Management, 2010, 1: 289-303.

Stefaniuk M, Oleszczuk P, Bartmiński P. Chemical and ecotoxicological evaluation of biochar produced from residues of biogas production [J] . Journal of Hazardous Materials, 2016, 318: 417-424.

Suliman W, Harsh J B, Abu-Lail N I, et al. The role of biochar porosity and surface functionality in augmenting hydrologic properties of a sandy soil [J] . the Science of the Total Environment, 2017, 574: 139-47.

Suliman W, Harsh J B, Fortuna A, et al. , Quantitative effects of biochar oxidation and pyrolysis temperature on the transport of pathogenic and nonpathogenic Escherichia coli in biochar-amended sand columns [J] . Environmental Science & Technology, 2017, 51: 5071-5081.

Tan Z, Lin C S K, Ji X, et al. Returning biochar to fields: a review [J] . Applied Soil Ecology, 2017, 116: 1-11.

Lehmann J, Pereira da Silva J, Steiner C. *et al*. Nutrient availability and leaching in an archaeological Anthrosol and a Ferralsol of the Central Amazon basin: fertilizer, manure and charcoal amendments [J] . Plant and Soil, 2003, 249: 343-357.

Tso T C. Production, Physiology and Biochemistry of Tobacco Plant [M], Nashville : Ideals, 1990: 35-41.

Wang L, O′Connor D, Rinklebe J, et al. Biochar aging: mechanisms, physicochemical changes, assessment, and implications for field applications [J] . Environmental Science & Technology. 2020, 54 (23): 14797-14814.

Warnock D D, Lehmann J, Kuyper T W, et al., Mycorrhizal responses to biochar in soil-concepts and mechanisms [J]. Plant and Soil, 2007, 300: 9-20.

Weber K, Quicker P. Properties of biochar [J]. Fuel, 2018, 217: 240-261.

Wei L, Huang Y, Huang L, et al. Combined biochar and soda residues increases maize yields and decreases grain Cd/Pb in a highly Cd/Pb-polluted acid Udults soil [J]. Agriculture Ecosystems & Environment. 2021, 306: 107198.

Wiedemeier D B, Abiven S, Hockaday W C et al., Aromaticity and degree of aromatic condensation of char [J]. Organic Geochemistry, 2015, 78: 135-143.

Yavari S, Malakahmad A, Sapari N B. Biochar efficiency in pesticides sorption as a function of production variables: a review [J]. Environmental Science and Pollution Research, 2015, 22: 13824-13841.

Yu K L, Lau B F, Show P L, et al., Recent developments on algal biochar production and characterization [J]. Bioresource Technology, 2017, 246: 2-11.

Yuan J H, Xu R K. The amelioration effects of low temperature biochar generated from nine crop residues on an acidic Ultisol [J]. Soil Use and Management, 2011, 27: 110 - 115.

Zhang G, Guo X, Zhao Z, et al. Effects of biochars on the availability of heavy metals to ryegrass in an alkaline contaminated soil [J]. Environmental Pollution, 2016, 218: 513-522.

Zhang H, Voroney R, Price G. Effects of temperature and processing conditions on biochar chemical properties and their influence on soil C and N transformations [J]. Soil Biology & Biochemistry, 2015, 83: 19-28.

Zhang J, Bo G, Zhang Z, et al., Effects of straw incorporation on soil nutrients, enzymes, and aggregate stability in tobacco fields of China [J]. Sustainability, 2016, 8 (8): 710.

Zhang J, Zhang Z, Shen G, et al., Growth performance, nutrient absorption of tobacco and soil fertility after straw biochar application [J]. International Journal of Agriculture and Biology, 2016, 18 (5): 983-989.

Zhang J, Li C, Li G, et al., Effects of biochar on heavy metal bioavailability and uptake by tobacco (*Nicotiana tabacum*) in two soils [J]. Agriculture, Ecosystems & Environment, 2021, 317: 107453.

Zhang J, Huang Y, Lin J, et al. Biochar applied to consolidated land increased the quality of an acid surface soil and tobacco crop in Southern China [J]. Journal of Soils and Sediments. 2020, 20, (8): 3091-3102.

Zhang J, Li C, Li G, et al. Biochar application rate influenced bioavailability and crop uptake of heavy metals (Cd, Cu, Ni and Pb) in two soils. AGGE. [J]. Agriculture Ecosystems

& Environment. 2021.

Zhang J, Wang Q. Sustainable mechanisms of biochar derived from brewers' spent grain and sewage sludge for ammonia-nitrogen capture [J] . Journal of Cleaner Production, 2016, 112: 3927 - 3934.

Zhang L, He Y, Lin D, et al. Co-application of biochar and nitrogen fertilizer promotes rice performance, decreases cadmium availability, and shapes rhizosphere bacterial community in paddy soil [J] . Environmental Pollution. 2022, 308: 119624.

Zhang W, Meng J, Wang J, et al., Effect of biochar on root morphological and physiological characteristics and yield in rice [J] . Acta Agronomica Sinica, 2013, 39 (8): 1445 - 1451.

Zhang Y, Wang J, Feng Y. The effects of biochar addition on soil physicochemical properties: A review [J] . Catena. 2021, 202: 105284.

Zhang Z K, Zhu Z Y, Shen B X, et al., Insights into biochar and hydrochar production and applications: a review [J] . Energy, 2019, 171: 581 - 598.

Zheng J, Zhang J, Gao L, et al., Effect of straw biochar amendment on tobacco growth, soil properties, and rhizosphere bacterial communities [J] . Scientific Reports, 2021, 11: 20727.

Zhong Y, Igalavithana A D, Zhang M, et al. Effects of aging and weathering on immobilization of trace metals/metalloids in soils amended with biochar [J] . Environmental Science-Processes & Impacts, 2020, 22 (9): 1790 - 1808.

Zhu L, Lei H W, Wang L, et al., Biochar of corn stover: microwave-assisted pyrolysis condition induced changes in surface functional groups and characteristics [J] . J Journal of Analytical & Applied Pyrolysis, 2015, 115: 149 - 156.

附录一　NY/T 4159—2022　生物炭

前　言

本文件按照GB/T 1.1—2020《标准化工作导则　第1部分：标准化文件的结构和起草规则》的规定起草。

本文件由农业农村部科技教育司提出并归口。

本文件由农业农村部科技教育司归口。

本文件起草单位：沈阳农业大学、辽宁省土壤肥料测试中心、辽宁金和福农业科技股份有限公司、承德避暑山庄农业发展有限公司、云南威鑫农业科技股份有限公司、河南惠农土质保育研发有限公司、安徽德博生态环境治理有限公司、沈阳隆泰生物工程有限公司。

本文件主要起草人：孟军、于立宏、韩晓日、史国宏、兰宇、鄂洋、黄玉威、王永欢、张伟明、陈温福、刘赛男、程效义、明亮、赫天一、刘遵奇、杨旭、韩杰、刘金、张立军、蔡志远、袁占军、张守军、施凯。

1　范围

本文件规定了生物炭的术语和定义、要求、取样、试验方法、检验规则、标识、包装、运输和储存。

本文件适用于以农林业植物源废弃生物质为原料生产的生物炭。

2　规范性引用文件

下列文件中的内容通过文中的规范性引用而构成本文件必不可少的条款。其中，注日期的引用文件，仅该日期对应的版本适用于本文件；不注日期的引用文件，其最新版本（包括所有的修改单）适用于本文件。

GB/T 483　煤炭分析试验方法一般规定

GB/T 8170　数值修约规则与极限数值的表示和判定

GB/T 8569　固体化学肥料包装

GB 15618　土壤环境质量　农用地土壤污染风险管控标准（试行）

GB 18382　肥料标识　内容和要求

GB/T 23349　肥料中砷、镉、铅、铬、汞生态指标

GB/T 28731　固体生物质燃料工业分析方法

GB 38400　肥料中有毒有害物质的限量要求

HJ 491　土壤和沉积物　铜、锌、铅、镍、铬的测定　火焰原子吸收分光光度法

HJ 892　固体废物　多环芳烃的测定　高效液相色谱法

NY/T 3041　生物炭基肥料

3　术语和定义

NY/T 3041 界定的术语和定义适用于本文件。

4　要求

4.1　外观

黑色块状、粉状，无肉眼可见机械杂质。

4.2　技术指标要求

生物炭应用于农业时，根据其炭化程度和污染物含量分为Ⅰ级和Ⅱ级，其各项技术指标应符合表 1 的要求。Ⅰ级和Ⅱ级生物炭的使用条件见表 2。

表 1　生物炭技术指标要求

项目	指标	
	Ⅰ级	Ⅱ级
总碳（C），%	≥60	≥30
固定碳（FC），%	≥50	≥25
氢碳摩尔比（H/C）	≤0.4	≤0.75
氧碳摩尔比（O/C）	≤0.2	≤0.4
砷（以 As 计）[a]，mg/kg	≤13	≤15
镉（以 Cd 计）[a]，mg/kg	≤0.3	≤3

（续）

项目	指标	
	Ⅰ级	Ⅱ级
铅（以Pb计）[a]，mg/kg	≤50	≤50
铬（以Cr计）[a]，mg/kg	≤90	≤150
汞（以Hg计）[a]，mg/kg	≤0.5	≤2
铊（以Tl计）[a]，mg/kg	≤2.5	≤2.5
铜（以Cu计）[a]，mg/kg	≤50	≤200
镍（以Ni计）[a]，mg/kg	≤50	≤190
锌（以Zn计）[a]，mg/kg	≤200	≤300
多环芳烃（PAHs）[b]，mg/kg	≤6	≤6
苯并（a）芘（BaP），mg/kg	≤0.55	≤0.55
水分（H_2O）[c,d]，%	≤30	≤30

a 重金属和类金属砷均按元素总量计。

b 萘、苊烯、苊、芴、菲、蒽、荧蒽、芘、苯并（a）蒽、䓛、苯并（b）荧蒽、苯并（k）荧蒽、苯并（a）芘、二苯并（a，h）蒽、苯并（g，h，i）苝和茚并（1，2，3-c，d）芘16种多环芳烃总量。

c 以出厂检验数据为准，当用户对水分含量有特殊要求时，可由供需双方协议确定。

d 水分以鲜样计，其余指标以烘干基计。

表2 生物炭的推荐使用范围和条件

生物炭级别	使用范围	使用条件	推荐类型
Ⅰ级	直接还田	无限制条件	优先使用
	肥料产品原料	无限制条件	优先使用
Ⅱ级	直接还田	按GB 15618的规定执行	可使用
	肥料产品原料	按相关肥料产品标准的规定执行	可使用

5 取样

5.1 采样方案

按照NY/T 3041的规定执行。

5.2 样品缩分

将采取的样品迅速混匀，用缩分器或四分法将样品缩分至不少于1 kg，再缩分成2份，分装于2个洁净、干燥的具有磨口塞的玻璃瓶或塑料瓶中，密封并贴上标签，注明生产企业名称、产品名称、产品级别、批号或生产日期、取样日期和取样人姓名，一瓶做产品检验，另一瓶保存 2 个月，以备查用。

6 试验方法

6.1 试样制备

由 5.2 中取一瓶样品，经多次缩分后取出约 100 g，迅速研磨至全部通过 Φ0.5 mm 孔径标准筛，收集样品置于 105 ℃恒温干燥箱中，待温度达到 105 ℃后，干燥 2 h，取出，在干燥器中冷却至室温，储存到干燥瓶中，作含量测定用。余下样品供外观、生物炭鉴别、水分含量测定用。

6.2 外观

感官法。

6.3 固定碳含量的测定

按照 GB/T 28731 的规定执行。

6.4 氢碳摩尔比

按照附录 A 测得总氢质量百分数与总碳质量百分数，折算为摩尔数后计算比值。

6.5 氧碳摩尔比

按照附录 A 测得总氧质量百分数与总碳质量百分数，折算为摩尔数后计算比值。

6.6 砷、镉、铅、铬、汞含量的测定

按照 GB/T 23349 的规定执行。

6.7 铊含量的测定

按照 GB 38400 的规定执行。

6.8 铜、锌、镍含量测定

按照 HJ 491 的规定执行。

6.9 多环芳烃含量的测定

按照 HJ 892 的规定执行。

6.10 苯并（a）芘含量的测定

按照 HJ 892 的规定执行。

6.11 水分含量的测定

按照 GB/T 28731 的规定执行。

6.12 生物炭的鉴别

按照附录 B 的规定执行。

7 检验规则

7.1 检验类别及检验项目

产品检验包括出厂检验和型式检验，外观、固定碳、水分含量为出厂检验项目，第 4 章的全部项目为型式检验项目。在有下列情况之一时进行型式检验：

——正式生产后，生物质原料种类、工艺及设备发生变化时；

——正常生产时，按周期进行型式检验，每 6 个月或每生产 2 500 t 至少检验一次；

——长期停产后恢复生产时；

——国家市场监督管理机构提出型式检验的要求时。

生物炭的鉴别在国家市场监督管理机构提出要求或需要仲裁时进行。

7.2 组批

产品按批进行出厂检验，以 1 周或 2 周的产量为一批，最大批量为 100 t。

7.3 结果判定

7.3.1 本文件中产品质量指标合格判定，按照 GB/T 8170 的规定执行。

7.3.2 生产企业应按本文件要求进行出厂检验和型式检验。检验项目全部符合本文件要求时，判该批产品合格。

7.3.3 出厂检验或型式检验结果中如有一项指标不符合本文件要求时，应重新自同批次二倍量采取样品进行检验，重新检验结果中，即使有一项指标不符合本文件要求时，则判该批产品不合格。

8 标识、包装、运输和储存

8.1 应在产品外包装标识中标明产品名称、商标、规格、级别（如Ⅰ级、Ⅱ级）、净含量、原料名称、本文件编号、生产许可证编号（适用于实施生产许可证管理的情况）、生产或经销单位名称、生产或经销单位地址等。

8.2 应在产品标签中标明总碳含量、固定碳含量、氢炭摩尔比、氧碳摩尔比、水分含量和外包装标识信息。

8.3 每批检验合格的出厂产品应附有质量证明书，其内容包括：生产企业名称、地址、产品名称、产品级别、批号或生产日期、产品净含量、总碳含量、固定碳含量、氢炭摩尔比、氧碳摩尔比、水分含量和本文件编号。非出厂检验项目标注最近一次型式检验的检测结果。

8.4 其余标识应符合 GB 18382 的要求。

8.5 产品用塑料编织袋内衬聚乙烯薄膜袋或内涂膜聚丙烯编织袋包装，在符合 GB/T 8569 规定的条件下宜使用经济实用型包装。产品每袋净含量（25±0.25）kg 或（10±0.1）kg。也可使用供需双方合同约定的其他包装规格。

8.6 产品应储存于阴凉干燥处，在运输过程中应防雨、防潮、防晒、防破裂。

附 录 A
（规范性）
生物炭中碳、氢、氧含量的测定 元素分析仪法

A.1 原理

生物炭中的碳和氢元素在有催化剂存在的高温条件下，与过量氧气反应生成二氧化碳和水，在载气推动下通过还原系统，采用吸附分离或色谱法分离混合气体，再通过适当检测器分别检测并计算出碳和氢元素的质量百分数。

生物炭中氧元素经高温裂解生成氧气，氧气与过量的碳粉反应生成一氧化碳，在载气的推动下，采用吸附分离或色谱法分离混合气体，再通过适当检测器检测并计算出氧元素的质量百分数。

A.2 试剂和材料

A.2.1 载气：选用仪器说明书指定的气体。

A.2.2 助燃气：氧气。

A.2.3 校准物质：选用仪器说明书指定的校准物质。

A.2.4 其他试剂及材料：根据测定元素选用仪器说明书指定试剂及材料。

A.3 仪器设备

A.3.1 分析天平，感量为 0.01 mg。

A.3.2 元素分析仪，主要组成及其附件应满足的条件如下：

a) 燃烧系统：燃烧温度、加氧量及加氧时间可调，以保证样品充分燃烧；

b) 裂解系统：裂解温度可调，以保证样品充分裂解；

c) 还原系统：还原温度可调，以保证气体产物充分还原；

d) 分离系统：应能滤除各种对测定有影响的因素，必要时，应有特定的程序将各元素的燃烧产物或裂解产物分离以便分别检测或过滤；

e) 检测系统：用于检测二氧化碳、一氧化碳、水或者氢气的量，如热导池检测器、非色散红外检测器等；

f) 仪器控制和数据处理系统：主要包括分析条件的设置、分析过程的监控、报警中断和分析数据的采集、计算、校准等程序。

A.4 分析步骤

A.4.1 开机

根据仪器使用说明运行开机程序。

A.4.2 仪器校准

系统空白：运行加氧气和不加氧气空白测试程序共计 3 次以上，直至不加氧气空白测试各元素的空白积分值满足仪器测试要求。

标准曲线的绘制：根据被测元素的含量范围称取不同质量的标准物质，运行标准物质测试程序，以标准物质的绝对质量和相应产物的积分值绘制标准曲线。

校准因子的测定：运行 4 次标准物质测试程序，4 次重复测试结果极差的绝对值应不超过算术平均值的 10%，以 4 次测试结果的平均值作为标准物质的测试值。计算测试值与标准值的比值得出校准因子，如果校准因子在 0.9～1.1之间时说明标定有效，否则应查明原因重新标定。

A.4.3 试样分析

称取适量试样，精确至 0.01 mg（碳、氢元素含量测定，应采用锡制容器包裹称量；氧元素含量测定，应使用银制容器包裹称量），按样品测试程序运行 2 次平行测试。

A.5 结果表示

2 次平行测试结果应满足 A.6 的要求，取 2 次平行测试结果的算术平均值为测试结果，按照 GB/T 483 的规定修约到 0.01%报出。

A.6 精确度

在重复性条件下获得的 2 次平行测试结果的绝对差值不得超过算术平均值的 10%。

附 录 B
(规范性)
生物炭的鉴别 扫描电子显微镜法

B.1 原理

根据微观结构特征鉴别生物炭，用于区分非生物炭类产品。

B.2 仪器设备和材料

B.2.1 扫描电子显微镜：扫描电子显微镜由电子光学系统（含电子枪、电磁透镜、光阑、扫描线圈、合轴线圈、消像散器、样品室）、信号检测处理系统、真空系统、电子系统和计算机系统等组成。

B.2.2 恒温干燥箱：(105±2) ℃。

B.2.3 导电双面胶带。

B.3 仪器设备的环境条件

B.3.1 电源电压及频率稳定：(220±22) V，(50±1) Hz。

B.3.2 室内相对湿度小于 60%。

B.3.3 室温为 (20±5) ℃。

B.4 试样的制备

B.4.1 取样

块状样品：随机选取体积大于试样要求的样品，将样品切成直径不大于 10 mm，高度为 3～5 mm 的小块，备用。

粉末状样品：称取 1 g 试样，将样品均匀平铺在实验台上，用镊子在不同部位镊取不少于 20 处样点，混合均匀，备用。

B.4.2 粘样

用导电双面胶带将试样粘接在扫描电镜样品台上，使试样观察面朝上。

B.5 观察分析步骤

B.5.1 开启扫描电镜，待真空度达到仪器规定的高真空指标后进行观察前的仪器检查，对中电子束，消除图像像散。

B.5.2 关闭电子枪发射后对样品室放气，按要求将试样装入样品室，重新抽真空。对于设有换样预抽室的扫描电镜则可通过该装置进行换样操作，无需对电镜样品室放气和重新抽真空。

B.5.3 根据不同试样的观察要求，设置扫描电镜观察条件。高分辨率观察需要短工作距离，观察试样时工作距离选择 3～5 mm。大视野低分辨率观察需要长工作距离，观察试样时工作距离选择在 10 mm 左右。样品台倾斜角度根据试样情况进行调整，对于表面平整的试样选择 30°～45°或更大的倾斜角度。对于导电性良好的试样，加速电压选择 15～20 kV；对于导电性差或容易产生荷电的试样，采用1～3 kV 或 1 kV 以下的低电压。

B.5.4 打开电子枪束流，选择需要的信号检测器，获得二次电子扫描图像。

B.5.5 根据观察选择合适的放大倍率，进行图像聚焦、消像散、亮度和反差调节等操作。

B.5.6 根据不同需要选择物镜可变光阑。

B.5.7 根据不同需要选择图像扫描模式和扫描速度。

B.5.8 对目标区域的试样形态结构进行图像记录。

B.5.9 观察结束后，关闭电子枪发射后对样品室放气，按要求将试样移出样品室，重新抽真空，待真空度达到仪器规定的高真空指标后，关闭主机电源和稳压器。

B.6 生物炭样品鉴别

参照附录 C 进行鉴别，如果在试样的扫描电子显微镜图像中能够观察到断面平齐、规律性聚集存在的植物细胞分室结构（图 C.1），且试样符合生物炭指标要求，则判定该试样为生物炭。如果未观察到植物细胞分室结构或观察到生物炭类似物（图 C.2），则判定该试样不符合生物炭指标要求。

附　录　C
（资料性）
代表性生物炭及其类似物微观图谱

C.1　代表性生物炭微观图谱

见图 C.1。

稻秆炭	麦秆炭	大豆秆炭
	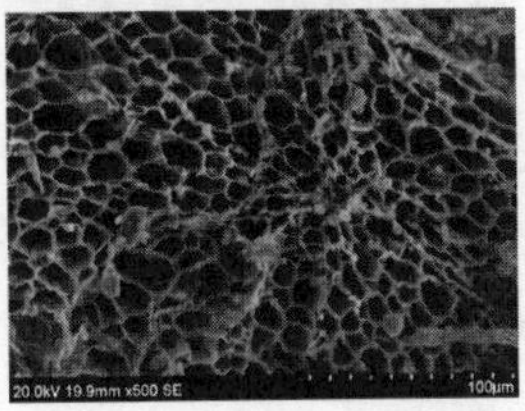	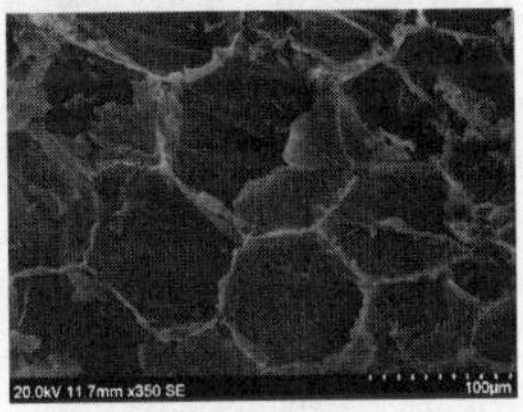
玉米秸秆表皮炭	玉米芯炭	高粱秆炭
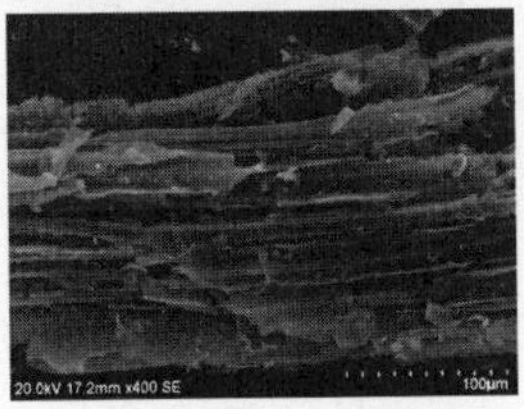	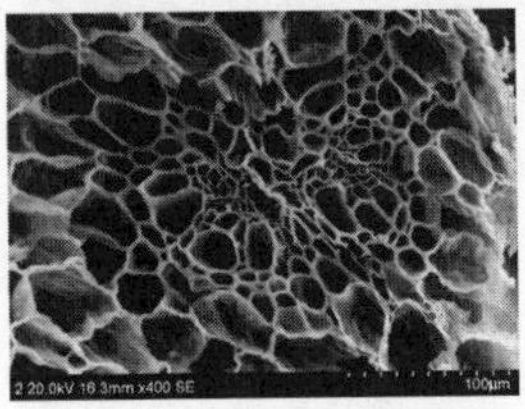	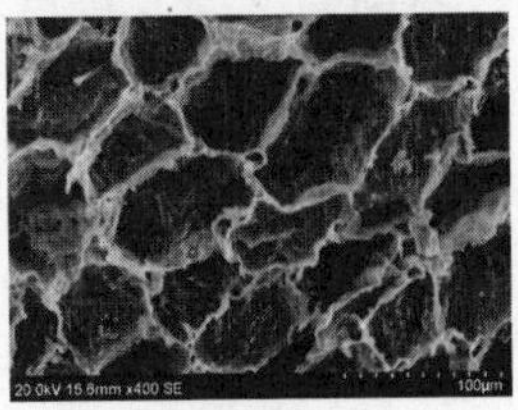
花生壳炭	麦壳炭	棉花秆炭
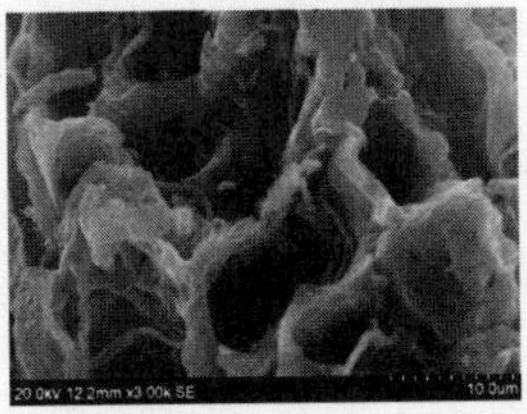	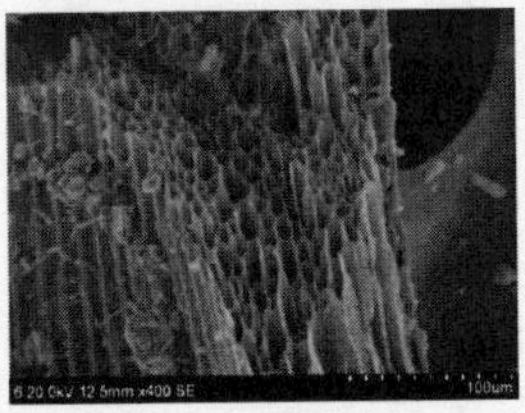	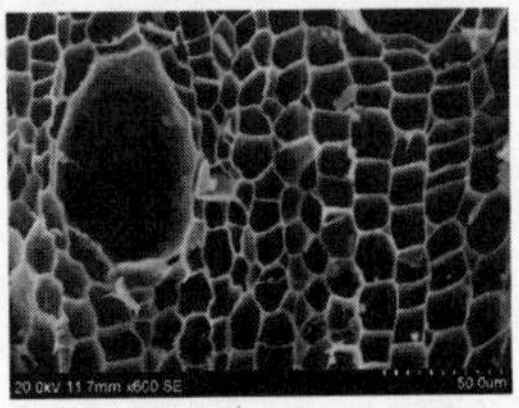

（续）

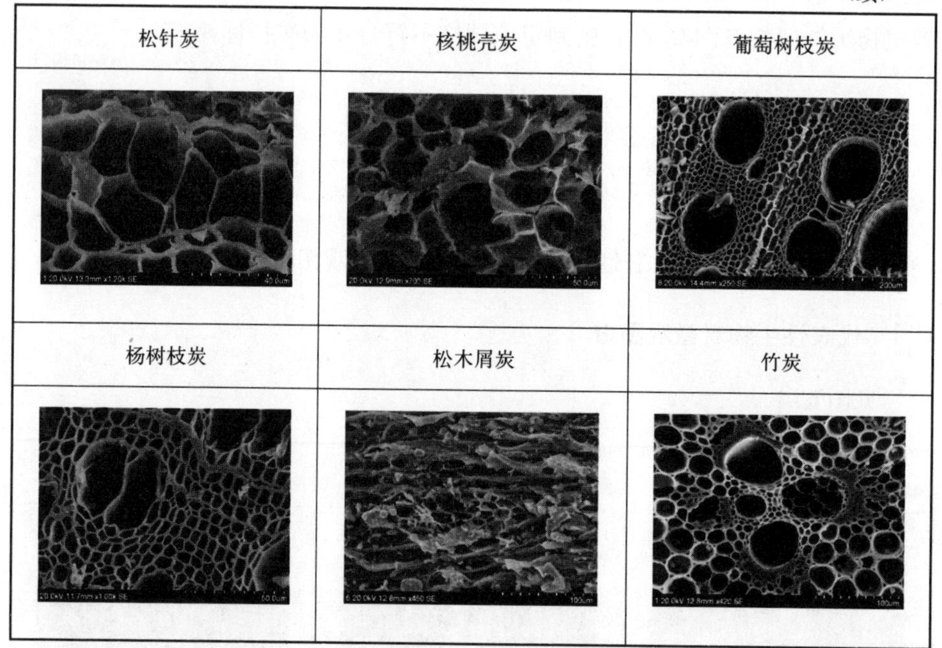

图 C.1　代表性生物炭微观图谱

C.2　代表性生物炭类似物微观图谱

见图 C.2。

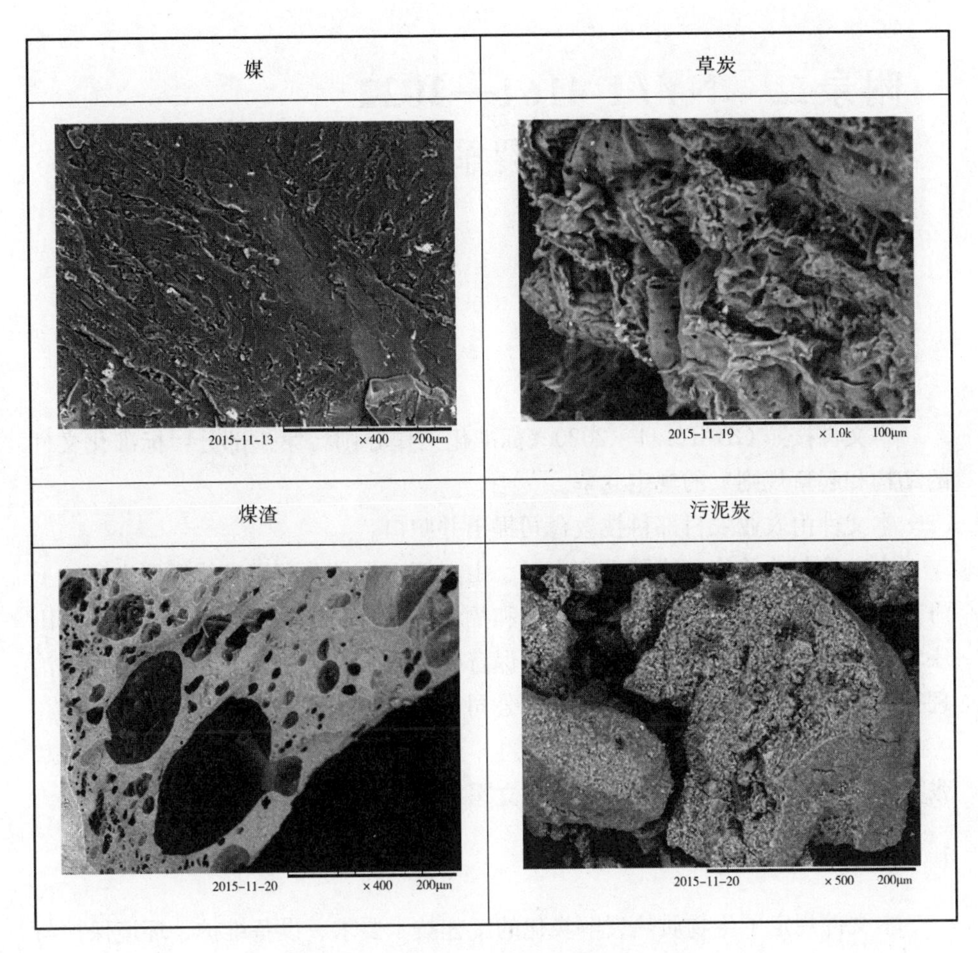

图 C.2　代表性生物炭类似物微观图谱

附录二　NY/T 4161—2022 生物质热裂解炭化工艺技术规程

前　言

本文件按照GB/T 1.1—2020《标准化工作导则　第1部分：标准化文件的结构和起草规则》的规定起草。

本文件由农业农村部科技教育司提出并归口。

本文件起草单位：沈阳农业大学、山东理工大学、辽宁省能源研究所、上海交通大学、华南农业大学、辽宁金和福农业科技股份有限公司、承德避暑山庄农业发展有限公司、河南惠农土质保育研发有限公司、安徽德博生态环境治理有限公司、沈阳隆泰生物工程有限公司、辽宁省土壤肥料测试中心。

本文件主要起草人：孟军、牛卫生、陈温福、李志合、易维明、柏雪源、张大雷、刘荣厚、蒋恩臣、刘金、张立军、袁晓静、张守军、王开国、王丽。

1　范围

本文件规定了生物质热裂解炭化的工艺技术要求、设备维护、环境保护与节能、生产安全与职业卫生等。

本文件适用于以农林业植物源废弃生物质为原料、采用热裂解炭化工艺生产生物炭产品。

2　规范性引用文件

下列文件中的内容通过文中的规范性引用而构成本文件必不可少的条款。其中，注日期的引用文件，仅该日期对应的版本适用于本文件；不注日期的引用文件，其最新版本（包括所有的修改单）适用于本文件。

GB 12348　工业企业厂界环境噪声排放标准

GB/T 12801　生产过程安全卫生要求总则

GB 15577　粉尘防爆安全规程

GB/T 15605　粉尘爆炸泄压指南

GB 16297　大气污染物综合排放标准

GB 18599—2020　一般工业固体废物贮存和填埋污染控制标准

GB/T 30366　生物质术语

GB 50016　建筑设计防火规范

GB 50028　城镇燃气设计规范

GB 50057　建筑物防雷设计规范

GB 50058　爆炸危险环境电力装置设计规范

GB 50444　建筑灭火器配置验收及检查规范

GBZ 1　工业企业设计卫生标准

GBZ 2　工作场所有害因素职业接触限值

CJJ 51　城镇燃气设施运行、维护和抢修安全技术规程

NY/T 4159　生物炭

TSG 21　固定式压力容器安全技术监察规程

3　术语和定义

GB/T 30366 界定的以及下列术语和定义适用于本文件。

3.1

热裂解炭化　pyrolysis carbonization

在绝氧或有限氧气供应条件下，生物质经过高温处理发生热分解，进而形成以生物炭为主产品的过程。

4　总则

4.1　本文件述及的生物质热裂解炭化工艺流程包括原料接卸与储存、原料预处理、热裂解炭化、生物炭的卸出与储存、副产物利用与处理等。

4.2　制备的生物炭应符合 NY/T 4159 的规定。

4.3　宜采用连续性、清洁化、自动化的热裂解工艺，炭化炉可采用固定床、移动床、流化床等炉型。

4.4 工艺设计应充分考虑安全设施、环保设施、消防设施与工艺装置的结合，合理配置设备，优化工艺流程。

4.5 工厂内设施与工厂外建（构）筑物的防火间距，工厂内设施间的防火间距应符合 GB 50016 的相关规定。工作场所应按 GB 50016、GB 50057、GB 50444 的规定设置消防通道、排水沟等，配备消防器材和雷电防护装置，并完好有效。

4.6 电力装置应符合 GB 50058 的规定。

4.7 热裂解炭化设备应是能量自持的，同时热裂解过程中产生的液态和气态副产物应全部收集或利用，产生的热量必须回收加以使用，无工艺污水排放，大气污染物的排放限值应符合 GB 16297 的规定。

4.8 热裂解炭化设备的日常操作、运行管理和维护检修人员应接受相关专业技术培训，经考核合格后方可上岗操作，同时应配置专职安全管理人员。

5 工艺技术要求

5.1 原料接卸与储存

5.1.1 原料储存场地应配备生物质计量和质检的设施和设备。应随机抽查进厂生物质原料的理化性状，避免碎石、铁屑、沙土等杂质进入生物质原料中。

5.1.2 原料接卸完毕后，应立即清理地面遗撒的生物质，运输车辆应立即退出作业区。

5.1.3 生物质原料应按类别有序、整齐堆放。

5.1.4 原料堆垛时，应留有通风口或散热洞、散热沟，并要设有防止通风口、散热洞塌陷的措施；垛顶应有防雨雪措施。

5.1.5 原料堆垛后，应定时测温，并做好测温记录，当温度大于等于 60 ℃时，应拆垛散热，并做好灭火准备；发现堆垛出现凹陷变形或有异味时，应立即拆垛检查，并清除霉烂变质的原料。

5.1.6 每天定时巡查原料储存场，保持原料储存场消防通道的畅通和消防工具完好有效，发现火灾隐患应立即处理。

5.2 原料预处理

5.2.1 干燥

5.2.1.1 自然干燥应在开放空间内进行，并采取防止物料飞散的措施；自然干燥后，应及时清理场地。

5.2.1.2 人工干燥应在有防雨条件或通风良好的厂房内进行，干燥设备应配有除尘装置。作业前应确保热源准备就绪。作业后应及时清理干燥设备，杜绝火灾隐患。

5.2.1.3 干燥设备不应使用化石能源供热。

5.2.2 破碎

5.2.2.1 原料破碎应在通风良好的厂房内进行，破碎机应配有除尘装置。

5.2.2.2 原料破碎前应去除金属、石块等杂质。

5.2.2.3 破碎机运转过程中，不应做任何调整、清理或检修工作。

5.2.2.4 破碎后的原料尺寸应小于 100 mm。当热裂解炭化装置对原料尺寸等性质有具体要求时，破碎后的物料应满足热裂解炭化装置的要求。

5.2.2.5 破碎后的原料应集中堆放在原料库内，应注意防潮，定时测温，并做好测温记录。当温度大于等于 60 ℃时，应拆垛散热，并做好灭火准备。

5.3 热裂解炭化

5.3.1 热裂解炭化应在有防雨条件或通风良好的厂房内进行，设备应配有除尘装置。

5.3.2 热裂解炭化设备不应使用化石能源供热。

5.3.3 热裂解炭化的反应温度应保持在 400～700 ℃之间。

5.3.4 热裂解炭化的气态副产物中的氧含量应小于 1%（体积分数）。

5.3.5 机组正常工况下运行噪声应低于 80 dB（A）。

5.3.6 热裂解炭化后应及时清理设备，杜绝安全隐患。

5.4 生物炭的卸出与储存

5.4.1 生物炭的卸出应在具有排风除尘装置的独立操作间内进行。

5.4.2 生物炭卸出后应及时冷却、防止自燃，自然堆放 24 h 后，方可入库或包装，并做好测温记录。当温度大于等于 60 ℃时，应拆垛散热，并做好灭火准备。

5.5 副产物利用与处理

5.5.1 液态副产物应全部收集，并按 GB 18599—2020 的Ⅰ类场规定做好防渗漏措施，妥善储存。

5.5.2 气态副产物应加以利用或无害化处理后排放。气态副产物就地燃烧利用时，大气污染物的排放限值应符合 GB 16297 的规定。气态副产物作为燃气向热裂解炭化厂区外的用户输送时，燃气温度宜低于 35 ℃，燃气的低位热值应大于等于 4 600 kJ/m^3，燃气中焦油和灰尘的含量应低于 15 mg/m^3，一氧化碳、氧和硫化氢的含量应分别小于 20%（体积分数）、1%（体积分数）和 20 mg/m^3。输配设施应符合GB 50028的规定，输配设施的运行、维护和抢修应按照 CJJ 51 的规定执行。

5.6 记录和档案

5.6.1 应建立生物质热裂解炭化工程建设和设备安装档案，包括设备产品合格证、施工图、接线图、试验报告、说明书等资料，应设专柜保管。

5.6.2 应做好生物质原料种类、原料粒径、进料量、启动时间、炭化炉炉温、运行时间，生物炭产量等各项记录，建立设备运行档案。

5.6.3 应建立消防等值班记录。

5.6.4 所有记录以月为单位整理、装订成册、归档管理。

5.6.5 借阅、查找设备管理记录应办理相关手续。

6 设备维护

6.1 维护规程

6.1.1 按照说明书和生产工艺要求制定设备使用、维护规程。

6.1.2 生产工艺和设备更新时，应根据新设备的使用、维护要求对原规程进行修订，保证规程的有效性。

6.2 维护内容

主要设备维护应按表 1 执行。

表 1 生物质热裂解炭化主要设备维护内容

序号		内容	日常维护	季度维护	年度维护
1	炭化炉	应加强炉体、炉膛、炉排等易损部分的维护；检查维护附属阀门、手轮、摇柄等部件转动灵活；定期更换密封垫等易损件		√	√

（续）

序号		内容	日常维护	季度维护	年度维护
1	炭化炉	定期查看有无燃气泄漏现象；定期对燃气管道进行拆卸清理	√	√	√
		定期校核热裂解炭化炉配套的仪器、仪表、传感器等，保持工作状态稳定、准确、可靠	√		√
		检查维护进料和出料机构的传动部件，保持灵活有效	√		√
2	机组配套设备	定期检查和维护各配套设备，保持清洁，无漏水、漏油、漏气等现象，使之保持正常工况；根据不同设备要求定时检查、添加或更换润滑油或润滑脂等，使转动设备保持灵活有效	√	√	√
		对各种设备的电器开关、仪表仪器及计量设备等进行定期检查、校调	√	√	√
		冰冻季节时，如长时间停炉，应排尽冷却水	√		
3	消防设施	定期检查维护报警控制器，保持功能正常、有效；保持消防水池和消防水箱的水位、阀门等正常		√	√
		定期检查维护消防泵、消防用电源、消防水源、消火栓、喷淋管等防火设施，保持正常有效		√	√
		查看热裂解炭化工厂内定点配置的灭火器、消防桶、消防斧等消防器材，保持正常有效	√	√	√
4	避雷装置	检查避雷针及接地引线是否有锈蚀；检查各连接处，焊接点是否连接紧密；检查避雷针本体是否有裂纹、歪斜等现象；定期检查维护接地桩，保持接地电阻正常		√	√

6.3 维护记录

认真做好设备巡检及维护记录，包括设备名称、故障现象、巡检维护内容、日期和维护人员签字等主要信息，并存档备查。

7 环境保护与节能

7.1 废气

热裂解炭化工艺的设备、装置和设施应采取措施减少粉尘的散发量，应采取有效的捕集和分离粉尘装置，大气污染物的排放浓度应符合 GB 16297 的规定。

7.2 废水

生物质热裂解炭化全过程应无工艺污水排放。

7.3 固体废物

破碎收尘和烘干收尘等一般固废可外运综合利用。

7.4 噪声

对振动较大的设备应采取有效的减振、隔振、消声、隔声等措施，厂界噪声应符合 GB 12348 的规定。

7.5 工艺节能

7.5.1 生物质热裂解过程应是能量自持的，收集到的气态副产物优先燃烧回用于热裂解炭化工艺的干燥和热裂解炭化等环节。

7.5.2 热裂解炭化工艺产生的热量，如生物炭冷却时产生的热量、气态副产物燃烧产生的高温烟气的热量等，应加以回收和使用。

8 生产安全与职业卫生

8.1 应根据 GB/T 12801 的规定，结合生产特点制定相应安全防护措施、安全操作规程和消防应急预案，并配备防护救生设施及用品。

8.2 热裂解炭化工厂内及围墙外 50 m 内严禁烟火和燃放烟花爆竹，应在醒目位置设置“严禁烟火”标志。

8.3 工作场所应配备防尘、防爆和阻爆、泄爆设施或设备，运行管理应符合 GB 15577 和 GB/T 15605 的规定。

8.4 电气操作应按照电工安全操作规范进行，用电设备的操作应按照设备操作规程进行。

8.5　压力容器的使用安全管理应按照 TSG 21 的规定执行。

8.6　热裂解炭化的重要设备、重要部位，以及高温、高压、高空作业及用电场所等应设置警告指示。

8.7　传动装置和外漏的运转部分应设有防护罩等安全防护装置。

8.8　操作人员在工作过程中应穿戴齐全劳保用品，做好安全防范工作。

8.9　设备运行时，不应在厂房内和原料场进行施焊或其他明火作业，如确需进行时，需在具备相应消防措施及在有人监护的情况下进行。

8.10　应在热裂解炭化车间、气态副产物利用车间内设置一氧化碳检测与报警装置，作业环境的一氧化碳最高允许浓度为 30 mg/m^3。

8.11　工厂和车间应有防止粉尘飞扬的措施，加强厂房内的通风换气，降低车间内污染物的浓度。工作场所的噪声、粉尘浓度应符合 GBZ 1 及 GBZ 2 的规定。

8.12　在厂区内应设置必要的安全淋浴、更衣、厕所等卫生设施。

附录三　NY/T 3672—2020 生物炭检测方法通则

前　言

本标准按照 GB/T 1.1—2009 给出的规则起草。

本标准由农业农村部科技教育司提出并归口。

本标准起草单位：农业农村部规划设计研究院、中国农业科学院农业环境与可持续发展研究所、合肥天焱绿色能源开发有限公司。

本标准主要起草人员：赵立欣、孟海波、霍丽丽、李丽洁、姚宗路、丛宏斌、马腾、胡二峰、袁艳文、贾吉秀、王冠、刘勇、赵凯。

生物炭检测方法通则

1　范围

本标准规定了生物炭的测定项目、测定方法、结果表述、试验记录、试验报告等内容。

本标准适用于以农业、林业剩余物为原料制备的生物炭。

2　规范性引用文件

下列文件对于本文件的应用是必不可少的。凡是注日期的引用文件，仅注日期的版本适用于本文件。凡是不注日期的引用文件，其最新版本（包括所有的修改单）适用于本文件。

GB/T 218　煤中碳酸盐二氧化碳含量的测定方法

GB/T 4632 煤的最高内在水分测定方法

GB/T 7702.2 煤质颗粒活性炭试验方法 粒度的测定

GB/T 7702.4 煤质颗粒活性炭试验方法 装填密度的测定

GB/T 7702.6 煤质颗粒活性炭试验方法 亚甲蓝吸附值的测定

GB/T 7702.7 煤质颗粒活性炭试验方法 碘吸附值的测定

GB/T 7702.8 煤质颗粒活性炭试验方法 苯酚吸附值的测定

GB/T 7702.9 煤质颗粒活性炭试验方法 着火点的测定

GB/T 7702.13 煤质颗粒活性炭试验方法 四氯化碳吸附率的测定

GB/T 7702.16 煤质颗粒活性炭试验方法 pH值的测定

GB/T 7702.18 煤质颗粒活性炭试验方法 焦糖脱色率的测定

GB/T 7702.19 煤质颗粒活性炭试验方法 四氯化碳脱附率的测定

GB/T 7702.20 煤质颗粒活性炭试验方法 孔容积和比表面积的测定

GB/T 8170 数值修约规则与极限数值的表示和判定

GB/T 8381.8 饲料中多氯联苯的测定 气相色谱法

GB/T 28643 饲料中二噁英及二噁英类多氯联苯的测定同位素稀释-高分辨气相色谱/高分辨质谱法

GB/T 28732 固体生物质燃料全硫测定方法

GB/T 28734 固体生物质燃料中碳氢测定方法

GB/T 30726 固体生物质燃料灰熔融性的测定方法

GB/T 30727 固体生物质燃料发热量测定方法

GB/T 30728 固体生物质燃料氮的测定方法

GB/T 32952 肥料中多环芳烃含量的测定 气相色谱-质谱法

LY/T 1616 活性炭水萃取液电导率测定方法

NY/T 1879 生物质固体成型燃料采样方法

NY/T 1880 生物质固体成型燃料样品制备方法

NY/T 1881.2 生物质固体成型燃料试验方法 第2部分：全水分

NY/T 1881.3 生物质固体成型燃料试验方法 第3部分：一般分析样品水分

NY/T 1881.4 生物质固体成型燃料试验方法 第4部分：挥发分

NY/T 1881.5 生物质固体成型燃料试验方法 第5部分：灰分

DIN EN ISO 17294-2 水质 感应耦合等离子体质谱法（ICP-MS）的应用 第2部分：62种元素的测定（Water quality Application of inductively coupled plasma mass spectrometry (ICP-MS) Part 2: Determination of 62 elements)

3 术语和定义

下列术语和定义适用于本文件。

3.1

生物炭 biochar

以农业、林业剩余物等生物质为原料，在一定气氛（无氧、限氧、饱和水蒸气等）与压力（常压或高压）条件下，受热分解所生成的固态产物。

3.2

总碳 total carbon

生物炭中碳元素的总含量，包括有机碳和无机碳。

3.3

有机碳 organic carbon

生物炭中含有的与有机质有关的碳。

3.4

碳酸盐二氧化碳 carbonate carbon dioxide

生物炭中的碳酸盐受热分解释放的二氧化碳，表征生物炭中以碳酸盐矿物质形式存在的无机碳。

4 样品

4.1 采集与制备

生物炭样品采集应符合 NY/T 1879 的规定，样品制备应符合 NY/T 1880 的规定。

4.2 保存

样品应放置在密封的塑料容器内保存。

5 测定

5.1 测定项目与测定方法

生物炭的测定项目选择由送样方与检测方共同商定，各个测定项目的测定方法应按表 1 的规定执行。

表 1 测定项目与测定方法

序号	测定项目		符号	测定方法
1	全水分		M_{ar}	NY/T 1881.2
2	有机碳		C_{org}	参见附录 A
3	碳酸盐二氧化碳		η_{CO_2}	GB/T 218
4	粒度		L_i	GB/T 7702.2
5	pH		pH	GB/T 7702.16
6	电导率		Ω	LY/T 1616
7	堆积密度		ρ_z	GB/T 7702.4
8	比表面积		SA	GB/T 7702.20
9	孔容积	微孔容积	V_{mi}	
		中孔容积	V_t	
		大孔容积	V_m	
10	持水性		MHC	GB/T 4632
11	总碳		C	GB/T 28734
12	氢		H	GB/T 28734
13	总氮		N	GB/T 30728
14	硫		S	GB/T 28732
15	氧		O	差减法，即 $O_d=100-C_d-H_d-N_d-S_d-A_d-Cl_d$
16	全磷、全钾、钠、钙、镁、铁		P、K、Na、Ca、Mg、Fe	DIN EN ISO 17294-2
17	工业分析	一般样品水分	M_{ad}	NY/T 1881.3
18		挥发分	V	NY/T 1881.4
19		灰分	A	NY/T 1881.5
20	发热量	高位发热量	Q_{gr}	GB/T 30727
		低位发热量	$Q_{net,v}$	
21	灰熔融点	变形温度	DT	GB/T 30726
		软化温度	ST	
		半球温度	HT	
		流动温度	FT	

（续）

序号	测定项目		符号	测定方法
22	着火点		T_i	GB/T 7702.9
23	多环芳烃		PAHs	GB/T 32952
24	多氯联苯		PCB	GB/T 8381.8
25	二噁英		PCDD	GB/T 28643
26	铅、镉、铜、镍、汞、锌、铬、硼、锰、砷、钴、钼、氯		Pb、Cd、Cu、Ni、Hg、Zn、Cr、B、Mn、As、Co、Mo、Cl	DIN EN ISO 17294-2
27	吸附特性	亚甲蓝吸附值	E_M	GB/T 7702.6
28		碘吸附值	E_I	GB/T 7702.7
29		苯酚吸附值	E_P	GB/T 7702.8
30		四氯化碳吸附率	ε_{ct}	GB/T 7702.13
31		四氯化碳脱附率	Ω_{ct}	GB/T 7702.19
32		焦糖脱色率	Ω_{car}	GB/T 7702.18

5.2 测定次数

每个测定项目对同一样品进行 2 次测定。2 次测定的差值如不超过重复性限 T，则取其算术平均值作为最后结果；否则，需进行第三次测定。如 3 次测定的极差不超过重复性限 $1.2T$，则取 3 次测定值的算术平均值作为最后结果；否则，需进行第四次测定。如 4 次测定的极差不超过重复性限 $1.3T$，则取 4 次测定值的算术平均值作为最后结果；如果极差大于 $1.3T$，而其中 3 个测定值的极差不大于 $1.2T$，则取此 3 次测定值的算术平均值作为最后结果。如上述条件均未达到，则应舍弃全部测定结果，并检查试验仪器与操作，然后重新进行试验。

6 结果表述

6.1 基的符号

ar——收到基。

ad——空气干燥基。

d——干燥基。

daf——干燥无灰基。

6.2 基的换算

表 2 不同基准之间的换算公式

已知基	基准换算			
	空气干燥基 ad	收到基 ar	干燥基 d	干燥无灰基 daf
空气干燥基 ad		$\frac{100-M_{ar}}{100-M_{ad}}$	$\frac{100}{100-M_{ad}}$	$\frac{100}{100-(M_{ad}+A_{ad})}$
收到基 ar	$\frac{100-M_{ad}}{100-M_{ar}}$		$\frac{100}{100-M_{ar}}$	$\frac{100}{100-(M_{ar}+A_{ar})}$
干燥基 d	$\frac{100-M_{ad}}{100}$	$\frac{100-M_{ar}}{100}$		$\frac{100}{100-A_{d}}$
干燥无灰基 daf	$\frac{100-(M_{ad}+A_{ad})}{100}$	$\frac{100-(M_{ar}+A_{ar})}{100}$	$\frac{100-A_{d}}{100}$	

6.3 数据与修约

测定项目的报告值有效位数应按表 3 的规定执行，数据修约应符合 GB/T 8170 的规定。

表 3 报告值的有效位数

序号	测定项目	符号	单位	报告值
1	全水分	M_{ar}	%	小数点后 1 位
2	有机碳	C_{org}	%	小数点后 2 位
3	碳酸盐二氧化碳	η_{CO_2}	%	小数点后 2 位
4	粒度	L_i	%	个位
5	pH	pH	/	小数点后 1 位
6	电导率	EC	μS/cm	个位
7	堆积密度	ρ_z	g/L	个位
8	比表面积	SA	m^2/g	个位

（续）

序号	测定项目		符号	单位	报告值
9	孔容积	微孔容积	V_{mi}	cm^3/g	小数点后 2 位
		中孔容积	V_t		
		大孔容积	V_m		
10	持水性		MHC	%	小数点后 1 位
11	总碳		C	%	小数点后 2 位
12	氢		H		
13	总氮		N		
14	硫		S		
15	氧		O		
16	工业分析	一般样品水分	M_{ad}	%	小数点后 1 位
17		挥发分	V		
18		灰分	A		
19	发热量	高位发热量	Q_{gr}	MJ/kg	小数点后 2 位
		低位发热量	$Q_{net,v}$		
20	灰熔融点	变形温度	DT	℃	个位
		软化温度	ST		
		半球温度	HT		
		流动温度	FT		
21	着火点		T_i	℃	个位
22	多环芳烃		PAHs	mg/kg	小数点后 2 位
23	多氯联苯		PCB	pg/g	个位
24	二噁英		PCDD		
25	吸附特性	亚甲蓝吸附值	E_M	mg/g	个位
26		碘吸附值	E_I		
27		苯酚吸附值	E_P		
28		四氯化碳吸附率	ε_{ct}	%	个位
29		四氯化碳脱附率	Ω_{ct}		
30		焦糖脱色率	Ω_{car}		

7 试验记录与试验报告

试验报告应按规定的格式、术语、符号与法定计量单位填写，并应至少包括以下内容：

a） 报告名称、页数及总页数；

b） 试样名称、试样量、接收时间、试样编号、试样描述及试验日期；

c） 测定项目、测定方法、试验结果及基准；

d） 试验中的异常现象与异常观测值；

e） 关于“本报告只对收到样品负责”的声明；

f） 其他需要的信息。

试验报告格式参见附录 B。

附 录 A
（资料性附录）
生物炭中有机碳仪器测定法

A.1 范围

本附录规定了生物炭中有机碳的仪器测定法。

本附录适用于生物炭中有机碳的测定。

A.2 原理

用稀盐酸去除生物炭样品中的无机碳后，在高温氧气流中燃烧，使有机碳转化成二氧化碳，经红外检测器检测并给出有机碳的含量。

A.3 仪器与设备

A.3.1 碳硫测定仪或碳测定仪。

A.3.2 瓷坩埚：碳硫分析专用，使用前应置于马弗炉中，在 900～1 000 ℃灼烧 2 h。

A.3.3 分析天平：感量为 0.000 1 g。

A.3.4 马弗炉。

A.3.5 可控温电热板或水浴锅。

A.3.6 烘箱。

A.3.7 真空泵。

A.3.8 抽滤器。

A.3.9 坩埚架。

A.4 试剂与材料

A.4.1 盐酸溶液：用分析纯盐酸按 HCl∶H_2O=1∶7（V/V）。

A.4.2 无水高氯酸镁（分析纯）。

A.4.3 碱石棉。

A.4.4 玻璃纤维。

A.4.5 脱硫专用棉。

A.4.6 铂硅胶。

A.4.7 铁屑助熔剂：ω（C）<0.002%，ω（S）<0.002%。

A.4.8 钨粒助熔剂：ω（C）<0.001%，ω（S）<0.000 5%，粒径0.35～0.83 mm。

A.4.9 各种碳含量的仪器标定专用标样。

A.4.10 氧气：纯度不低于99.9%。

A.4.11 压缩空气或氮气（无油、无水）。

A.5 分析步骤

A.5.1 碎样

将样品磨碎至粒径小于0.2 mm，磨碎好的样品质量不应少于10 g。

A.5.2 称样

根据样品类型称取0.01～1.00 g试样，精确至0.000 1 g。

A.5.3 溶样

在盛有试样的容器中缓慢加入过量的盐酸溶液，放在水浴锅或电热板上，温度控制在60～80 ℃，溶样2 h以上，至反应完全为止。溶样过程中试样不得溅出。

A.5.4 洗样

将酸处理过的试样置于抽滤器上的瓷坩埚里，用蒸馏水洗至中性。

A.5.5 烘样

将盛有试样的瓷坩埚放入 60～80 ℃的烘箱内，烘干待用。

A.5.6 测定

A.5.6.1 检查各吸收剂的效能。

A.5.6.2 开机稳定：稳定时间按仪器说明书进行。

A.5.6.3 通气：接通氧气及动力气，按仪器要求调整压力。

A.5.6.4 系统检查：待仪器稳定后，按仪器说明书进行。

A.5.6.5 仪器标定：根据样品类型对选定的通道选用高、中、低 3 种碳含量合适的仪器标定专用标样进行测定，测定结果应达到仪器标定专用标样不确定度的要求，否则应调整校正系数重新进行标定。

A.5.6.6 空白试验：取一经酸处理的瓷坩埚加入铁屑助熔剂约 1 g、钨粒助熔剂约 1 g，测量结果碳含量（质量分数）不应大于 0.01%。

A.5.6.7 样品测定：在烘干的盛有试样的瓷坩埚（A.5.5）中加入铁屑助熔剂约 1 g、钨粒助熔剂约 1 g，输入试样质量，上机测定。每测定 20 个试样应清刷燃烧管一次，并插入仪器标定专用标样检测仪器。如果检测结果超出仪器标定专用标样的不确定度，应按 A.5.6.5 重新标定仪器。

A.5.7 关机

按仪器操作说明书要求进行。

A.6 测定精度

每批样品测定应有 10%的平行样，2 次或 2 次以上测定结果（以质量分数百分比表示）的重复性与再现性应符合以下规定：

a） 本方法在正常与正确的操作情况下，由同一操作人员，在同一实验室内，使用同一仪器，并在短期内，对相同试样所做 2 个单次测试结果之间的差值超过重复性，平均 20 次中不多于 1 次。

b） 本方法在正常与正确的操作情况下，由 2 名操作人员，在不同实验室内，对相同试样所做2个单次测试结果之间的差值超过再现性，平均20次中不多于1次。

附　录　B
（资料性附录）
试验报告参考样式

试验报告参考样式见表B.1。

表B.1　试验报告参考样式

<table>
<tr><td colspan="7">__________试验报告
共　　页第　　页</td></tr>
<tr><td>试样名称：</td><td></td><td>试样量：</td><td></td><td colspan="2">接收时间：</td><td></td></tr>
<tr><td>试样编号：</td><td></td><td>试样描述：</td><td></td><td colspan="2">试验日期：</td><td></td></tr>
<tr><td>送样单位：</td><td></td><td>检测单位：</td><td></td><td colspan="2"></td><td></td></tr>
<tr><td>序号</td><td>测定项目</td><td>测定方法</td><td>试验结果</td><td>单位</td><td>基准</td><td>备注</td></tr>
<tr><td></td><td></td><td></td><td></td><td></td><td></td><td></td></tr>
<tr><td></td><td></td><td></td><td></td><td></td><td></td><td></td></tr>
<tr><td></td><td></td><td></td><td></td><td></td><td></td><td></td></tr>
<tr><td></td><td></td><td></td><td></td><td></td><td></td><td></td></tr>
<tr><td></td><td></td><td></td><td></td><td></td><td></td><td></td></tr>
<tr><td colspan="7">本报告只对收到样品负责</td></tr>
<tr><td>送样人
（签字）</td><td></td><td>检验人
（签字）</td><td></td><td colspan="2">审核人
（签字）</td><td></td></tr>
<tr><td>签发日期</td><td></td><td>签发日期</td><td></td><td colspan="2">签发日期</td><td></td></tr>
</table>

附录四 NY/T 4160—2022 生物炭基肥料田间试验技术规范

前 言

本文件按照 GB/T 1.1—2020《标准化工作导则 第1部分：标准化文件的结构和起草规则》的规定起草。

本文件由农业农村部科技教育司提出并归口。

本文件起草单位：沈阳农业大学、辽宁省土壤肥料测试中心。

本文件主要起草人：韩晓日、孟军、于立宏、任彬彬、王颖、付时丰、姜娟、史国宏、兰宇、陶姝宇、鄂洋、黄玉威、王岩、张伟明、刘赛男、程效义、陈温福、王丽、赫天一、刘遵奇、杨旭。

1 范围

本文件规定了生物炭基肥料田间试验相关术语和定义、一般要求、试验、评价内容和试验报告等要求。

本文件适用于以生物炭基肥料进行的田间试验效果的综合评价。

2 规范性引用文件

下列文件中的内容通过文中的规范性引用而构成本文件必不可少的条款。其中，注日期的引用文件，仅该日期对应的版本适用于本文件；不注日期的引用文件，其最新版本（包括所有的修改单）适用于本文件。

GB/T 6274 肥料和土壤调理剂术语

NY/T 497 肥料效应鉴定田间试验技术规程

NY/T 2544 肥料效果试验和评价通用要求

NY/T 3041 生物炭基肥料

3 术语和定义

GB/T 6274、NY/T 3041 界定的以及下列术语和定义适用于本文件。

3.1

常规施肥　conventional fertilization

被当地普遍采用的肥料种类、施肥量、施肥方式及施肥时间等。

3.2

生物炭基肥料效应　biochar based fertilizer effect

生物炭基肥料对作物产量或农产品品质的影响效果，通常以生物炭基肥料单位养分施用量所产生的作物增产（或减产）量或农产品品质的增量（或减量）表示。

3.3

生物炭基肥料增产率　yield increasing rate of biochar based fertilizer

所施生物炭基肥料和常规施肥（或空白对照）处理的作物产量差值与常规施肥（或空白对照）作物产量的比率（以百分数表示）。

3.4

生物炭基肥料利用率　biochar based fertilizer use efficiency

作物吸收生物炭基肥料中的养分量与所施生物炭基肥料养分量的比率（以百分数表示），分为当季生物炭基肥料利用率和累积生物炭基肥料利用率。

3.5

生物炭基肥料农学效率　agronomic efficiency of biochar based fertilizer

生物炭基肥料单位养分施用量所增加的作物经济产量。

3.6

生物炭基肥施肥纯收益　net income of biochar based fertilization

施生物炭基肥增产值和施生物炭基肥成本的差值。

3.7

生物炭基肥施肥产投比　output/input rate of biochar based fertilization

施生物炭基肥增加产值和施生物炭基肥成本的比值。

4 一般要求

4.1 试验内容

基于供试作物需肥规律、常规施肥量和施肥方式，确定生物炭基肥料的施用量、施肥方式和时间，评价生物炭基肥料等量施肥、减量施肥或施肥方式变化对供试作物产量和品质的影响，推荐生物炭基肥料最佳施用量、施肥方式和时间，并根据肥料效应、收益和投入成本，评价施用生物炭基肥料效益。一般应采取小区试验和示范试验方式进行效果评价。

4.2　试验周期

每个效果试验应至少进行1个生长季。若进行轮作、连作或肥料后效试验应达到相应的周期要求。

4.3　试验处理

4.3.1　小区试验处理

小区试验处理应根据供试生物炭基肥料所含的养分进行设计，试验处理设计见表1。相应氮磷钾化肥对照应与生物炭基肥料中氮磷钾是等养分设计，可根据供试生物炭基肥料中氮磷钾含量确定相应氮磷钾化肥对照。各试验处理均应明确施肥时间和方式，包括基肥施用量、追肥施用量和次数。小区试验各处理应采用随机区组排列方式，不少于3次重复。

表1　小区试验处理设计

处理编号	处理设计
1	施磷钾肥（PK）
2	施氮钾肥（NK）
3	施氮磷肥（NP）
4	施氮磷钾肥（NPK）
5	生物炭基肥料（CNPK）

4.3.2　示范试验处理

设置常规施肥对照和生物炭基肥料2个处理，可不设空白对照。

4.4　试验条件

4.4.1　试验地

应选择平坦、整齐、肥力均匀，具有代表性的地块，前茬作物一致，浇排水条件良好；若是坡地应选择坡度平缓、肥力差异较小的田块；试验地应避开道路、堆肥场所及院墙、高大建筑物、林木遮阴阳光不充足等特殊地块。同一田块不能连续布置试验。

4.4.2 土壤和肥料

试验前采集土壤样品。依测试项目不同，分别制备新鲜或风干土样。根据需要分析试验前供试土壤基本理化性状，应至少包括土壤有机质（碳）、全氮、碱解氮、有效磷、速效钾、pH 等。分析供试肥料养分含量等技术指标等。

4.4.3 作物品种

应选择当地主栽作物品种或推广品种。

4.5 试验管理

田间管理按常规措施管理。

4.6 试验记录

按照如下内容做好试验记录，见附录 A。

a） 供试作物品种名称、播种数量（密度）；

b） 试验地点、试验时间、方案处理、小区面积、小区排列、重复次数；

c） 试验地基本情况、地形、土壤类型、质地、肥力等级、土壤基本理化性状、前茬作物等；

d） 施肥时间、施肥量、施肥方法及次数等；

e） 试验期间的积温、降水量及灌水量；

f） 病虫害情况、喷药种类次数及其他农事活动等；

g） 作物生物学性状调查，包括出苗率、移苗成活率、长势、生育期等。

4.7 数据分析

2 个处理的配对设计，应按配对设计进行 t 检验；多于 2 个处理的完全随机区组设计，采用方差分析，用最小显著差数法（LSD 检验）进行多重比较，应按照 NY/T 497 的规定执行。

5 试验

5.1 小区试验

5.1.1 试验内容

小区试验是在肥力均匀的田块上通过设置差异处理及试验重复而进行的效果试验。

5.1.2　小区设置要求

小区应设置保护行，小区划分应降低试验误差，单灌单排。

5.1.3　小区面积要求

水稻、小麦、玉米、蔬菜等小区面积宜为 20～50 m^2；果树小区面积宜为 50～200 m^2。

5.1.4　小区形状要求

应为长方形。小区面积较大时，长宽比以（3～5）∶1 为宜；小区面积较小时，长宽比以（2～3）∶1 为宜。

5.1.5　试验结果要求

各小区应进行单独收获，计算产量；室内考种样本应按试验要求采取，并系好标签，记录小区号、处理名称、取样日期、采样人等。统计处理小区节肥省工情况，计算纯收益和投产比。

5.2　示范试验

5.2.1　试验内容

示范试验是在代表性区域农田上进行的效果试验。

5.2.2　面积要求

水稻、小麦、玉米、蔬菜等示范面积应不小于 10 000 m^2，对照应不小于 1 000 m^2；果树、苗木等示范面积应不小于 3 000 m^2，对照应不小于 500 m^2。

5.2.3　试验结果要求

应根据示范试验效果，划分等面积区域进行综合评价。测产时应在示范区域内随机抽取 3～5 点，每点不小于 20 m^2。示范面积较大时，每块田地实收 667 m^2 以上进行测产；示范面积较小时，适当减少实收面积。

6　评价内容

6.1　评价原则

根据供试生物炭基肥料特性和施用效果，对不同处理的产量、农学效益、经济效益等进行综合评价，按照 NY/T 2544 和附录 B 的规定执行。

6.1.1　肥料农学效益评价

肥料效应、增产率、利用率和农学效率等综合指标评价。

6.1.2 施肥经济效益评价

施肥纯收益、施肥产投比、节肥和省工情况等指标评价。

6.1.3 其他效益评价

生态环境安全效果、品质效果、抗逆性效果等指标评价。

6.2 产量效果评价

6.2.1 供试生物炭基肥料与常规施肥比较的试验结果，进行生物炭基肥料处理与其他各处理间的产量差异分析。

6.2.2 用方差分析最小显著差数法（LSD 检验）分析产量差异达到显著水平（$P\leqslant0.05$）为增产（或减产）。或以生物炭基肥料的增产达到 5%以上判定该产品有增产效果，增产幅度越大，肥效越好。

6.2.3 田间示范试验也按上述方法进行分析和评价，确定其肥效。

6.3 肥料利用率分析与评价

6.3.1 利用差减法分别计算施用生物炭基肥料与普通肥料的氮磷钾利用率，包括肥料利用率和农学效率。

6.3.2 生物炭基肥料的氮磷钾肥料利用率比普通肥料的利用率提高 5%以上判定施用生物炭基肥料比常规施肥有效。这里规定只要氮磷钾养分中有一个元素利用率提高就可以确定该肥料在该养分缓释上有作用，氮磷钾 3 个元素利用率提高得越多，可以认定该生物炭基肥料缓释和提高肥效作用更好。

6.4 经济效益分析与评价

6.4.1 按养分计节省肥料施用量的试验结果。

6.4.2 由于减少施肥量和用工时的经济效益评价结果。

7 试验报告

试验报告的撰写应采用科技论文格式，主要内容包括但不限于以下内容：试验来源、试验目的和内容、试验地点和时间、试验材料和设计、试验条件和管理措施、试验期间气候及灌排水情况、试验数据统计与分析、试验效果评价、试验主持人签字及承担单位盖章等。其中，试验效果评价应涉及以下内容，见附录 C。

a） 不同处理对作物产量及增产率的影响效果评价，见表 C.1；

b） 不同处理对肥料利用率的影响效果评价，见表 C.2；

c） 不同处理对肥料农学效率的影响效果评价，见表 C.3；

d） 不同处理的经济效益（纯收益、产投比、节肥和省工情况）评价，见表C.4；

e） 必要时，应进行作物生物学性状、品质或抗逆性影响效果评价；

f） 必要时，应进行保护和改善生态环境影响效果评价。

附 录 A
（资料性）
试 验 记 录

田间试验观察记录见表A.1。

表A.1 田间试验观察记录

<table>
<tr><td rowspan="9">试验布置</td><td>供试作物</td><td colspan="2"></td></tr>
<tr><td>品种名称</td><td colspan="2"></td></tr>
<tr><td>试验地点</td><td colspan="2"></td></tr>
<tr><td>试验时间</td><td colspan="2"></td></tr>
<tr><td>试验方案设计</td><td colspan="2"></td></tr>
<tr><td>试验处理</td><td colspan="2"></td></tr>
<tr><td>小区面积</td><td colspan="2"></td></tr>
<tr><td>重复次数</td><td colspan="2"></td></tr>
<tr><td>小区排列图示</td><td colspan="2"></td></tr>
<tr><td rowspan="11">试验地
基本情况</td><td>试验地地形</td><td colspan="2"></td></tr>
<tr><td>土壤类型、质地</td><td colspan="2"></td></tr>
<tr><td>肥力等级</td><td colspan="2"></td></tr>
<tr><td rowspan="5">土壤基本理化性状</td><td>有机质（碳）含量，g/kg</td><td></td></tr>
<tr><td>全氮，g/kg</td><td></td></tr>
<tr><td>有效磷，mg/kg</td><td></td></tr>
<tr><td>速效钾，mg/kg</td><td></td></tr>
<tr><td>pH</td><td></td></tr>
<tr><td>前茬作物</td><td colspan="2"></td></tr>
<tr><td>前茬作物产量</td><td colspan="2"></td></tr>
<tr><td>前茬作物施肥量</td><td colspan="2"></td></tr>
</table>

（续）

田间管理	作物播种期和播种数量	
	出苗率	
	移苗成活率	
	长势、生育期	
	施肥品种、施肥时间、施肥量、施肥方法及次数	
	积温、降水量、灌水量	
	喷药种类次数	
	病虫害情况	
	其他农事活动	

附　录　B
（规范性）
RE（肥料利用率）和 AE（肥料农学效率）计算方法

B.1　RE（肥料利用率）计算方法

RE 即肥料利用率，一般用差值法计算，指施肥处理作物吸收的养分量与不施肥处理作物吸收的养分量之差与肥料投入的比值，以质量分数计，单位为%，按公式（B.1）计算。

$$RE=(U_1-U_0)/F\times100\% \quad\cdots\cdots\cdots\cdots\cdots\cdots\quad (B.1)$$

式中：

U_1——全肥处理作物吸收养分量的数值，单位为千克每 667 平方米（kg/667 m^2）；

U_0——缺素处理作物吸收养分量的数值，单位为千克每 667 平方米（kg/667 m^2）；

F——肥料养分（N、P_2O_5、K_2O）投入量的数值，单位为千克每 667 平方米（kg/667 m^2）。

B.1.1 RE_N（常规施肥氮肥利用率）计算方法

RE_N即常规施肥氮肥利用率，单位为%，按公式（B.2）计算。

$$RE_N = (U_{NPK} - U_{PK}) / F_N \times 100\% \quad \text{(B.2)}$$

式中：

U_{NPK}——施氮磷钾肥处理作物吸收 N 养分量的数值，单位为千克每 667 平方米（kg/667 m^2）；

U_{PK} ——施磷钾肥处理作物吸收 N 养分量的数值，单位为千克每 667 平方米（kg/667 m^2）；

F_N ——肥料养分 N 投入量的数值，单位为千克每 667 平方米（kg/667 m^2）。

B.1.2 RE_P（常规施肥磷肥利用率）计算方法

RE_P即常规施肥磷肥利用率，单位为%，按公式（B.3）计算。

$$RE_P = (U_{NPK} - U_{NK}) / F_P \times 100\% \quad \text{(B.3)}$$

式中：

U_{NPK}——施氮磷钾肥处理作物吸收 P_2O_5 养分量的数值，单位为千克每 667 平方米（kg/667 m^2）；

U_{NK} ——施氮钾肥处理作物吸收 P_2O_5 养分量的数值，单位为千克每 667 平方米（kg/667 m^2）；

F_P ——肥料养分 P_2O_5 投入量的数值，单位为千克每 667 平方米（kg/667 m^2）。

B.1.3 RE_K（常规施肥钾肥利用率）计算方法

RE_K即常规施肥钾肥利用率，单位为%，按公式（B.4）计算。

$$RE_K = (U_{NPK} - U_{NP}) / F_K \times 100\% \quad \text{(B.4)}$$

式中：

U_{NPK}——施氮磷钾肥处理作物吸收 K_2O 养分量的数值，单位为千克每 667 平方米（kg/667 m^2）；

U_{NP} ——施氮磷肥处理作物吸收 K_2O 养分量的数值，单位为千克每 667 平方米（kg/667 m^2）；

F_K ——肥料养分 K_2O 投入量的数值，单位为千克每 667 平方米（kg/

667 m^2)。

B. 1. 4　RE_{C-N}（生物炭基肥料氮肥利用率）计算方法

RE_{C-N}即生物炭基肥料氮肥利用率，单位为%，按公式（B. 5）计算。

$$RE_{C-N} = (U_{CNPK} - U_{PK}) / F_N \times 100\% \quad \cdots\cdots\cdots\cdots\cdots \text{(B. 5)}$$

式中：

U_{CNPK}——施生物炭基肥料处理作物吸收 N 养分量的数值，单位为千克每 667 平方米（kg/667 m^2）；

U_{PK} ——施磷钾肥处理作物吸收 N 养分量的数值，单位为千克每 667 平方米（kg/667 m^2）；

F_N ——肥料养分 N 投入量的数值，单位为千克每 667 平方米（kg/667 m^2）。

B. 1. 5　RE_{C-P}（生物炭基肥料磷肥利用率）计算方法

RE_{C-P}即生物炭基肥料磷肥利用率，单位为%，按公式（B. 6）计算。

$$RE_{C-P} = (U_{CNPK} - U_{CNK}) / F_P \times 100\% \quad \cdots\cdots\cdots\cdots\cdots \text{(B. 6)}$$

式中：

U_{CNPK}——施生物炭基肥料处理作物吸收 P_2O_5 养分量的数值，单位为千克每 667 平方米（kg/667 m^2）；

U_{CNK} ——施氮钾肥处理作物吸收 P_2O_5 养分量的数值，单位为千克每 667 平方米（kg/667 m^2）；

F_P ——肥料养分 P_2O_5 投入量的数值，单位为千克每 667 平方米（kg/667 m^2）。

B. 1. 6　RE_{C-K}（生物炭基肥料钾肥利用率）计算方法

RE_{C-K}即生物炭基肥料钾肥利用率，单位为%，按公式（B. 7）计算。

$$RE_{C-K} = (U_{CNPK} - U_{CNP}) / F_K \times 100\% \quad \cdots\cdots\cdots\cdots\cdots \text{(B. 7)}$$

式中：

U_{CNPK}——施生物炭基肥料处理作物吸收 K_2O 养分量的数值，单位为千克每 667 平方米（kg/667 m^2）；

U_{CNP} ——施碳氮磷肥处理作物吸收 K_2O 养分量的数值，单位为千克每 667 平方米（kg/667 m^2）；

F_K ——肥料养分 K_2O 投入量的数值，单位为千克每 667 平方米（kg/

667 m²)。

B.2 AE(肥料农学效率)计算方法

AE 即肥料的农学效率,是指肥料单位养分施用量所增加的作物经济产量,单位以 kg/kg 表示,按公式(B.8)计算。

$$AE = (Y_f - Y_o)/F \quad \cdots\cdots\cdots\cdots\cdots\cdots (B.8)$$

式中:

Y_f ——某一特定的化肥施用下作物经济产量的数值,单位为千克每 667 平方米(kg/667 m^2);

Y_o ——不施特定化肥条件下作物经济产量的数值,单位为千克每 667 平方米(kg/667 m^2);

F ——肥料养分(N、P_2O_5、K_2O)投入量的数值,单位为千克每 667 平方米(kg/667 m^2)。

B.2.1 AE_N(常规施肥氮肥农学效益)计算方法

AE_N即常规施肥氮肥农学效益,单位以 kg/kg 表示,按公式(B.9)计算。

$$AE_N = (Y_{NPK} - Y_{PK})/F_N \quad \cdots\cdots\cdots\cdots\cdots\cdots (B.9)$$

式中:

Y_{NPK}——施氮磷钾肥处理作物经济产量的数值,单位为千克每 667 平方米(kg/667 m^2);

Y_{PK} ——施磷钾肥处理作物经济产量的数值,单位为千克每 667 平方米(kg/667 m^2);

F_N ——肥料养分 N 投入量的数值,单位为千克每 667 平方米(kg/667 m^2)。

B.2.2 AE_P(常规施肥磷肥农学效益)计算方法

AE_P即常规施肥磷肥农学效益,单位以 kg/kg 表示,按公式(B.10)计算。

$$AE_P = (Y_{NPK} - Y_{NK})/F_P \quad \cdots\cdots\cdots\cdots\cdots\cdots (B.10)$$

式中:

Y_{NPK}——施氮磷钾肥处理作物经济产量的数值,单位为千克每 667 平方米(kg/667 m^2);

Y_{NK} ——施氮钾肥处理作物经济产量的数值，单位为千克每 667 平方米（kg/667 m^2）；

F_P ——肥料养分 P_2O_5 投入量的数值，单位为千克每 667 平方米（kg/667 m^2）。

B.2.3 AE_K（常规施肥钾肥农学效益）计算方法

AE_K即常规施肥钾肥农学效益，单位以 kg/kg 表示，按公式（B.11）计算。

$$AE_K = (Y_{NPK} - Y_{NP}) / F_K \quad \cdots\cdots\cdots\cdots\cdots\cdots\cdots \text{(B.11)}$$

式中：

Y_{NPK}——施氮磷钾肥处理作物经济产量的数值，单位为千克每 667 平方米（kg/667 m^2）；

Y_{NP} ——施氮磷肥处理作物经济产量的数值，单位为千克每 667 平方米（kg/667 m^2）；

F_K ——肥料养分 K_2O 投入量的数值，单位为千克每 667 平方米（kg/667 m^2）。

B.2.4 AE_{C-N}（生物炭基肥料氮肥农学效益）计算方法

AE_{C-N}即生物炭基肥料氮肥农学效益，单位以 kg/kg 表示，按公式（B.12）计算。

$$AE_{C-N} = (Y_{CNPK} - Y_{CPK}) / F_N \quad \cdots\cdots\cdots\cdots\cdots\cdots \text{(B.12)}$$

式中：

Y_{CNPK}——施生物炭基肥料处理作物经济产量的数值，单位为千克每 667 平方米（kg/667 m^2）；

Y_{CPK} ——施碳磷钾肥处理作物经济产量的数值，单位为千克每 667 平方米（kg/667 m^2）；

F_N ——肥料养分 N 投入量的数值，单位为千克每 667 平方米（kg/667 m^2）。

B.2.5 AE_{C-P}（生物炭基肥料磷肥农学效益）计算方法

AE_{C-P}即生物炭基肥料磷肥农学效益，单位以 kg/kg 表示，按公式（B.13）计算。

$$AE_{C-P} = (Y_{CNPK} - Y_{CNK}) / F_P \quad \cdots\cdots\cdots\cdots\cdots\cdots \text{(B.13)}$$

式中：

Y_{CNPK}——施生物炭基肥料处理作物经济产量的数值，单位为千克每 667 平方米（kg/667 m²）；

Y_{CNK}——施碳氮钾肥处理作物经济产量的数值，单位为千克每 667 平方米（kg/667 m²）；

F_P——肥料养分 P_2O_5 投入量的数值，单位为千克每 667 平方米（kg/667 m²）。

B.2.6　AE_{C-K}（生物炭基肥料钾肥农学效益）计算方法

AE_{C-K}即生物炭基肥料钾肥农学效益，单位以 kg/kg 表示，按公式（B.14）计算。

$$AE_{C-K} = (Y_{CNPK} - Y_{CNP}) / F_K \quad \cdots\cdots\cdots\cdots\cdots\cdots (B.14)$$

式中：

Y_{CNPK}——施生物炭基肥料处理作物经济产量的数值，单位为千克每 667 平方米（kg/667 m²）；

Y_{CNP}——施碳氮磷肥处理作物经济产量的数值，单位为千克每 667 平方米（kg/667 m²）；

F_K——肥料养分 K_2O 投入量的数值，单位为千克每 667 平方米（kg/667 m²）。

附　录　C
（规范性）
试验数据计算示范

C.1　增产率计算

见表 C.1。

表 C.1 增产率计算

	试验处理	小区面积，m^2	小区产量，kg					亩产量，kg	亩增产量，kg	增产率，%
			重复 1	重复 2	重复 3	重复 n	平均值			
小区产量结果	处理 1（PK）									
	处理 2（NK）									
	处理 3（NP）									
	处理 4（NPK）									
	处理 5（CNPK）									

C.2 肥料利用率计算

见表 C.2。

表 C.2 氮肥利用率计算

处理	籽粒		茎叶		100 kg 经济产量 N 养分吸收量，kg	作物亩吸氮量，kg	亩施氮量（N），kg	氮肥利用率，%
	亩产量，kg	平均 N 养分含量，%	亩产量，kg	平均 N 养分含量，%				
处理 1（PK）								
处理 2（NK）								
处理 3（NP）								
处理 4（NPK）								
处理 5（CNPK）								

注：磷肥、钾肥利用率计算参照上表，根据需要选择不同处理，例如氮肥利用率选择处理 1（PK）、处理 4（NPK）、处理 5（CNPK），磷肥利用率选择处理 2（NK）、处理 4（NPK）、处理 5（CNPK），钾肥利用率选择处理 3（NP）、处理 4（NPK）、处理 5（CNPK）。

C.3 肥料农学效率计算

见表 C.3。

表 C.3 氮肥农学效率计算

处理	亩产量，kg	亩增产量，kg	亩施氮量（N），kg	氮肥农学效率，%
处理 1（PK）				
处理 2（NK）				

（续）

处理	亩产量，kg	亩增产量，kg	亩施氮量（N），kg	氮肥农学效率，%
处理3（NP）				
处理4（NPK）				
处理5（CNPK）				

注：磷肥、钾肥农学效率计算参照上表，根据需要选择不同处理，例如氮肥农学效率选择处理1（PK）、处理4（NPK）、处理5（CNPK），磷肥农学效率选择处理2（NK）、处理4（NPK）、处理5（CNPK），钾肥农学效率选择处理3（NP）、处理4（NPK）、处理5（CNPK）。

C.4　经济效益分析

见表C.4。

表C.4　经济效益分析

处理	亩增加肥料投入成本，元	亩施肥人工费，元	亩产量，kg	亩产值，元	亩效益，元	产投比	亩增效益，元
							与处理4比
处理4（NPK）							—
处理5（CNPK）							

附录五 NY/T 3041—2016 生物炭基肥料

前　言

本标准按照GB/T 1.1—2009给出的规则起草。

本标准由农业部种植业管理司提出并归口。

本标准起草单位：沈阳农业大学、农业部肥料质量监督检验测试中心（沈阳）。

本标准参与起草单位：农业部肥料质量监督检验测试中心（郑州）、南京林业大学、河南农业大学、辽宁金和福农业科技股份有限公司、承德避暑山庄农业发展有限公司、云南威鑫农业科技股份有限公司、山东丰本生物科技股份有限公司。

本标准主要起草人：孟军、韩晓日、于立宏、史国宏、兰宇、鄂洋、张伟明、陈温福、刘国顺、周建斌、马振海、张立军、刘金、蔡志远、梁永健。

1 范围

本标准规定了生物炭基肥料的术语、定义、要求、试验方法、检验规则、标识、包装、运输和储存。

本标准适用于中华人民共和国境内生产和销售的，以作物秸秆等农林植物废弃生物质生产的生物炭为基质，添加氮、磷、钾等养分中的一种或几种，采用化学方法和（或）物理方法混合制成的生物炭基肥料。

本标准不适用于生物炭与其他有机物料混合和（或）发酵制成的肥料。

2 规范性引用文件

下列文件对本文件的应用是必不可少的。凡是注日期的引用文件，仅注日期的版本适用于本文件。凡是不注日期的引用文件，其最新版本（包括所有修改单）适用于本文件。

GB/T 6679 固体化工产品采样通则

GB/T 8170 数值修约规则与极限数值的表示和判定

GB 8569 固体化学肥料包装

GB/T 8573 复混肥料中有效磷含量的测定

GB/T 8576 复混肥料中游离水含量的测定 真空烘箱法

GB/T 8577 复混肥料中游离水含量的测定 卡尔·费休法

GB/T 17767.1 有机-无机复混肥料的测定方法 第1部分：总氮含量

GB/T 17767.3 有机-无机复混肥料的测定方法 第3部分：总钾含量

GB 18382 肥料标识 内容和要求

GB 18877 有机-无机复混肥料

GB/T 23349 肥料中砷、镉、铅、铬、汞生态指标

GB/T 24890 复混肥料中氯离子含量的测定

GB/T 24891 复混肥料粒度的测定

HG/T 2843 化肥产品 化学分析常用标准滴定溶液、标准溶液、试剂溶液和指示剂溶液

国家质量技术监督局令第4号 产品质量仲裁检验和产品质量鉴定管理办法

3 术语和定义

下列术语和定义适用于本文件。

3.1

生物炭 biochar

以作物秸秆等农林植物废弃生物质为原料，在绝氧或有限氧气供应条件下、400～700℃热裂解得到的稳定的固体富碳产物。

3.2

生物炭基肥料 biochar based fertilizer

以生物炭为基质，添加氮、磷、钾等养分中的一种或几种，采用化学方法和（或）物理方法混合制成的肥料。

3.3

总养分　total primary nutrient

总氮、有效五氧化二磷和总氧化钾含量之和，以质量分数计。

4　要求

4.1　外观

黑色或黑灰色颗粒、条状或片状产品，无肉眼可见机械杂质。

4.2　生物炭基肥料各项技术指标

应符合表1的要求。

表1　生物炭基肥料产品技术指标要求

项目	指标	
	Ⅰ型	Ⅱ型
总养分（$N+P_2O_5+K_2O$）的质量分数[a]，%	≥20.0	≥30.0
水分（H_2O）的质量分数[b]，%	≤10.0	≤5.0
生物炭（以C计），%	≥9.0	≥6.0
粒度（1.00～4.75 mm或3.35～5.60 mm）[c]，%	≥80.0	
氯离子（Cl）的质量分数[d]，%	≤3.0	
酸碱度（pH）	6.0～8.5	
砷及其化合物的质量分数（以As计），%	≤0.005 0	
镉及其化合物的质量分数（以Cd计），%	≤0.001 0	
铅及其化合物的质量分数（以Pb计），%	≤0.015 0	
铬及其化合物的质量分数（以Cr计），%	≤0.050 0	
汞及其化合物的质量分数（以Hg计），%	≤0.000 5	

[a] 标明的单一养分含量不应小于4.0%，且单一养分测定值与标明值负偏差的绝对值不应大于1.5%。

[b] 水分以出厂检验数据为准。

[c] 特殊形状或更大颗粒产品的粒度可由供需双方协议商定。

[d] 氯离子的质量分数大于3.0%的产品，应在包装容器上标明“含氯”，该项目可不做要求。

5 试验方法

本标准中所用试剂、水和溶液的配制，在未注明规格和配制方法时，均应按 HG/T 2843 的规定执行。

警告：试剂中采用的强酸强碱及其他腐蚀性药品，相关操作应在通风橱内进行。本标准未指出所有可能的安全问题，使用者有责任采取适当的安全和健康措施，并保证符合国家有关法规规定的条件。

5.1 外观

目视法测定。

5.2 总氮含量的测定

按照 GB/T 17767.1 的规定执行。

5.3 有效五氧化二磷含量的测定

按照 GB/T 8573 的规定执行。

5.4 总氧化钾含量的测定

按照 GB/T 17767.3 的规定执行。

5.5 水分含量的测定

按照 GB/T 8577 或 GB/T 8576 的规定执行，以 GB/T 8577 中的方法为仲裁法。

5.6 汞、砷、镉、铅、铬含量的测定

按照 GB/T 23349 的规定执行。

5.7 氯离子含量的测定

按照 GB/T 24890 的规定执行。

5.8 粒度的测定

按照 GB/T 24891 的规定执行。

5.9 酸碱度的测定

按照 GB 18877 中 5.9 的规定执行。

5.10 生物炭含量（以碳计）的测定

按照附录 A 的规定执行。

5.11 生物炭的鉴别

按照附录 B 的规定执行。

6 检验规则

6.1 检验类别及检验项目

产品检验包括出厂检验和型式检验，表1中砷、镉、铅、铬、汞含量为型式检验项目，其余为出厂检验项目。型式检验项目在下列情况时，应进行测定：

——正式生产时，原料、工艺及设备发生变化；

——正式生产时，定期或积累到一定量后，应周期性进行一次检验；

——国家质量监督机构提出型式检验的要求时。

生物炭的鉴别在国家质量监督机构提出要求或需要仲裁时进行。

6.2 组批

产品按批检验，以1 d或2 d的产量为一批，最大批量为500 t。

6.3 采样方案

6.3.1 袋装产品

不超过512袋时，按表2确定采样袋数；超过512袋时，按式（1）计算结果确定采样袋数。

$$n = 3 \times \sqrt[3]{N} \quad \cdots\cdots (1)$$

式中：

n——采样袋数，单位为袋；

N——每批产品总袋数，单位为袋。

计算结果如遇小数，则四舍五入为整数。

表2 采样袋数的确定

总袋数，袋	最少采样袋数，袋	总袋数，袋	最少采样袋数，袋
1～10	全部	182～216	18
11～49	11	217～254	19
50～64	12	255～296	20
65～81	13	297～343	21
82～101	14	344～394	22
102～125	15	395～450	23
126～151	16	451～512	24
152～181	17		

按表 2 或式（1）计算结果随机抽取一定袋数，用采样器沿每袋最长对角线插入至袋的 3/4 处，每袋取出不少于 100 g 样品，每批采取总样品量不少于 2 kg。

6.3.2　散装产品

按照 GB/T 6679 的规定执行。

6.4　样品缩分和试样制备

6.4.1　样品缩分

将采取的样品迅速混匀，用缩分器或四分法将样品缩分至不少于 1 kg，再缩分成两份，分装于两个洁净、干燥的 500 mL 具有磨口塞的玻璃瓶或塑料瓶中，密封并贴上标签，注明生产企业名称、产品名称、产品类别、批号或生产日期、取样日期和取样人姓名。一瓶做产品质量分析，另一瓶保存两个月，以备查用。

6.4.2　试样制备

由 6.4.1 中取一瓶样品，经多次缩分后取出约 100 g，迅速研磨至全部通过 0.50 mm 孔径试验筛（如样品潮湿或很难粉碎，可研磨至全部通过 1.00 mm孔径试验筛），混匀收集到干燥瓶中，作成分分析用。余下样品供粒度测定。

6.5　结果判定

6.5.1　本标准中产品质量指标合格判定，采用 GB/T 8170 中的“修约值比较法”。

6.5.2　检验项目的检验结果全部符合本标准要求时，判该批产品合格。

6.5.3　出厂检验时，如果检验结果中有一项指标不符合本标准要求时，应重新自 2 倍量的包装袋中采取样品进行检验。重新检验结果中，即使有一项指标不符合本标准要求，判该批产品不合格。

6.5.4　每批检验合格的出厂产品应附有质量证明书，其内容包括：生产企业名称、地址、产品名称、产品类别、批号或生产日期、产品净含量、总养分、配合式、生物炭含量（以碳计）、本标准编号。

7　标识

7.1　应在产品包装容器正面标明产品类别（如Ⅰ型、Ⅱ型）、配合式、生物炭含量（以碳计）。

7.2 产品如含有硝态氮，应在包装容器正面标明“含硝态氮”。

7.3 标称硫酸钾（型）、硝酸钾（型）、硫基等容易导致用户误认为不含氯的产品，不应同时标明“含氯”。含氯的产品应用汉字在正面明确标注“含氯”，而不是“氯”、“含 Cl”或“Cl”等。标明“含氯”的产品包装容器上不应有忌氯作物的图片。

7.4 产品外包装袋上应有使用说明，内容包括：警示语（如“氯含量较高，使用不当会对作物造成伤害”等）、使用方法、适宜作物及不适宜作物、建议使用量等。

7.5 每袋净含量应标明单一数值，如 50 kg。

7.6 包装容器上应标明生物炭的生物质来源。

7.7 其余应符合 GB 18382 的要求。

8 包装、运输和储存

8.1 产品用塑料编织袋内衬聚乙烯薄膜袋或涂膜聚丙烯编织袋包装，在符合 GB 8569 要求的条件下宜使用经济实用型包装。产品每袋净含量（50±0.5）kg、（40±0.4）kg、（25±0.25）kg 和（10±0.1）kg，平均每袋净含量分别不应低于 50.0 kg、40.0 kg、25.0 kg 和 10.0 kg。当用户对每袋净含量有特殊要求时，可由供需双方协商解决，以双方合同规定为准。

8.2 在标明的每袋净含量范围内的产品中有添加物时，应与原物料混合均匀，不得以小包装形式放入包装袋中。

8.3 产品应储存于阴凉干燥处，在运输过程中应防雨、防潮、防晒和防破裂。

附　录　A

（规范性附录）

生物炭含量测定　元素分析仪法

A.1 方法提要

试样经水洗后用元素分析仪测定。

A.2 仪器

通常实验室用仪器和以下仪器。

A.2.1 砂芯过滤装置：容积为 500 mL。

A.2.2 微孔滤膜：80 μm。

A.2.3 恒温干燥箱：具有温度调节装置，能维持（105±2）℃的温度。

A.2.4 元素分析仪。

A.2.5 天平：感量为 0.01 mg。

A.2.6 抽滤设备。

A.3 试剂

本方法中所用试剂、溶液和水，在未注明规格和配制方法时，均应符合 HG/T 2843 的要求。

A.4 测定

A.4.1 试样处理

做两份试料的平行测定。

称取 10 g 试样（精确至 0.001 g），置于烧杯中，分 3～5 次共加入 2 500 mL水，充分搅拌 5 min 后分次移入过滤装置中抽滤，用尽量少的水将烧杯中残留的残渣全部移入过滤装置中。抽滤后的残渣置于（105±2）℃干燥箱内，待温度达到 105 ℃后，干燥 2 h，取出，在干燥器中冷却至室温后称量残渣质量。

A.4.2 生物炭含量测定

做两份试料的平行测定。

取干燥后的残渣 1 g，将其迅速研磨至全部通过 0.15 mm 孔径筛，混合均匀后，称取试样 0.1 g（精确至 0.000 01 g），用元素分析仪测定残渣中的碳含量。

A.5 分析结果的表述

生物炭基肥料样品中生物炭含量（以碳计）$C_{biochar}$，数值以%表示，按式

（A.1）计算。

$$C_{biochar} = C \times \frac{R}{W} \times 100 \quad \cdots\cdots\cdots\cdots\cdots\cdots\cdots\cdots \text{(A.1)}$$

$C_{biochar}$——样品中生物炭含量（以碳计），单位为百分率（%）；

C ——水洗残渣碳含量，单位为百分率（%）；

R ——水洗残渣质量，单位为克（g）；

W ——样品质量，单位为克（g）。

计算结果表示到小数点后两位。取平行测定结果的算数平均值作为测定结果。

A.6 允许差

水洗残渣碳含量平行测定结果的相对相差应<20%。

不同实验室测定结果的相对相差应<30%。

相对相差为两次测量值相差与两次测量值均值之比。

附 录 B
（规范性附录）
生物炭的鉴别 扫描电子显微镜法

B.1 方法提要

根据微观结构特征鉴别生物炭。

B.2 仪器及工具

通常实验室用仪器和以下仪器。

B.2.1 扫描电子显微镜。

B.2.2 天平：感量为0.5 g。

B.3 材料

B.3.1 导电胶。

B.4　实验条件

B.4.1　图像方式：二次电子图像。

B.4.2　二次电子图像分辨率：优于 20 nm。

B.4.3　放大倍数：30～10 000 倍。

B.5　试样处理

B.5.1　取样

称取水洗后的试样 1 g，将样品均匀平铺在实验台上，用镊子在不同部位等量镊取约 10 mg（不少于 20 点）。混合均匀并平分成两个试样样品，一份为测试的代表样品，另一份为备样。

B.5.2　移样

将导电胶贴在样品座上，用剪刀剪去多余导电胶。取少量样品，均匀洒落在贴有导电胶的样品座上，用洗耳球吹去未粘牢的试样。

B.5.3　测试

将贴有试样的样品座放入仪器的样品室内，使用扫描电子显微镜观察试样的二次电子图像。在显示屏上观察时，先在较低的放大倍数下确定所观测样品位置，然后切换至较高的放大倍数，获取清晰的图像保存。

B.6　生物炭样品鉴别

如在电镜图像中能够观察到断面平齐、规律性聚集存在的植物细胞分室结构，参照生物炭图谱（图 B.1），则判断该样品含有生物炭。否则，判断该样品中不含有生物炭。典型的生物炭类似物见图 B.2。

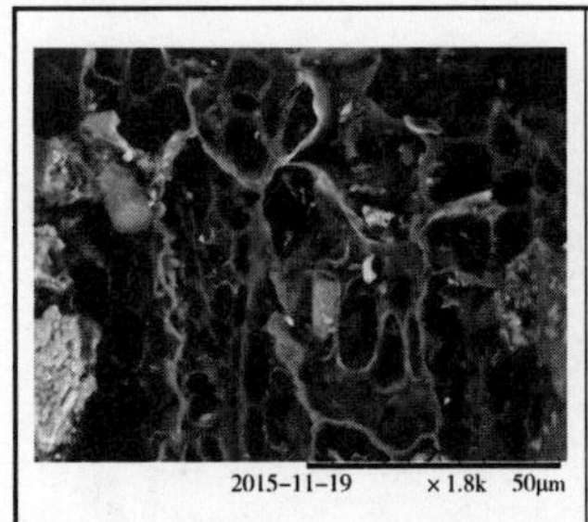

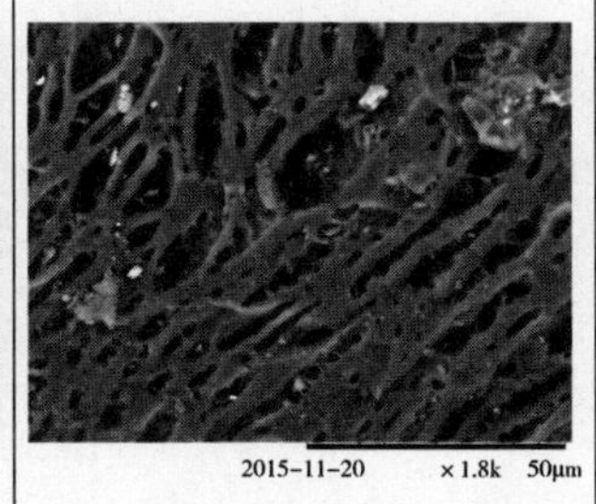

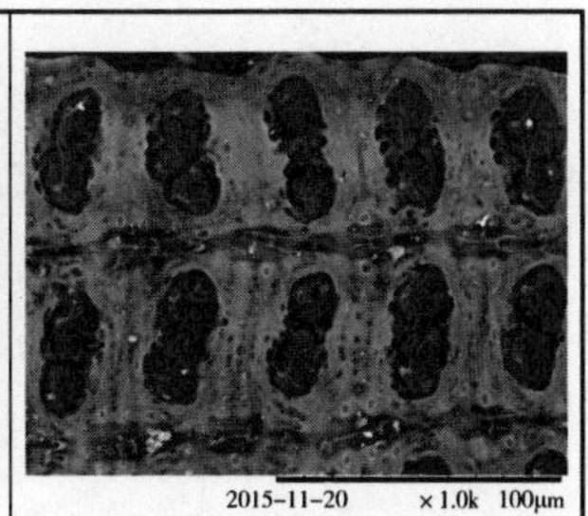

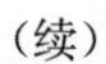
（续）

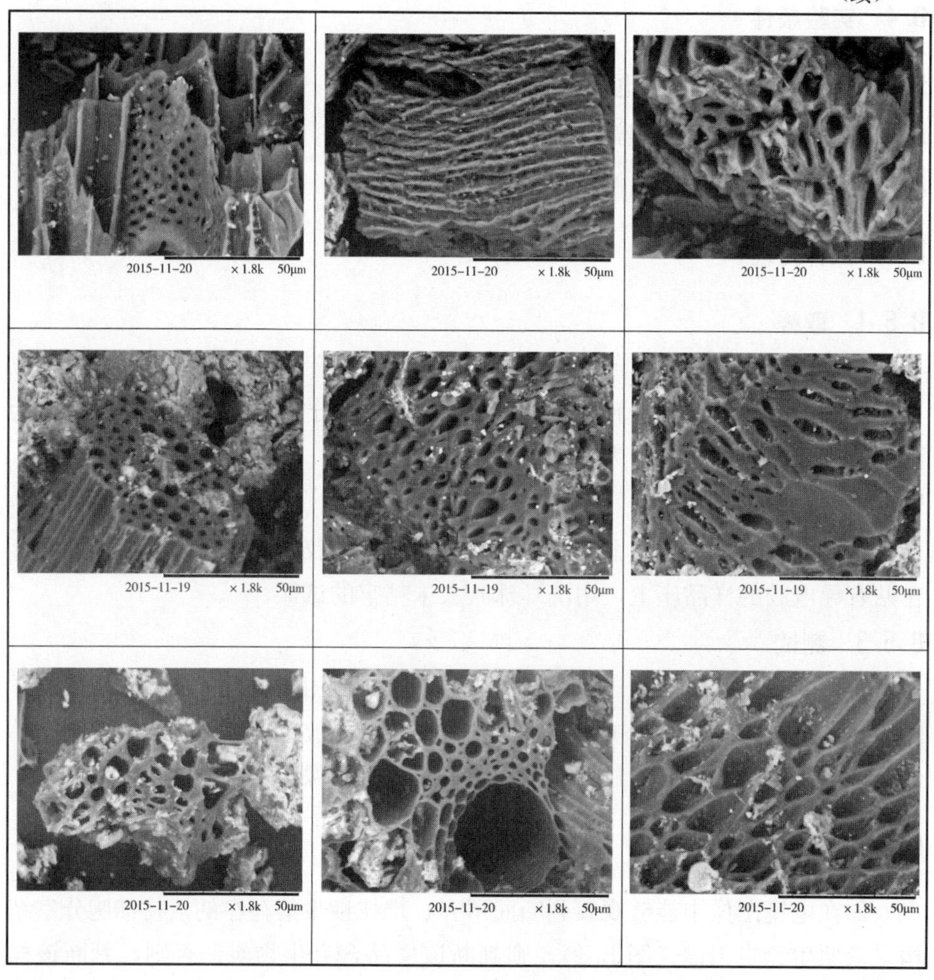

图 B.1 代表性生物炭图谱

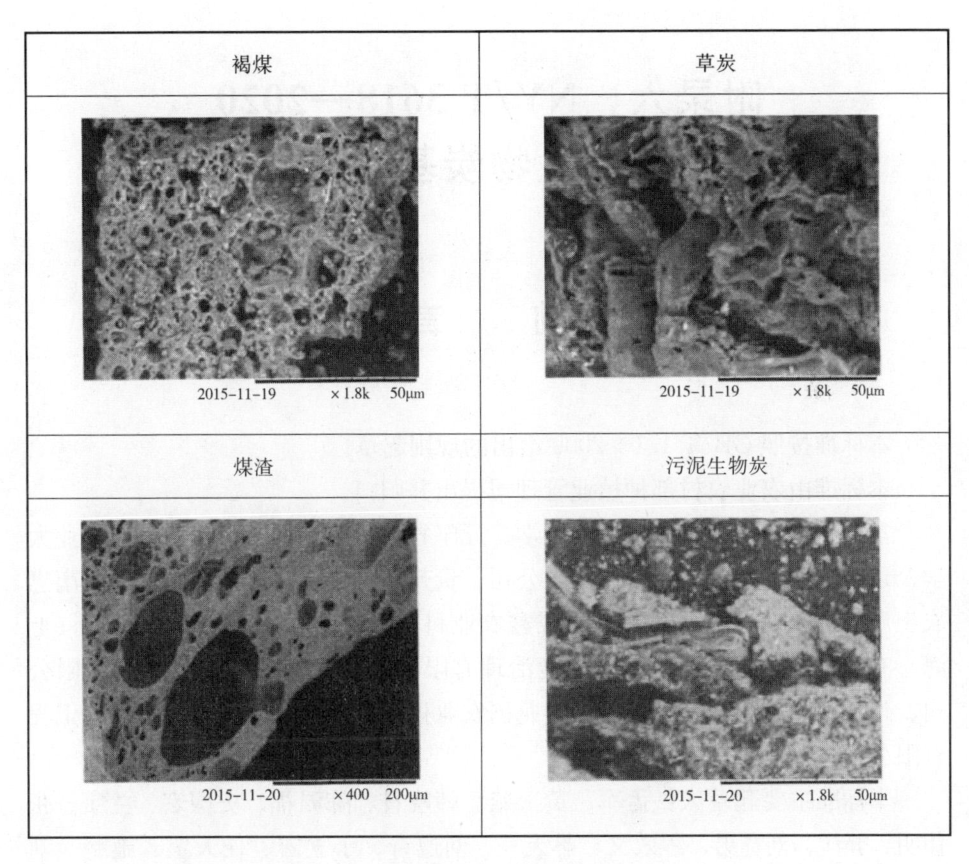

图 B.2 代表性生物炭类似物图谱

附录六　NY/T 3618—2020 生物炭基有机肥料

前　言

本标准按照 GB/T 1.1—2009 给出的规则起草。

本标准由农业农村部种植业管理司提出并归口。

本标准起草单位：沈阳农业大学、辽宁省绿色农业技术中心、河南农业大学、辽宁金和福农业科技股份有限公司、贵州省烟草公司毕节市公司、河南惠农土质保育研发有限公司、云南威鑫农业科技股份有限公司、时科生物（上海）有限公司、安徽德博生态环境治理有限公司、辽宁东北丰专用肥有限公司、辽宁恒润农业有限公司、福建龙创农业科技有限公司、沈阳隆泰生物工程有限公司。

本标准主要起草人：孟军、黄玉威、韩晓日、陈温福、史国宏、兰宇、张伟明、鄂洋、刘赛男、程效义、赫天一、刘遵奇、于立宏、任天宝、施鹏、刘金、陈雪、袁占军、蔡志远、蒲加兴、张守军、刘强、朱晓琳、王元圆、施凯。

1　范围

本标准规定了生物炭基有机肥料的术语和定义、要求、实验方法、检验规则、包装、标识、运输和储存。

本标准适用于中华人民共和国境内生产和销售的生物炭基有机肥料。

2　规范性引用文件

下列文件对于本文件的应用是必不可少的。凡是注日期的引用文件，仅注日期的版本适用于本文件。凡是不注日期的引用文件，其最新版本（包括所有的修改单）适用于本文件。

GB/T 6682 分析实验室用水规格和实验方法

GB/T 8170 数值修约规则与极限数值的表示和判定

GB 8569 固体化学肥料包装

GB/T 8576 复混肥料中游离水含量的测定 真空烘箱法

GB 18382 肥料标识 内容和要求

GB/T 19524.1 肥料中粪大肠菌群的测定

GB/T 19524.2 肥料中蛔虫卵死亡率的测定

GB/T 23349 肥料中砷、镉、铅、铬、汞生态指标

GB/T 28731 固体生物质燃料工业分析方法

HG/T 2843 化肥产品 化学分析常用标准滴定溶液、标准溶液、试剂溶液和指示剂溶液

NY 525 有机肥料

NY/T 3041—2016 生物炭基肥料

3 术语和定义

NY/T 3041—2016 界定的以及下列术语和定义适用于本文件。

3.1

生物炭基有机肥料 biochar-based organic fertilizer

生物炭与来源于植物和（或）动物的有机物料混合发酵腐熟，或与来源于植物和（或）动物的经过发酵腐熟的含碳有机物料混合制成的肥料。

4 要求

4.1 外观

黑色或黑灰色，颗粒、条状、片状、柱状或粉末状产品，均匀，无恶臭，无肉眼可见机械杂质。特殊形状产品由供需双方协议商定。

4.2 技术指标

生物炭基有机肥料的各项技术指标应符合表 1 的要求。

表1

项目	指标	
	Ⅰ型	Ⅱ型
生物炭的质量分数（以固定碳含量计），%	≥10.0	≥5.0
碳的质量分数（以烘干基计），%	≥25.0	≥20.0
总养分（$N+P_2O_5+K_2O$）的质量分数（以烘干基计），%	≥5.0	
水分（鲜样）的质量分数，%	≤30.0	
酸碱度（pH）	6.0～10.0	
粪大肠菌群数，个/g	≤100	
蛔虫卵死亡率，%	≥95	
总砷（As）（以烘干基计），mg/kg	≤15	
总汞（Hg）（以烘干基计），mg/kg	≤2	
总铅（Pb）（以烘干基计），mg/kg	≤50	
总镉（Cd）（以烘干基计），mg/kg	≤3	
总铬（Cr）（以烘干基计），mg/kg	≤150	

5 实验方法

本标准中所用水应符合 GB/T 6682 中三级水的规定。所用试剂、溶液，在未注明规格和配制方法时，均应按 HG/T 2843 的规定执行。

5.1 外观

感官法测定。

5.2 生物炭的质量分数测定

按照 GB/T 28731 中“固定碳的计算”的规定执行。

5.3 碳的质量分数测定

按照 NY/T 3041—2016 中附录 A 元素分析仪法直接测定生物炭基有机肥料中碳的质量分数执行。

5.4 总氮含量测定

按照 NY 525 中“总氮含量测定”的规定执行。

5.5 磷含量测定

按照 NY 525 中“磷含量测定”的规定执行。

5.6 钾含量测定

按照 NY 525 中“钾含量测定”的规定执行。

5.7 水分含量测定（真空烘箱法）

按照 GB/T 8576 的规定执行。

5.8 酸碱度的测定（pH 计法）

按照 NY 525 中“酸碱度的测定（pH 计法）”的规定执行。

5.9 粪大肠菌群数测定

按照 GB/T 19524.1 的规定执行。

5.10 蛔虫卵死亡率测定

按照 GB/T 19524.2 的规定执行。

5.11 砷、汞、铅、镉、铬含量测定

按照 GB/T 23349 的规定执行。

6 检验规则

6.1 检验类别及检验项目

产品检验包括出厂检验和型式检验，表 1 中砷、汞、铅、镉、铬含量，蛔虫卵死亡率和粪大肠菌群数为型式检验项目，其余为出厂检验项目。型式检验项目在下列情况时，应进行测定：

a) 正式生产时，原料、工艺及设备发生变化；

b) 正式生产时，定期或积累到一定量后，应周期性进行一次检验；

c) 国家质量监督机构提出型式检验的要求时。

产品中生物炭的定性鉴别在国家质量监督机构提出要求或需要仲裁时进行，按照附录 A 的规定执行。

6.2 组批

产品按批检验，以 1 d 或 2 d 的产量为一批，最大批量为 500 t。

6.3 采样方案

按照 NY 525 中“采样”的规定执行。

6.4 样品缩分和试样制备

6.4.1 样品缩分

将采取的样品迅速混匀，用缩分器或四分法将样品缩分至约 1 000 g，分装于 3 个洁净、干燥的 500 mL 具有磨口塞的玻璃瓶或塑料瓶中，密封并贴上标签，注明生产企业名称、产品名称、产品类别、批号或生产日期、取样日期和取样人姓名。其中，一瓶用于鲜样水分测定，一瓶风干后用于产品质量分析，一瓶保存至少 2 个月，以备查用。

6.4.2 样品的制备

将 6.4.1 中一瓶风干后的缩分样品，经多次缩分后取出约 100 g 样品，迅速研磨至全部通过 0.50 mm 孔径筛（如样品潮湿或很难粉碎，可研磨至全部通过 1.00 mm 孔径筛），混匀，收集到干燥瓶中，作成分分析用。

6.5 结果判定

6.5.1 本标准中产品质量指标合格判定，采用 GB/T 8170 中的“修约值比较法”。

6.5.2 检验项目的检验结果全部符合本标准要求时，判该批产品合格。

6.5.3 出厂检验时，如果检验结果中有一项指标不符合本标准要求时，应重新自 2 倍量的包装袋中采取样品进行检验，重新检验结果中，即使有一项指标不符合本标准要求，判该批产品不合格。

6.5.4 每批检验合格的出厂产品应附有质量证明书，其内容包括：企业名称、产品名称、批号、产品净含量、生物炭的质量分数、碳的质量分数、养分含量、水分含量、酸碱度、生产日期和本文件编号。

7 包装、标识、运输和储存

7.1 产品用塑料编织袋内衬聚乙烯薄膜袋或涂膜聚丙烯编织袋包装，在符合 GB 8569 中规定的条件下宜使用经济实用型包装。产品每袋净含量（50±0.5）kg、（40±0.4）kg、（25±0.25）kg、（10±0.1）kg，平均每袋净含量分别不应低于 50.0 kg、40.0 kg、25.0 kg、10.0 kg。当用户对每袋净含量有特殊要求时，可由供需双方协商解决，以双方合同规定为准。

7.2 在标明的每袋净含量范围内的产品中有添加物时，应与原物料混合均匀，不得以小包装形式放入包装袋中。

7.3 应在产品包装容器正面标明产品类别（如Ⅰ型、Ⅱ型）。

7.4 包装容器上应标明生物炭质量分数、碳的质量分数、养分含量和酸碱度(pH)。

7.5 其余标识应符合 GB 18382 的规定。

7.6 产品应储存于阴凉干燥处，在运输过程中应防雨、防潮、防晒、防破裂。

附 录 A
(规范性附录)
生物炭基有机肥料中生物炭的定性鉴别

A.1 方法提要

根据微观结构特征定性鉴别生物炭。

A.2 试剂和材料

A.2.1 导电胶。

A.2.2 硫酸（ρ=1.84 g/mL）。

A.2.3 30%过氧化氢。

A.3 仪器、设备

常用实验室仪器设备及以下仪器设备：

a) G3 砂芯漏斗：容积为 30 mL。

b) 抽滤设备。

c) 电热恒温干燥箱：温度可调至（105±2)℃。

d) 扫描电子显微镜。

A.4 实验条件

A.4.1 图像方式：二次电子图像。

A.4.2 二次电子图像分辨率：优于 20 nm。

A.4.3 放大倍数：30～10 000 倍。

A.5 样品处理

A.5.1 样品预处理

称取过 1.00 mm 孔径筛的风干样品 0.5 g（精确至 0.000 1 g），置于开氏烧瓶底部，用少量水冲洗沾附在瓶壁上的试样，加入 5 mL 硫酸和 1.5 mL 过氧化氢，小心摇匀，瓶口放一弯颈小漏斗，放置过夜。在可调电炉上缓慢升温至硫酸冒烟，取下，稍冷加 15 滴过氧化氢，轻轻摇动开氏烧瓶，加热10 min，取下，稍冷后再加 5～10 滴过氧化氢并分次消煮。从可调电炉升温开始计时，加热 4 h，取下开氏烧瓶，冷却至室温。缓慢向开氏烧瓶中加入 100 mL 水，摇匀后分次移入砂芯漏斗中，用尽量少的水将开氏烧瓶中残留的残渣全部移入砂芯漏斗中，将抽滤后的砂芯漏斗置于（105±2)℃电热恒温干燥箱中，待温度达到 105℃后，干燥 2 h，取出备用。

A.5.2 取样

将样品均匀平铺在实验台上，用镊子在不同部位等量镊取不少于 20 个点，混合均匀并平分成 2 份试样，一份用于观察微观结构特征，另一份保存至少 2 个月，以备查用。

A.5.3 移样

将导电胶贴在样品座上，用剪刀剪去多余导电胶。在 A.5.2 代表样品中取少量代表试样，均匀洒落在贴有导电胶的样品座上，用洗耳球吹去未粘牢的试样。

A.5.4 测试

将贴有试样的样品座放入仪器的样品室内，使用扫描电子显微镜观察试样的二次电子图像。在显示屏上观察时，先在较低的放大倍数下确定所观测样品位置，然后切换至较高的放大倍数，获取清晰的图像并保存。

A.6 生物炭的鉴别

参照生物炭残渣图谱（图 A.1)，如在扫描电子显微镜图像中观察到规律性聚集存在的植物细胞分室结构，则判定该样品含有生物炭。

炭化温度	玉米秸秆炭残渣	水稻秸秆炭残渣	稻壳炭残渣
400℃	—		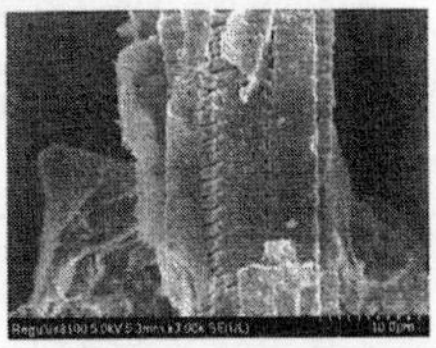
500℃	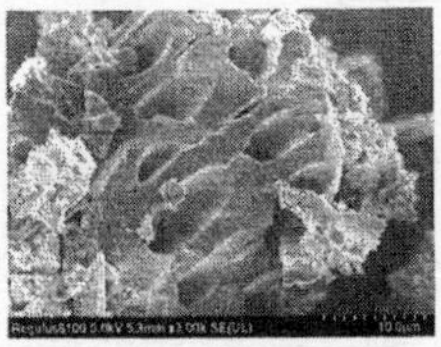	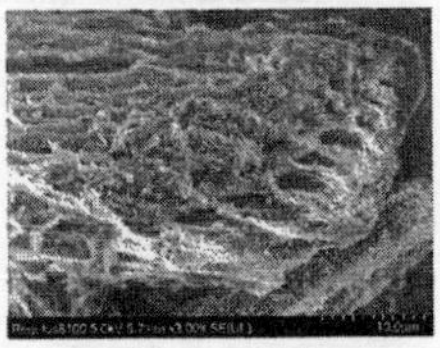	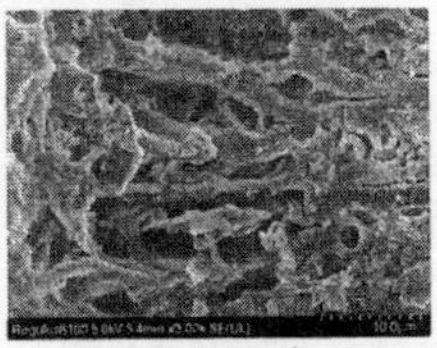
600℃	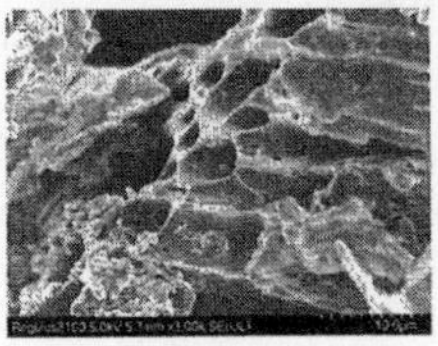	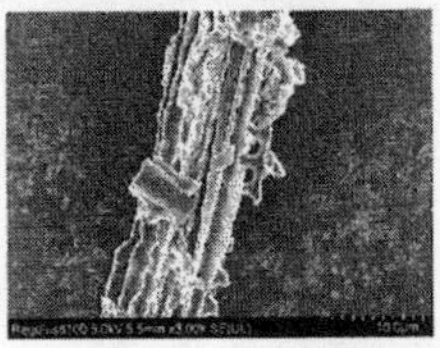	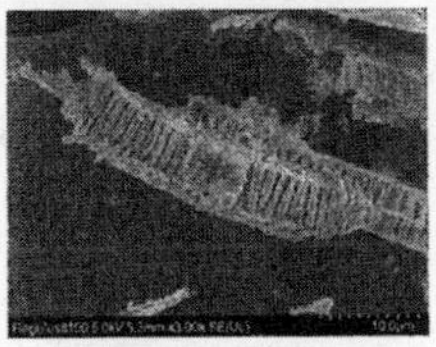
700℃	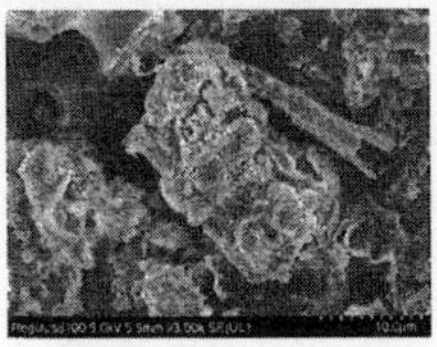	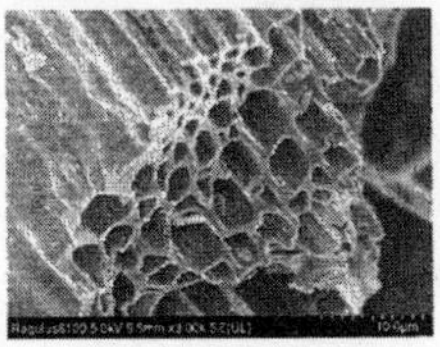	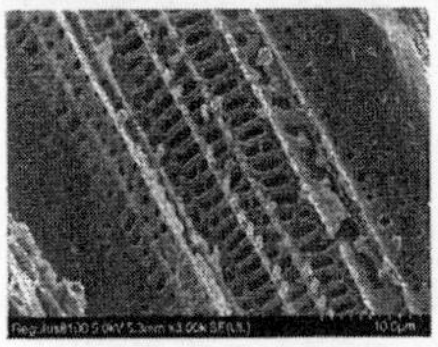

注：—表示经过 4 h 消煮后，玉米秸秆炭溶解到消煮液中，消煮液颜色较深，无残渣。

图 A.1 代表性生物炭残渣图谱

参照生物炭类似物残渣图谱（图 A.2），如在扫描电子显微镜图像中观察到表面粗糙、孔隙度较低的离散颗粒状结构，则判定该样品含有生物炭类似物，不属于生物炭基有机肥料范畴。

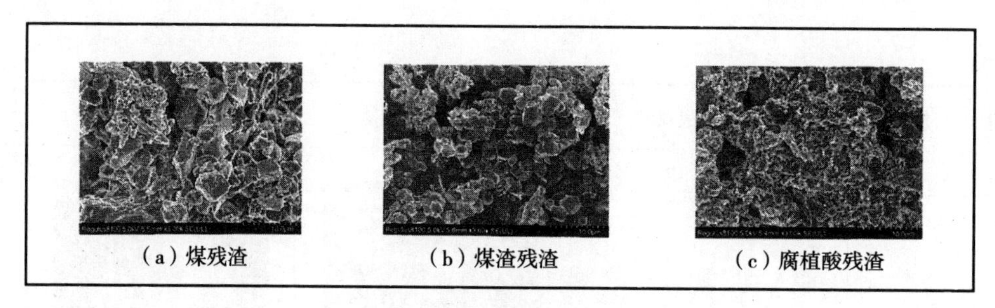

(a) 煤残渣　(b) 煤渣残渣　(c) 腐植酸残渣

图 A.2　生物炭类似物残渣图谱

图书在版编目（CIP）数据

生物炭在烟草农业中应用理论与实践 / 张继光，何铁，张久权著．—北京：中国农业出版社，2023.10
ISBN 978-7-109-30901-2

Ⅰ.①生…　Ⅱ.①张…　②何…　③张…　Ⅲ.①活性炭－应用－烟草－栽培技术　Ⅳ.①S572

中国国家版本馆 CIP 数据核字（2023）第 134296 号

中国农业出版社出版
地址：北京市朝阳区麦子店街 18 号楼
邮编：100125
策划编辑：屈　娟　　责任编辑：陈　亭　　文字编辑：王陈路
版式设计：李　文　　责任校对：史鑫宇
印刷：北京中兴印刷有限公司
版次：2023 年 10 月第 1 版
印次：2023 年 10 月北京第 1 次印刷
发行：新华书店北京发行所
开本：720mm×960mm　1/16
印张：19.5　　插页：4
字数：363 千字
定价：78.00 元
